THE PHYSICS AND MATHEMATICS OF ADIABATIC SHEAR BANDS

绝热剪切带的数理分析

[美]T · W · 怀特（T.W.WRIGHT） 著
李云凯 孙 川 王云飞 译
李树奎 审

北京理工大学出版社
BEIJING INSTITUTE OF TECHNOLOGY PRESS

图书在版编目（CIP）数据

绝热剪切带的数理分析/（美）怀特（Wright，T. W.）著；李云凯，孙川，王云飞译．—北京：北京理工大学出版社，2013. 11

ISBN 978－7－5640－8377－9

Ⅰ. ①绝…　Ⅱ. ①怀…②李…③孙…④王…　Ⅲ. ①绝热-剪切带-研究　Ⅳ. ① TB35

中国版本图书馆 CIP 数据核字（2013）第 234561 号

北京市版权局著作权合同登记号　图字：01－2013－6856 号

Title：The Physics and Mathematics of Adiabatic Shear Bands
Author：T. W. WRIGHT
ISBN：0 521 63195 5 hardback
Cambridge University Press
First published 2002

出版发行 / 北京理工大学出版社有限责任公司
社　　址 / 北京市海淀区中关村南大街 5 号
邮　　编 / 100081
电　　话 /（010）68914775（办公室）
　　　　　82562903（教材售后服务热线）
　　　　　68948351（其他图书服务热线）
网　　址 / http：//www. bitpress. com. cn
经　　销 / 全国各地新华书店
印　　刷 / 保定市中画美凯印刷有限公司印刷
开　　本 / 710 毫米 ×1000 毫米　1/16
印　　张 / 14　　　　责任编辑 / 王玲玲
字　　数 / 230 千字　　　　文案编辑 / 王玲玲
版　　次 / 2013 年 11 月第 1 版　2013 年 11 月第 1 次印刷　　　　责任校对 / 周瑞红
定　　价 / 76. 00 元　　　　责任印制 / 王美丽

内容简介

本书是关于材料绝热剪切失效研究的专著，绝热剪切通常发生在材料高速剪切的塑性变形中。持续的塑性变形产生热量，可以使大多数材料软化直至失效。在这种情况下，失稳导致极度变形的材料中形成若干窄的区域，该区域往往是材料进一步损伤以致完全失效的根源。本书分为三部分，首先回顾了绝热剪切的物理现象以及测试和表征的标准方法。其次，为了使问题便于处理，在假定有限塑形变形是各向同性的前提下，建立了描述材料绝热剪切过程的非线性且高度耦合的本构方程，对建立方程所需的条件做了必要的理想化处理。第三，本书的主体部分研究了一系列一维问题并逐步复杂化，用这种方法可以全面并且定量地描述整个绝热剪切现象，特别是采用了成熟的渐进方法建立了简单却通用的解析表达式或比例定律，包括动态变形的各个方面以及剪切带的最终形态。最后两章回顾了二维实验及其分析的最新进展。

作为断裂力学的一个重要分支，绝热剪切理论已崭露头角并不断被完善，本书将加快这一进程。

作者简介

T. W. Wright 博士是美国马里兰（MD）阿伯丁实验基地的美国陆军研究实验室的资深研究员，从 1967 年起便在那里工作。Wright 博士发表了 60 多篇论文，大多发表在 *Journal of Mechanics and Physics of Solids*，*International Journal of Plasticity*，*Mechanics of Materials*，*International Journal of Solids and Structures* 和 *Acta Materialia*. Wright 博士是美国机械工程师协会及美国力学研究院的成员，现任 *International Journal of Plasticity* 的编委。

序

绝热剪切是材料高应变速率条件下塑性变形高度局域化的一种形式，通常具有两个基本特征：一是变形时间非常短，90% 塑性功转化的热来不及扩散，近似认为“绝热”；二是塑性变形高度局域化，在材料内形成宽度在数十微米范围的变形区，即绝热剪切带（Adiabatic Shear Band，ASB）。绝热剪切是高速加载条件下一种独特的局部失稳现象，普遍存在于爆炸、冲击和侵彻等过程，自 1944 年首次发现该现象以来，许多学者在 ASB 研究中做出了不懈的努力，其成果在实际中得以应用。例如对于装甲材料来说，绝热剪切是其主要失效形式之一，因此需要提高抗绝热剪切的能力；而对于动能穿甲弹材料而言，利用绝热剪切，在穿甲、侵彻过程中实现“自锐”，提高侵彻能力。正是由于其重大的理论和工程实际意义，美国军事研究办公室（the Army Research Office，ARO）和海军资助的 Wright 研究团队于 2002 年出版了专著《The Physics and Mathematics of Adiabatic Shear Bands》。

全书共有 9 章，分别介绍了绝热剪切带的定性描述和一维实验，平衡方程和非线弹性，热塑性，热粘塑性模型，一维问题的一般分析、线性化和扰动增长、非线性解，二维实验以及二维解。

书中涉及了大量物理、数学方面的模型、公式和方程，同时由于问题的复杂性，在阅读原著时对一些问题的深入理解带来了困难；而经过仔细推敲的中译本既保持了原意又有利于学习和掌握。该书的出版对绝热剪切带的研究具有很大的参考价值。

北京理工大学教授、博士生导师
冲击环境材料技术国家级重点实验室主任
973 项目首席专家

2012 年 11 月 8 日

致　谢

许多同事和朋友给予我鼓励，在此我表示诚挚的感谢。Sia Nemat-Nasser先生不但在我多次到圣迭戈的加利福尼亚大学（UCSD）做短期访学时给予热情的款待，而且在我刚刚开始考虑撰写该书时给了我殷切的鼓励。

许多人影响了我对于绝热剪切带研究的观点和方法。早年，斯坦福国际研究所的Don Curran、Don Shocky和Lynn Seaman首次向我介绍了这个题目及其在动态力学中的重要性。现工作于弗吉尼亚工业学院和州立大学的Romesh Batra，与我一起在弹道研究实验室花了一年的时间从事绝热剪切的研究。我的前同事，现就职于洛杉矶国家实验室的John Walter对阐述剪切带形成的本质和动力学做了大量有意义的工作。Lehigh大学的Eric Varley先生介绍我用隐式的和参数的方法来解决非线性问题。我在牛津大学工作时，Hillary Ockendon向我展示了线性方法在建立非线性问题基本模型上的作用。G. Ravichandran曾多次安排我到加州理工学院做短期访问。Ravi慷慨地与我分享他的实验心得，使我受益匪浅。加利福尼亚大学圣迭戈分校的Vitali Nesterenko和Marc Meyers向我提出剪切带自组织排列的概念。还有加州理工学院的Michael Ortiz和Ares Rosakis，纽约州立大学的Jim Glimm和Brad Plohr，以及加利福尼亚大学圣迭戈分校的Dave Benson和Ken Vecchio等，他们的帮助大大加深了我对绝热剪切带的理解。

一些朋友和同事对若干章节进行了深入的阅读和评论。约翰·霍普金斯大学的K. T. Ramesh和美国陆军研究实验室（ARL）的Datta Dandekar审阅了第1章，并坦率地给出了关于其中实验工作的看法。ARL的Mike Sheidler以他特有的细致审阅了第2章和第3章，并在许多地方使我的论证及描述更加紧凑。ARL的Tracy Vogler评审了第4章，Scott Schoenfeld评论了第5章、第8章和第9章，Jim Cox审阅了第6章和第7章。在此，我对他们的帮助深表感谢。当然，上述章节中的任何纰漏仅仅是我个人的责任。

感谢艾迪-韦斯利-朗文公司、美国陆军研究实验室、美国国际金属学会、美国国际机械工程师学会、Elsevier Science出版集团、物理学会、Kluwer/Plenum出版社、美国粉末冶金学会、Sage杂志、TMS协会以及Marc A. Meyers等机构允许我复制涉及相关版权的图片。特别要感谢ARL的Brenda Conjour

和 Shirleen Ellis，他们总是热情而细心地准备本书的图表。再次声明，本书存在的任何问题仅仅是我个人的责任。

在我工作于美国陆军研究实验室和美国陆军弹道研究实验室的这些年里，得到了许多同事和朋友的全力支持。我非常感谢这里舒适的工作环境、博学又乐于助人的同事们，以及为我提供的访学机会。在本书的准备阶段，Diane Parks、Pam Brown 和 Kim Aguirre 做了大量的文秘工作。

最后，对已故的 Clifford A. Truesdell 教授和已退休的 Jerald L. Ericksen 教授致以崇高的敬意！非常荣幸，30 余年前我曾和他们共事于约翰·霍普金斯大学。尽管不是二位学者的学生，我却从他们的教诲中得到了大部分我所知道的现代连续力学的知识，并对这门学科的外延及应用有了一定了解。

前　言

在过去的 10 年里，在工程文献中已有一些关于绝热剪切带的回顾，还有一本由白以龙先生和 Dodd 先生（1992）合著的叙述非常详尽的著作。本书写作的目的不是作为一个回顾，而是力图对目前普遍认同的绝热剪切带形成机制做一个相关说明。它不同于白以龙先生和 Dodd 先生的著作，而是通过采用更多的数学方法和特殊解的方法来阐述动态行为和表征这一行为发展的标度率。事实上，表征方法的发展（与动态环境相联系的简单公式、形态学结构，以及物理和力学性能）是本书的中心主题。此外，贯穿于本书的其他主题是数值方法和解析方法之间的相互关系以及有意运用一些渐进的技巧以得到复杂的非线性问题的简单描述。许多材料依据作者 1990 年 1 月在圣迭戈的加利福尼亚大学做短期访问学者时所做的相关演讲的讲稿，并做了一些扩展。作者于 1995 年 2 月再次在该校做了报告。

本书第 1 章分为两部分。第一部分用大量的文字和显微图片使读者对剪切带的范围和形态有一个感性认识。同时，使读者能了解哪种金属能形成绝热剪切带以及在什么样的动态条件下形成剪切带，还对绝热剪切带小的局域化特征进行数值模拟的讨论。第二部分总结了所收录的相关实验文献，首先概括了一系列的动态实验和可获得的材料性能，然后用具体的实验来刻画绝热剪切带。后来的实验说明了剪切带形成的基本过程，即均匀的加工硬化和塑性变形产生的热量使初始的挠动缓慢增大，在某一时间内达到最大应力，随后，应力缓慢减小；局部热量和应变率的骤然增加，伴随着稳定性和传导剪应力能力的丧失。在一个完全形成的剪切带中，温度达到最高，这个剪切带就是附近的一个线性（更确切地说是一个表面）热源。最能清楚说明此行为的实验是扭转霍普金森杆实验，第 1 章的某些部分会简要描述该实验，并给出一些典型数据。第 2 章和第 3 章回顾了基本方程——连续守恒定律、非线性热弹性和塑性，以及各向同性流变定律的构成，谨慎地简化假设条件和特殊情况，尤其是对绝热剪切带运用一般一维方程。在推导过程中，塑性功及其转化热的本构方程的某些方面仍存在改进的余地。第 4 章给出了加工硬化的表象学处理方法，继之是热粘塑性的 7 个典型流变模型，并对此进行了简要的描述。前4章作为一个整体奠定了具体研究绝热剪切过程的物理和数学方法。

第5~7章以一维方法研究了剪切带形成的动态学。一系列更复杂的实验揭示了剪切带形成的主要特征。这些特征包括高度局域化的时间，完全形成的剪切带的形态，不同物理性质，如热导率、热容、加工硬化、热软化以及应变率敏感系数等在此过程中所起的作用和产生影响的定量规律。所有可能的结果都已用简单标度律进行了描述，因此是非常有用的且便于应用。第5章大体讨论了均匀软化规律的发展过程和它们潜在的不稳定性。在无热传导和应变率影响下，一维动态控制方程可说明空间和时间由双曲线到椭圆的变化，这对初值问题意味着从波动传播到局域化和最终奇异行为的变化。应变率敏感系数具有延缓而不是消除奇异化的作用，热导率有调整方程的作用，尽管解仍然强烈地局部化，但是避免了它本身的奇异化。另一个理论上的方法要求有一个固有的材料长度范围，它也有调整方程的作用，如此就能限制局部化的程度，在目前的处理中，临界长度范围很自然地取决于热传导和强大的自生热源所产生的热量之间的竞争。第6章研究了不稳定性的初始状态和早期挠动的长大，尽管此处用的方程是线性的，但是它能够以标度定律的形式得到材料重要的标度参量和估计完全局部化的时间。第7章直接研究了非线性方程。如果消除热传导，即便包含加工硬化，仍可在某些特殊情况下得到精确解（固有形式和参数形式）；如果考虑热传导，似乎仅有一个确切解，这是一种非常特殊的情况。然而，可以得到近似解，由此可以估计出完全局域化的时间。事实上，不考虑加工硬化，对任一热软化和任一弱的应变率敏感系数，有一个一般近似解是可以利用的。第7章中还考察了完全形成的剪切带的渐进结构。

最后两章探讨二维情况。第8章从3种二维实验中总结了一些重要结论。第1个实验采取纯剪切方式施加应力，一块金属板通过模式Ⅱ受压，得到从预制裂纹的尖端部扩展的剪切带，称为Kalthoff实验。第2个实验是运用动态扭转，对一个薄壁圆筒，通过模式Ⅲ施载，驱动剪切带快速向里扩展。第3个实验称为厚壁圆筒实验，在一个受到低速爆炸冲击的向内破裂的中空圆筒内产生螺旋排列的剪切带。第1个实验可以直接观察靠近扩展的剪切带端部区域；第2个实验只可以间接地事后检测，但在技术上可以仔细地监测和控制负载脉冲；第3个实验研究剪切带的集体行为和在材料完全失效过程中它们之间的相互影响，不过它也只能采用后验的方法。

扩展是其基本的动态特征，对剪切带而言，它一定与材料能量分布和剪切韧性有关，必须通过在强烈失效过程中拍取大量的照片来研究问题。遗憾的是，这些方面仍然没有探索到或没有理解明白。最后一章讨论了扩展的剪切带在二维情况下的主要已知解，但是结果仍然很零散，因为它们被限定在扩展的剪切带的端部或边界层进行局部分析和求近似解。在这些情况下，分析将借助于已知的一维情况或流变力学中成熟的方法。

虽然关于绝热剪切带的形成、特征描述和性能在理论和实验方面取得了很大的成就，但是一个完全发展的剪切力学尚未出现。然而，通过不断的研究，作为断裂力学的一个重要分支，它必将会得到充分的发展，并取得相应的地位。

T. W. Wright　　T · W · 怀特
Baltimore, MD　　马里兰州巴尔的摩市
March　2001　　2001 年 3 月

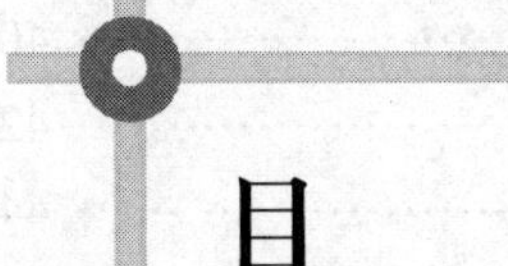

目　录

目　录

1

绪论：定性描述和一维实验

本章的前半部分通过文字和图形阐述了绝热剪切现象的含义，定性地描述了绝热剪切带出现与扩展的整个过程。首先，通过简单的推论，给出了伴随绝热剪切带形成所涉及的一些典型力学和热学过程的基本观点。其次，讨论了绝热剪切带作为损伤断裂源的重要性，定性地描述了绝热剪切带的形成机制。最后，对早期的工作，包括近期的调研和讨论进行了简单的回顾，1.1节以一个简单的讨论形式，说明利用数值分析和计算机模拟，可以精确地预测绝热剪切带。

本章的第二部分概括了相关研究方法以及实验的结果，这些实验力图更加量化地描述绝热剪切现象。大多数情况下，这些方法都用到了分离式Hopkinson压杆装置(或Kolsky杆)，少量工作通过其他方式进行。确切地说，这个工作包括两个方面，一是探讨给定材料在不同应变率和不同温度下的基本的本构关系；二是测量在绝热剪切带形成过程中的应力、温度和应变以及其变化情况。剪切带的形成仅仅是均匀变形失稳后，材料对特定外部作用的局部响应。

对这种实验方法有一套相似的理论方法。在最有效地研究剪切局域化的具体的初始边界值问题之前，要理解大塑性变形的基本原理，包括恰当耦合的本构理论。本书其他部分介绍了一些最新的观点。

1.1　绝热剪切带的定性特征

1.1.1　*基本形态*

剪切带是指当金属或合金受到剧烈的动态载荷时形成的狭窄的、接近于平面或二维的发生巨大剪切的区域。一旦剪切带形成，该区域的两侧会发生相对的移动，很像试样的Ⅱ型和Ⅲ型裂纹，但材料仍然保持从一边到另一边完整的物理连续性。剪切程度最大区域的宽度为几十微米甚至更小，然而其长度却可达几毫米甚至几厘米，因此，剪切带区域的长宽比就会达到几百或几千。图 1. 1 显示了平头子弹射入 1018 冷轧钢试样得到的剪切带，从照片上可以看到一个与圆柱形弹坑的底面和侧面都垂直的截面。在弹坑的拐角处应力集中的部位，形成一条细长的剪切带，并沿着加载的方向向试样内部扩展。图 1. 2 显示了在 2014-T6 Al 合金中，同样由冲击压力产生的剪切带。这两张显微照片，由于放大倍数的原因不能看清完整的剪切带内部的结构，但是可以观察到剪切带周围的材料有剧烈剪切现象，这两种情况的剪切应变均远大于 1(由流线的斜率估算得到)。

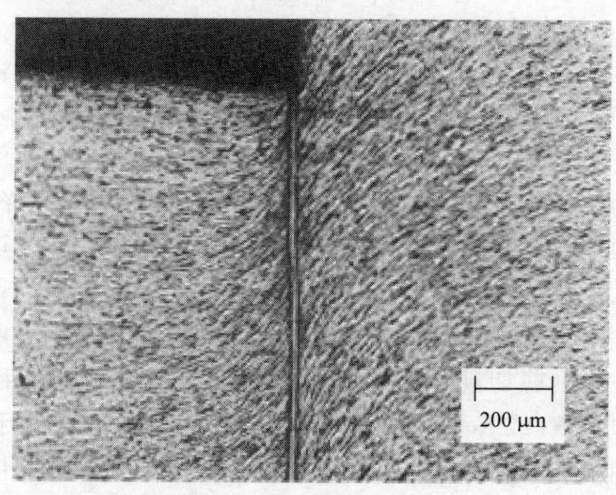

图 1. 1 1018 冷轧钢中的绝热剪切带。剪切带形成于冲击弹坑的一个拐角处，冲击速度为 100 m/s。(摘自 Rogers，1983，并得到 Kluwer/Plenum 出版商的许可。)

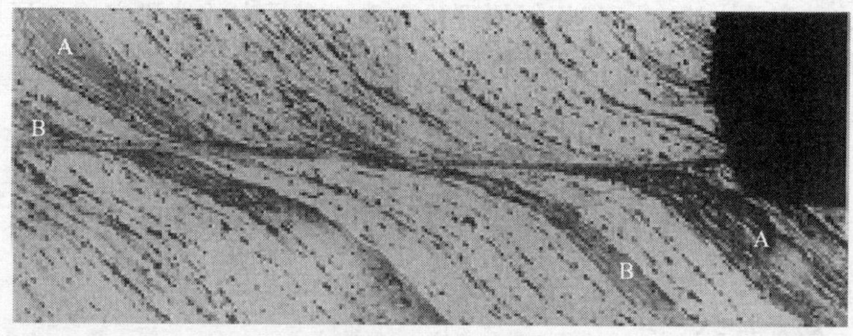

图 1. 2 2014 – T6 Al 合金中的绝热剪切带。剪切带形成于冲击弹坑的一个拐角处。(摘自 Wingrove，1973，矿物、金属材料协会和 ASM 国际授权。)

另外，从图 1. 2 还可以看出剪切带内部的大变形。比较剪切带两侧用 A、B 标识的黑色区域的相对位置，可以看出，其相对位移可能是剪切带自身宽度的 20 ~30 倍。因此，粗略估计得知剪切带内的最大剪切应变应大于 10。图 1. 3 是爆炸冲击轧制高强度 Ni-Cr 合金钢得到的绝热剪切带的高倍显微照片，显微照片上的线是由轧制平面内不均匀的化学成分造成的，这些线起初是水平的。此例中，剪切带外部的剪切应变大约为 1，通过直接测量标识线的斜率得知，剪切带内部的应变大于 10。

图 1. 3 Ni-Cr 合金钢中的绝热剪切带。剪切带由快速侵彻试样的冲击形成，白线是化学不均匀带并且在冲击前是水平的。(摘自 Moss，1981，得到了 Kluwer/Plenum 出版商的许可。)

这三个例子介绍了绝热剪切带的一些基本特征：与最大剪切方向垂直的方向上很薄、高的宽高比、较大的外部应变、极高的内部应变，是由弹体的冲击和侵彻产生的动态过程，换句话讲，就是高应变率。三个例子中，剪切带都是直接穿过材料，显然不用考虑其微观结构。在大多数情况下，这种解释可以反映事实，但有时也会观察到剪切带的分支。此外，剪切带可以在不同的材料中观察到，并根据材料的不同，其外观也不一样。

最后一点是在一些旧文献中提到的形变带和相变带。比如上述两种钢中，浸蚀后试样的相变带呈白色。然而，形变带却不是这样，比如铝合金。通常认为在相变带内有相变发生，但某些情况下却没有发生。

Beatty、Meyer、Meyers 和 Nemat - Nasser(1992)的研究表明，4340 钢剪切前，洛氏硬度为 HRC52，剪切后剪切带中心包含着非常细小(8 ~20 nm)的晶粒，这可能是由于剧烈变形而导致的晶粒细化，但没有迹象表明发生了从马氏体向奥氏体的转变。Meunier、Roux 和 Moureaud(1992)等人用装甲钢得到了与 Chichili(1997)用 α 钛相同的结果。任何情况下，当剪切带内部结构可以观察时，例如图 1.3，或多或少都会看到平滑、连续的流线，延伸并穿过腐蚀后呈白色的区域。这虽然意味着相变已发生，但从动力学上讲，并没有影响基本的变形过程。

图 1.4 显示了变形结束后，剪切带的尾部或尖端会变成发散状，这是因为剪切带内的剧烈变形转变成周围材料的均匀变形。另一种情况如图 1.5 所示，剪切带内没有明显的变形迹象，在剪切带内可以看到许多小的晶粒，它们可能是热机械变形或回复过程产生的，这只是粗略的观察。但此转变在动力学和时间上仍然是不确定的。

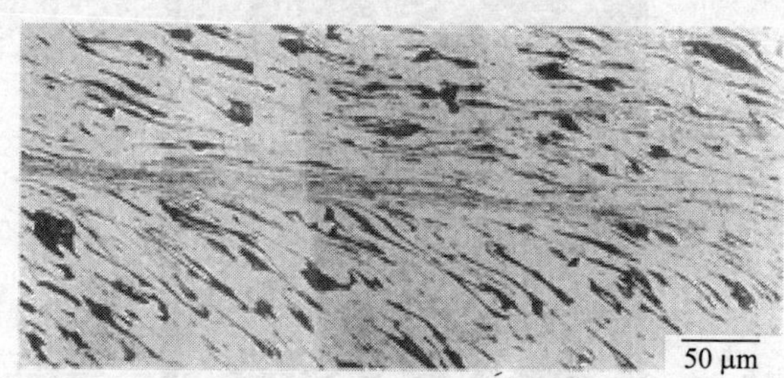

图 1.4 绝热剪切带的端部表明，强烈的局部化向更加分散的变形转变。(摘自 Meyers 和 Wittman，1990，矿物、金属材料协会和 ASM 国际授权。)

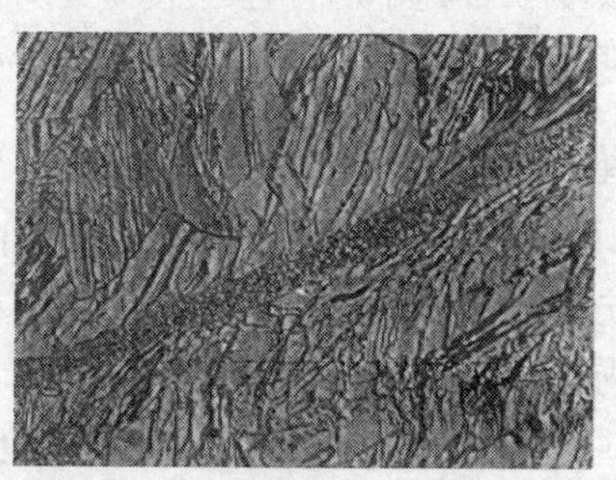

图 1.5 Ti 中的绝热剪切带。在剪切带形成后发生了再结晶。(摘自 Grebe、Pak 和 Meyers，1985，矿物、金属材料协会和 ASM 国际授权。)

图 1.6 是包含剪切带的横截面上的显微硬度曲线，通常剪切带中心的硬度明

显增大，主要是加工硬化、温度升高和随后的快速冷却这样一个循环过程导致带中心硬度的升高。有时硬度曲线会出现几个峰值，如图 1.7 所示。除了上一段所列的形貌特征外，也有迹象表明在完全形成的绝热剪切带内会产生相当高的温度。

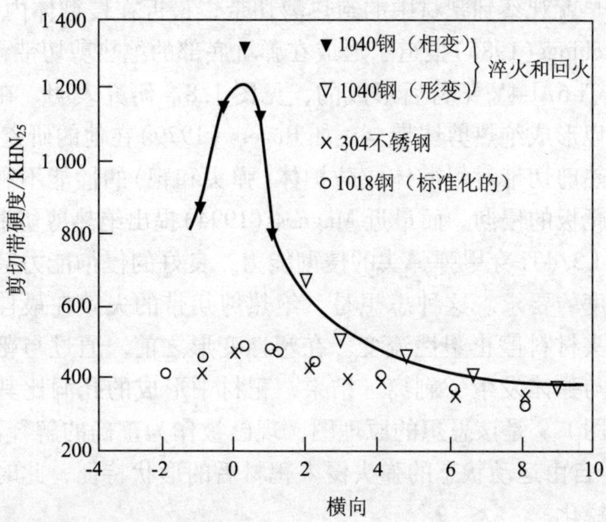

图 1.6　一些钢中包含剪切带的横截面上的显微硬度曲线。（摘自 Roger 和 Shastry，1981，并得到 Kluwer /Plenum 出版商的许可。）

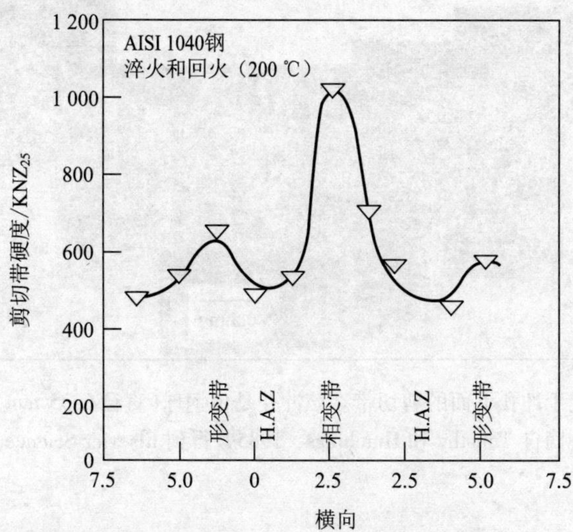

图 1.7　AISI 1040 钢中包含剪切带的横截面上的显微硬度曲线，表示一个热影响区。（摘自 Roger 和 Shastry，1981，并得到 Kluwer /Plenum 出版商的许可。）

1.1.2 剪切带的形成

在多种情况下都可以观察到绝热剪切带的形成，最著名的例子是弹道冲击实验，其很早就观察到靶材中的绝热剪切带，最近在侵彻体内也观察到了。Timothy 和 Hutchings(1985)报道了形成在弹坑底部的绝热剪切带，该弹坑是以硬质钢球冲击 Ti-6Al-4V 靶材后形成的，见图 1.8。研究表明，在远离应力集中的区域也可以形成绝热剪切带，正如 Rogers (1979)在他的研究中所证实的。习惯上认为绝热剪切带对侵彻体或防护体(弹头和靶)的性能不利，例如发生弹体的破碎或靶板的侵彻。而最近 Magness(1994)提出绝热剪切带机制是有益的，可以提高 U3/4Ti 穿甲弹弹头的侵彻能力，良好的侵彻能力甚至超过了对这种材料高密度的要求。这种思想是，绝热剪切带的失效在最佳的应变状态时发生，使弹头材料停止塑性流变。在塑性变形之前，通过与靶材的相互作用，弹头材料与弹体发生了剥离。结果，靶材中形成的孔洞比其他方式形成的更窄更深。图 1.9 是该思想的原理图，现已被作为正确的解释而广泛应用。图 1.10 是处于自由运动状态的弹头侵入靶材后的形状特征，此时绝热剪切带使弹头发生自锐化。

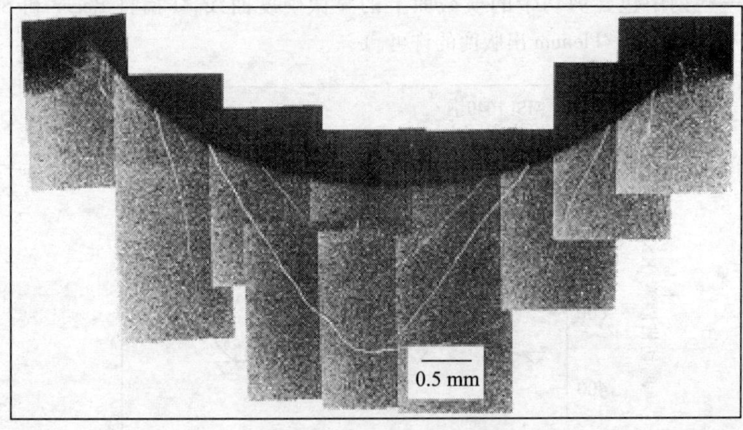

图 1.8 TC4 中形成于冲孔下面的剪切带。该冲孔是由钢球(直径 6.35 mm)以 318 m/s 的速度冲击时形成的。(摘自 Timothy 和 Hutchings，1985，得到 Elsevier Science 的许可。)

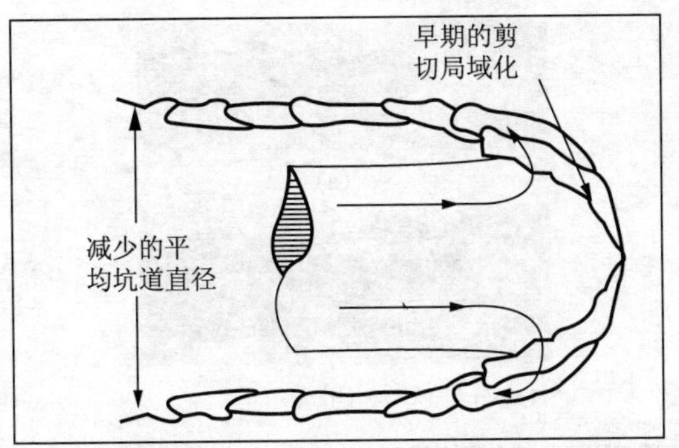

图 1.9 弹体侵彻靶板时，其端部由绝热剪切引起的流变和失效的示意图。（由 Magness (1993) 提出的原理，得到美国粉末冶金学会许可。）

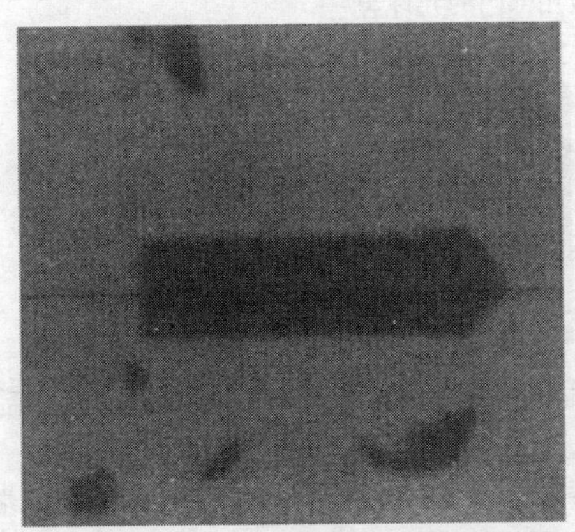

图 1.10 U-8Mo 弹体穿过钢靶后的高速 X 射线图，清楚的鼻状轮廓线表明绝热剪切在侵蚀弹体时具有主要作用。（摘自 Magness，1984，得到 Elsevier Science 的许可。）

靶材有时会出现异常的剪切失效，图 1.11 给出了靶材几乎平行于弹道方向的表面失效的例子。

可以看到失效区域很粗糙，显然绝热剪切带促使靶材在弹头前进过程中断续地脱落，这种情况下的弹孔比塑性变形引起破坏的弹孔要大。事实上，剪切失效似乎发生在应变率最大的表面附近，与 Batra 和 Wright(1986) 计算的结果一样。图 1.12 给出一个例子，在弹头到达之前剪切区域已形成，比较像弓形波。但是因为剪切发生在材料表面，不能随弹体一起前进，所以当弹头继续前进到此处时才被侵彻。然后新表面形成、被侵彻，依次进行，直到弹体停止运动。

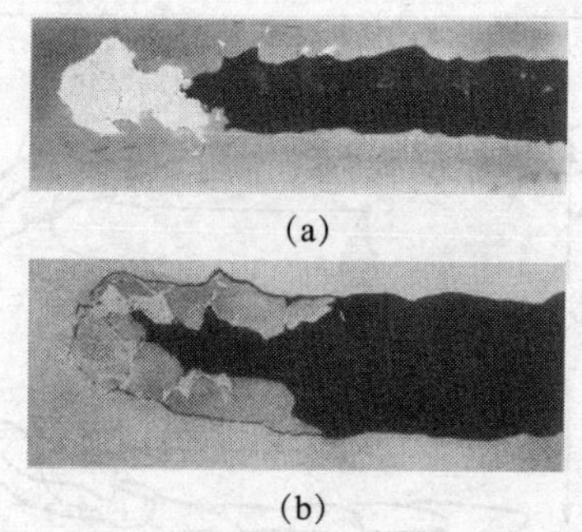

(a)

(b)

图1.11 被由90W-7Ni-3Fe制成的子弹以1 450 m/s的速度冲击后，在Ti-6Al-4V靶材中形成的通道。图(a)表明在与最大速度场梯度相对应的距离内，初期剪切是平行于通道的。图(b)为完全形成后的剪切。(G. E Hauver，未发表的图片，得到军队研究实验室终端效用部门的允许。)

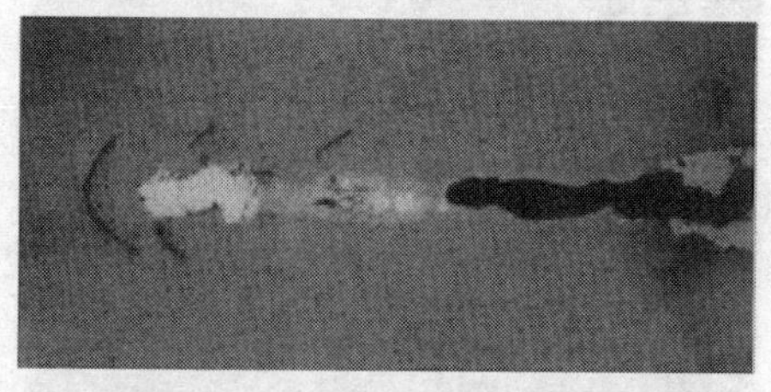

图1.12 被由90W-7Ni-3Fe制成的子弹以1 450 m/s的速度冲击后，硬度为RC30的S7工具钢靶材中形成的孔道。图示表明在侵彻体前面形成的间断的一系列剪切区域，类似于弓形波。(G. E Hauver，未出版的图片，得到军队研究实验室终端效用部门的允许。)

许多工业过程也会形成绝热剪切带(Semiatin、Lahoti和Oh，1983)。图1.13所示为在加工Ti-6Al-4V过程中形成分段的缺口，每个缺口被绝热剪切带分隔开。这些缺口的形成对表面抛光的质量有不利影响。此外，该图显示了如果保持加载状态，剪切带可以形成而且不断地再形成，同样的情况在图1.9、图1.11和图1.12中也可以看到。锻打和镦粗也可导致有害的剪切带。图1.14显示了在样品中部由单向加压导致的交叉形状的区域(Semiatin等，1983)。一些金属通过快速压缩也可以得到绝热剪切带。Wulf(1978)发现了利用Hopkinson杆压缩得到的铝合金内的绝热剪切带，如图1.15所示。Chen和Meyers(私人通信获得，也可见Chen、Meyers和Nesterenko，1999)发现在77 K下，快速压缩钽也可得到绝热剪切带，如图1.16所示，而在室温下却得不到。Grady、Asay、Rohde和Wise(1983)在冲击压缩Al中观察到网格状图案，如图1.17所示，并认为可能是绝热剪切带。

这些例子表明多种材料在多种方式的塑性变形过程中可以形成绝热剪切带。

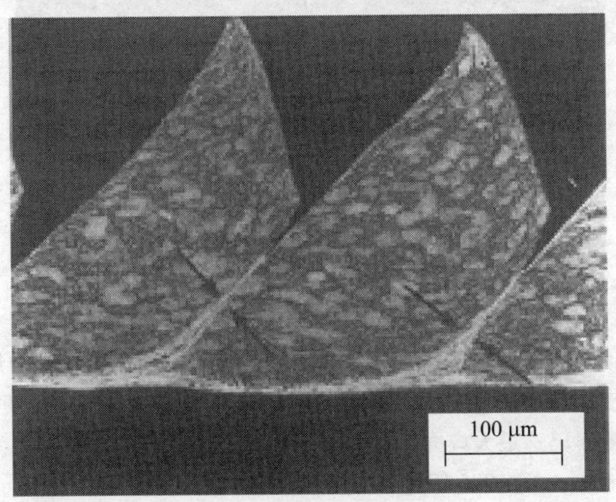

图 1.13 Ti-6Al-4V 中由机械加工形成的分离的切片，每段切片被绝热剪切带隔开。（摘自 Semiatin 等，1983，并得到 Kluwer/Plenum 出版商的许可。）

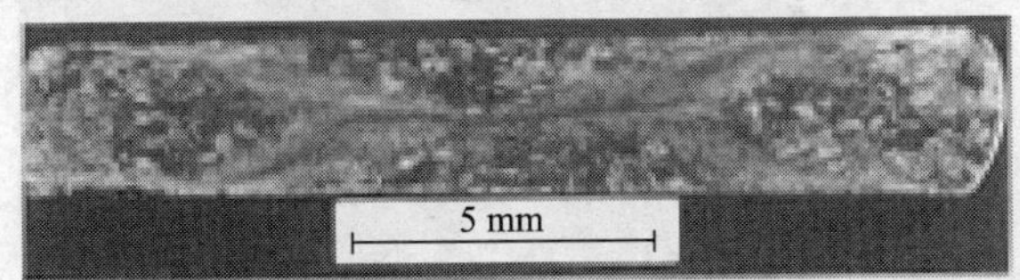

图 1.14 843 ℃下侧压 Ti-6242 Si 圆柱的横断面。（摘自 Semiatin 等，1983，得到 Kluwer / Plenum 出版商的许可。）

图 1.15 在应变速率为 $8\times10^3\ s^{-1}$ 的 7039 铝压缩试样中形成的绝热剪切带。总应变为 0.26。（摘自 Wulf，1978，得到 Elsevier Science 的许可。）

图 1.16 在温度为 77 K，应变率为 $5.5\times10^3\,s^{-1}$ 的钽压缩试样中形成的绝热剪切带。最大应力发生于应变小于 0.05 处，局部化发生在约 0.23 处。具有相同应变速率的材料，即使在同样低的应变时已达最大应力，在室温下并不局部化。（取自 Chen 和 Meyers，未发表的数据，以及 Meyers 等 1995 年发表的文章。）

图 1.17 受到 9.0 GPa 冲击的铝在透射电镜（TEM）下的金相图片，表明精细尺度的变形模式。（摘自 Grady 等，1983，得到 Kluwer /Plenum 出版商的许可。）

1.1.3 重要性

如果绝热剪切带没有显著改变所研究材料的性能和后继行为，那么它们也就不值得人们做进一步的研究。然而正如弹靶作用的例子显示的一样，会有实质性的影响。无论是以塑性还是脆性方式，绝热剪切带一般都会引发进一步破坏。

在绝热剪切带内有时会出现孔洞，图 1.18 所示为高温拉应力作用后带内出现的孔洞；而在剪切带内有时也会出现小的裂纹（Rogers，1983），表明当剪切带内的材料被冷却并处于硬化和较脆的状态时，会产生临界应力。两种情况都显示出绝热剪切带所在位置就是将来可能发生失效的位置。

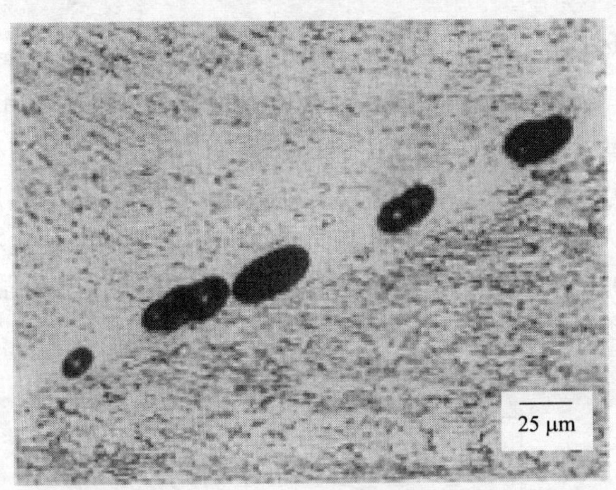

图 1.18 Ti-6Al-4V 中剪切带内的孔洞。(摘自 Grebe 等，1985，矿物、金属材料协会和 ASM 国际授权。)

对于重复使用并要经历多次循环的装置来说，不论是在实际使用过程中，还是在制造过程中，损伤源都不应出现，这是很重要的。这些情况下，必须确切了解绝热剪切带产生的条件，从而避免其产生。通常而言，在一个装置的使用期内，避免其自身的塑性变形并不难。但是在现代高速加工(锻造、冲击或电磁成形)中，消除绝热剪切带产生的条件可能比较困难。利用绝热剪切带的力学知识并通过合理的设计，可以避免损伤源的产生。事实上，计算材料的绝热剪切敏感性的指导原则已被论及(Semiatin 等，1983；Semiatin 和 Jonas，1984)。

相反，一些加工工艺，如钻孔、切割、剪切或冲击，以及球磨和机加工，剪切导致的失效是工艺过程本身的一个重要部分，它在材料的特定位置仅发生一次。通过对剪切机制的深入了解，可以更好地对工艺过程进行优化设计。所有提及的工艺过程通过半经验的方式得到了大大的改进，当然也得到了广泛的应用。在应用领域，点滴的进步都会产生巨大的经济效益。

不过，在弹道学和冲击物理学中，有效地利用剪切理论才可能得到最快、最大的回报。这些情况下，对服役部件的使用性能而言，剪切机制是材料流变和失效的基础，如果没有贯穿，冲击就消失，那么必须超过某一临界条件才能实现这一过程。另外，正如侵彻的例子一样，损伤的程度和分布在性能优化中非常重要，在降低有效运作所需的自重和能耗方面也同样重要。如果不能完全地了解破坏机制，就无法对当前研究的复杂装置进行优化，绝热剪切在损伤机制中往往占有主导地位。充分了解绝热剪切引起的失效行为，对汽车、飞机、轮船以及其他交通工具(相比弹道学，通常只需考虑低的应力和应变率)撞击实验的设计会有很大帮助。

1.1.4 定性机制

定性地讲，绝热剪切的力学基础是容易理解的。随着塑性变形的进行，许多金属中等温变形应力通常随着加工硬化而增加，应变率硬化会进一步加强塑性变形应力。但是大部分塑性功转变成热，随着材料内温度升高，流变应力通常减小。这样，两种竞争机制同时在起作用：加工硬化和应变率硬化使流变应力增加，热软化使流变应力降低，而且热软化总是强过硬化机制。这样，如果变形的时间够长，随着应变的增加，材料最终发生软化。等温竞争机制和典型的绝热曲线如图 1.19 所示。

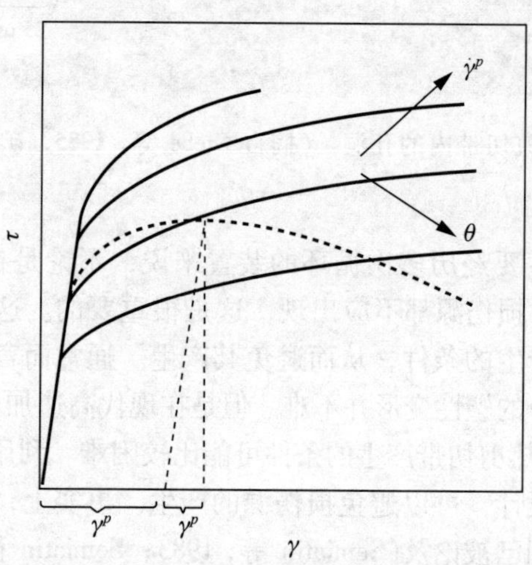

图 1.19 应力-应变曲线表明等温曲线(固态线)的位置随着应变率的增加而升高，随着温度的升高而降低。虚线代表绝热加载的典型曲线。应变率不变时，曲线处在等温状态，但是当塑性功和热出现时，压力达到最大，应变软化开始。

如果应变软化足够强，整个变形过程将变得不稳定，变形过程中微小的扰动都会被加速。可以通过增加局部的塑性功和热量使材料软化，最终显著地改变材料传递剪应力的能力。随着不稳定性的发展，会形成一个“后失稳”结构，完整的绝热剪切带得以形成，此过程通常看作是局域化的。剪切带内应力的减小会导致邻近区域材料的卸载，实际上那里的剪切已经停止。最后所有的剪切变形都发生在剪切带内，其本身的温度会变得非常高；剪切带两边的材料像刚体一样发生简单的相对位移。剪切带内局部剧烈变形产生的热量通过热传导传递到邻近温度较低的部分而达到平衡。最后的变形过程不是绝热的，所以短语

“绝热剪切带”实际上是一个历史性的误称。许多早期的变形可以认为是绝热的，因为通常在这个阶段大的应变率导致热传导不占主要地位。但是一旦失稳和局域化开始，剪切带两边的温度梯度会变得非常大，此时的变形就不能再称为绝热剪切。如果促使剪切带形成的动力停止，剪切带内的切变和热量产生也必然停止，剪切带内的热传导会使温度从峰值急剧下降。

以上定性的描述粗略地说明了图 1.1 ~ 图 1.18 的一些主要特征，不稳定性和局域性解释了绝热剪切带非常窄的原因。应力下降和邻近材料的卸载说明了“不可逆”的应变模式。伴随着急冷急热的高应变和加工硬化，剪切带内产生了高硬度，尽管有时这些方式会根据具体的应变 - 热循环而改变，甚至包括回复和再结晶过程。在剪切带形成的过程中，有附加载荷作用时，根据材料的状态，在剪切带内会形成孔洞或裂纹，高温下拉应力会形成孔洞，快冷会形成裂纹，同时材料变脆变硬。这再一次证明，当压力 - 热循环发生作用时，绝热剪切带可在许多不同材料中以不同的形态出现，而不是仅仅发生在应力集中的区域。

1.1.5 绝热剪切的回顾和探讨

此处的总结是许多研究者在相当长的时间内所做工作的精华。在 19 世纪，Tresca(1878)首先阐述了绝热剪切带的现象。与 Bell(1974)和 Johnson(1987)指出的一样，他描述了在锻造 Pt-Ir 合金时形成的热十字线。Tresca 意识到强度(变形所需的力)、低热导率、低热容均有利于产生此现象。其他人也观察到了锻造过程中的热十字线(Johnson,1987)。但是，Zener 和 Hollomon(1944)认为绝热剪切带的明显特征反映了材料的局部不稳定性，这种不稳定主要是以由塑性功所产生的热而引起的热软化为动力。在 Zener 和 Hollomon 这一重大发现随后的 30 年中，绝热剪切带在材料学方面的研究取得了比在力学方面更大的进步。Rogers (1979，1983)、Rogers 和 Shastry(1982)、Dormeval(1988)以及 Zurek 和 Meyers (1996)给出了有价值的总结。Recht(1964)试图研究绝热剪切带的机制。另一项工作来自 Erlich、Seaman 和 Shocky(1980)，他们试图以剪切带成核 - 长大机制为前提，把材料与力学联系起来。这一机制已被大量的金相观察所证实(Curran、Seaman、Shocky，1987)。尽管他们没有掌握单一剪切带形成的基本理论，也没有掌握关于连续损伤理论的相对可靠的模式，但他们最先构建了包括剪切损伤在内的大尺度模型。

1980 年，美国国家材料顾问委员会报道了 W. Hermann 等人的一项研究，该研究主要关于高速变形现象(国家材料顾问委员会，1980)。绝热剪切带是该研究的一部分(Clifton，1980)，它开创了绝热剪切力学研究的新局面。自 1980

年以来，有大量的理论和实验工作在工程文献中出现，除了几个较为重要的观点和专题讨论外，其余的无法在本文中作充分论述。1982 年的 Sagamore(萨加莫尔)会议涉及了材料动力学行为研究的最新进展和绝热剪切方面的重要工作(Mescall 和 Weiss，1983)。Shawki 和 Clifton(1989)的论述涵盖了当时的分析工作和一些关于局域化的计算工作，局域化由薄壁筒上的平面缺口产生。Dormeval(1988)论述了金相的表观特征，并指出理论和计算结果要由一些动态测试方法进行验证。适当的实验和校验还没有取得明显的效果。Bai 和 Dodd(1992)进行了当时最为广泛的总结，他们关于绝热剪切的专著涉及了此学科的所有方面。Meyers(1994)在他的书中也拿出一章来论述绝热剪切带，另一章来论述高速塑性变形。Tomita(1994)和 Batra(1998)概括了此课题的计算方面的工作。近期，一些学者全文出版了一批绝热剪切专题的论著，而且同时公开了他们工作的内容和成果的快照（Zbib、Shawki 和 Batra，1992；Armstrong、Batra、Meyers 和 Wright，1994；Batra、Rajapakse 和 Zbib，1994）。

虽然在这方面做了许多工作，但是有关剪切带形成的更加详细的微观物理本质方面的研究还比较少，无法使比例定律公式化，即还不能精确地阐述物理或动态参数对绝热剪切的影响。因此，本书编写主要目的就在于填补这方面的空白。

1.1.6 计算的含义

由于绝热剪切带的横向尺度非常小，所以完全用大尺度计算来解决相关问题是很不划算的。对一个给定的材料和载荷(见第 7 章 7.4 节)，比例法则实际上可以估计所需的力学上的解答。估计尺度通常可以与图 1.3 的相比。估计和观察的尺度表明：为了详细地看到剪切带内的变形，许多材料要求分辨率大约为 10 μm 或更低。更进一步讲，如果不考虑热传导，至少是在非常靠近剪切带的区域对网格的划分敏感，无论网格如何细化，数值解都不完全收敛，这一点在第 7 章会详细介绍。

在许多已发表的计算方法中，不仅忽略了热传导，而且网格比所要求的在形成的剪切带内的尺度大一个数量级。这意味着计算的局域化区域与剪切带上网格分辨率有相同的宽度，是网格的长度而不是材料自身的物理或结构特点控制着计算过程。计算得到的剪切带的位置大部分在实际的位置附近，但是由于时间、扩展、剪切带所传递的应力的精度以及对其他区域的影响，使以上计算的结果都值得怀疑。另一种包含热传导的计算方法，已完全地解决了剪切带问题，但这仅适用于一维情况，并且是在包含剪切带的相对窄小的条形区内。一些关于剪切带形成的动力学计算将在第 5 章的 5.4 节进行更全面的讨论。

因为绝热剪切带的形成对失效过程有重要影响，同时由于剪切带形成的尺度远小于简便而经济地进行计算所需尺度，因此对于把动态失效作为设计的主要部分的设计者而言就面临着困境。在连续物理中一个普遍情况是重要的物理过程发生在除失效过程以外的非常细小的范围，如流体中的涡流和边界层，液体燃料中飞沫的形成和燃烧，爆炸中形成的气浪和热点，以及天气预报中的冰雹。解决此困境的一个办法就是在不考虑每个完整解的情况下，想法找到局部重要过程的影响，而且每次只需要局部因素。通常仔细分析局部过程可以得到解决办法，即通过一些简单的方法获取其本质特征，然后找到一个切实可行的方法，把局部结果推广到更大的范围。目前通常用“桥接长度尺度”一词来描述此过程。Olson(1997)论述了一个经典的例子：将几种不同的长度尺度引入高强高韧钢的设计中。

本书编写的目的在于针对绝热剪切带形成的局域化过程的细节进行研究，并通过比例定律得到一些主要的特征。然而目前将这些结果推广到更大范围的计算以便实现桥连的方法还不成熟。有两种方法看起来是可行的：第一种方法，将剪切带看成材料两部分之间的边界层，并给出这两部分通过边界层相互作用的规律。Walter 和 Kingman(1998)采用 Silling(1992)的方法，给出了一个例子：剪切带的存在使高速粒子与薄板斜撞击之后被一分为二，而不是发生显著的塑性变形而被展平。此方法有一点理想化，它要求剪切带任意形核和扩展，而不是由临界物理条件引发和驱动，但它证实了剪切带的存在对计算结果有重要的影响。第二种方法，利用连续响应中产生的“损伤”来模拟剪切带形成的影响。Raftenberg(2000)用启动条件引发了各向同性的剪切破坏，通过人为方法任意地将流变应力和层裂强度减小到较低水平来模拟此过程。这对其计算结果有很大的影响，但是这个方法需要标定若干参数，这使其很难与实际物理过程相联系。前面提到的 Erlich 等(1980)，也采用了体积破坏的概念，但在离散方法中，保留了剪切损伤的方向性。

如果充分地与局部物理过程相结合，无论是采用边界层还是体积破坏的方法，都可取得极大的成效。

1.2 一维实验

正如上一节论述的一样，关于绝热剪切带形成的基本假设是：绝热剪切带出现在快速塑性流变失稳之后，绝热剪切带中的剧烈后局域化结构是达到力和能量之间新的动态平衡的结果。为了把最后一节中的定性描述变成真正的定量解释，必须设计一些实验以便确定材料的基本性质，并证明由这些性质引起了绝热剪切带的形成。进一步讲，实验不但要易于实施，而且要易于测量和定量解释。因为方便地进行实验和定量解释二者经常是相互对立的，所以从某种意义上讲，实验设计总是要采取折中的办法，这就像一门艺术。举例来说，冲击实验很容易形成绝热剪切带，但在形成过程中，获得可靠的、有价值的定量信息却很难。当然，后期检测可以提供有价值的信息，但却不能得到多少关于形成动力学的解释。

确定材料的本构响应的实验通常完全依赖于有关局部行为的假设，也就是说，假设物质单元内部的应力仅依赖于场变量的值和它们对该单元的作用过程。如果材料的整体处于均匀状态，那么某一点的值和整体的平均值应该是一致的。这样，测量所有相关场的平均值就足以得知所需的各个点的情况。近年来，这种动态测试方法取得了较快的发展。对其他本构行为，包括梯度或非局域行为也如此假设，但是很难通过实验来确定。如果研究的现象本身是动态的和不均匀的，像绝热剪切带的情况那样，就更加困难了，必须设计出新方法，相对独立地研究每一个剪切带，不过此领域也已取得显著进展。

1.2.1 均匀场的动态测试

常用的标准测试技术要用到分离式 Hopkinson 杆，目前主要用于三种基本情况：压缩、扭转和拉伸。Lindholm(1964)论述了这种装置的原理和操作方法，Nicholas(1982)，Nicholas 和 Bless(1985)，Follansbee(1985)，Harltley、Duffy 和 Huwley(1994)等人又将其补充和完善。三种情况的基本理论是相同的，并且很简单，但在实际中三种方式各不相同，且相当复杂(具体见参考书)。把一个圆筒试样(压缩、拉伸用圆筒，或扭曲用薄壁筒等)放置在同轴放置的两个高强度弹性杆之间，并彼此接触，如图 1.20 所示。然后，把产生的可以控制其形状、长度和强度的梯形压力脉冲由输入杆传递到试样，再到输出杆。试样要足够短并有良好的延展性，这样才可以在初期加载脉冲过程中达到与两个杆的压力平衡。试样还要有小的横截面和小阻抗，当两个杆保持弹性状态时，试样可以发生塑性变形。然后，利用一维线弹性波理论，并分别测试弹性杆中加载波、反射波和透射波，在负载脉冲持续的时间内就可以推导出试样传递的应力和试样内质点的相对速度。由于试样初始的几何形状已知，试样中的应力和应变率就容易算出，再通过积分算出整体应变。Ramesh 和 Narasimhan(1996) 改进了拉伸或压缩状态下的有限变形实验。改变试样的长度，应变率也会发生变化，因为尺寸越小，应变率越大，依此类推。但是如果试样的长度发生较大的变化，就需要重新设计整个设备，因为比例和尺寸只有相互匹配，才能得到最佳结果。也可以改变试样的初始温度，但这需要下面提到的特殊技术。

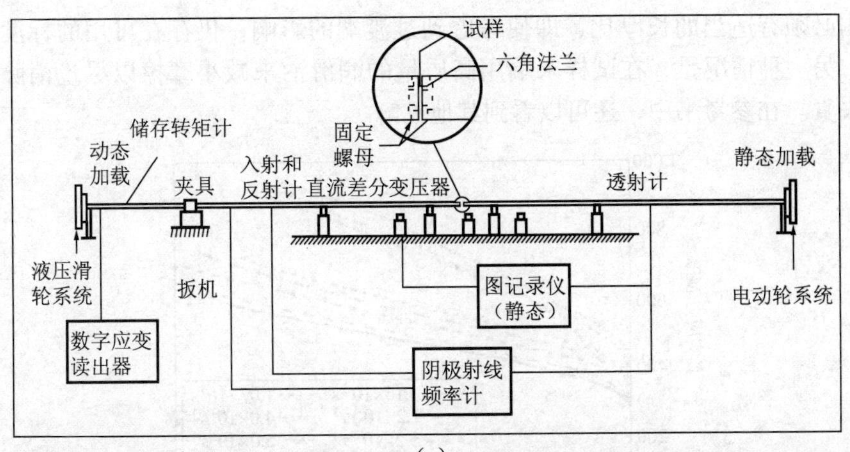

（a）

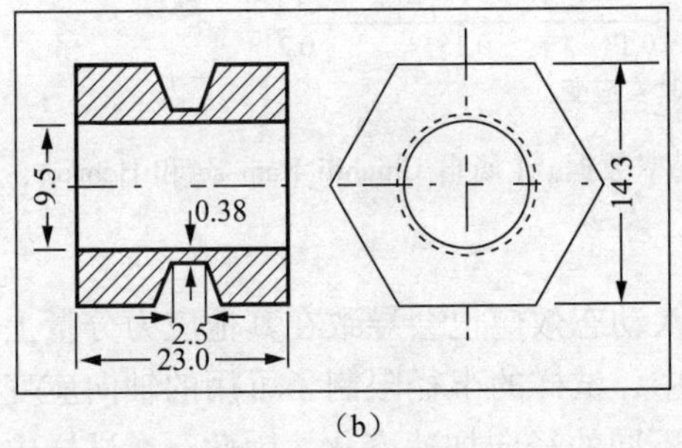

（b）

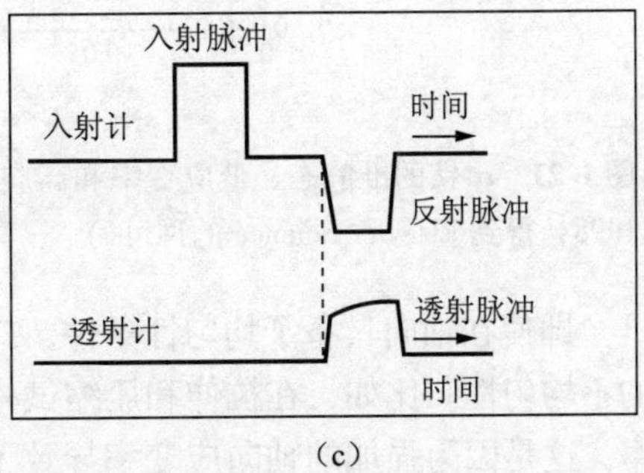

（c）

图 1.20 图(a)为 Kolsky 扭转杆的示意图。图(b)为典型的薄壁扭转试样。图(c)为典型理想波形的入射波和透射波。（三图均摘自美国国际金属协会手册，力学测试，Hartley、Duffy、Hawley，1985，得到 ASM 国际的许可。）

通常，在应变率和温度基本不变的条件下，运用动态应力-应变曲线来作为实验数据(图 1.21)。曲线初期的摆动来源于波传播时的负面影响，应变率越大，这种现象就越明显。实际上，在一个实验中，应变率可以在给定值附近变化 ±20% 左右，在大应变条件下，温度可以升高几十摄氏度。对于给定的杆和试样，改变加载脉冲的强度，试样的应变率会发生变化；对于给定的应变率，改变脉冲的长度，最终的应变会发生变化。

对分离式 Hopkinson 杆，需要在试样有效长度内保持应力均匀，应用难点和操作限制多与此有关，而且需要考虑整体的实验设计，其次还需考虑可能非常重要的动态效应。

如前所述，作为首要考虑的因素，所有的试样必须足够短才能在早期变形中达到平衡。因为在扭转中，应力随实心杆或厚壁筒的半径变化而变化，所以用薄壁筒以使应力接近均匀。在扭转或拉伸实验中，试样在名义标度范围内必须有适当的长厚比，即使考虑到过渡端的影响，仍存在可用的标度范围。另一种情况是，在试样末端用高质量的润滑油来减小摩擦以尽量消除桶形失真。在参考书中，还可以看到其他见解。

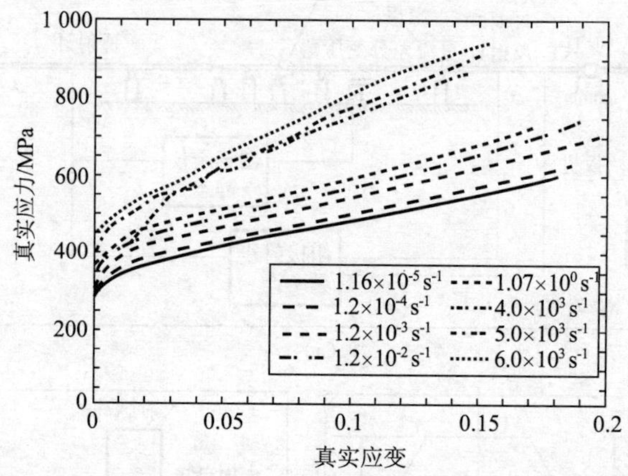

图 1.21 α-钛的准静态、低应变率和高应变率数据。（摘自 Chichili Ramesh 和 Hemker，1998，得到 Elsevier Science 的许可。）

即使在轴向具备了均匀性条件，二次动态效应也会导致在其他应力分量上的不均匀性。比如，在拉伸和压缩试样中，试样的半径限制了可用的轴向应变率，这是因为强加的轴向应变率导致了不同的径向加速变化，因此，在试样中出现了不均匀的径向应力。如果后者被解释成流变，那么这个诱发应力的最大值必须是测量的轴向应力的一小部分。通过量纲的角度或简单的动态分析可知，需要的条件是 $a\dot{\varepsilon}\ll\sqrt{Y/\rho}$，即轴向应变率和试样半径的乘积必须远小于试样中的流变应力与其密度比的平方根（"≪"符号表示远小于，意味着至少小 5 个数量级）。在薄壁筒的扭转实验中，离心力会导致环向应力发生在标定部位的中心，而径向剪切应力发生在边缘。为了使这些应力远小于剪切应力，简单分析的结果是：环向应力条件是 $h\dot{\gamma}\ll\sqrt{Y/\rho}$，剪切应力条件是 $h^3\dot{\gamma}^2/a\ll Y/\rho$。两式中，$h$ 是薄壁圆管的标定长度，$\dot{\gamma}$ 是剪切应变率，其他参数同上。更确切的条件需通过计算来确定，并由实验进行验证。对具体的设计和材料而言，尽管使用小型的直接式 Hopkinson 杆允许压缩过程中使用更高的应变率（Gorham、Pope 和 Field，1992），然而实际的应变率通常在理论值 $10^4\ s^{-1}$ 以下。除此之外，其他人发展了小型的分离式 Hopkinson 杆装置。从实际情况考虑，如果能够对扭转试样施加摩擦力以产生高扭矩，也会使实际的应变率接近于理论极限值。压缩过程中的桶形失真、拉伸过程中的缩颈现象、扭转过程中的管壁皱褶，都表明在有效标定范围内，应力和应变没有保持均匀。当这些情况发生时，尽管数据仍可反映穿过试样的应力及相对速度，却不能被认为是材料的本构响应。

Duffy(1980)的一篇论文讨论了相关实验的典型应用和得到的数据。所有形式的分离式 Hopkinson 杆实验的主要应用是：当实际的应变率和温度发生变化时，给出材料的动态应力-应变关系。在一定的应变率(0.05 或 0.1)和温度下，在应力与应变率双对数的坐标中，绘出应力与应变率曲线，其斜率为应变率敏感性，如图 1.22 所示，结构合金材料在室温下应变率敏感性的典型值低于 0.03，并且在一定的应变率范围内几乎保持不变。对于给定的材料，其应变率敏感性随温度增加而增加，并且纯金属通常有比合金更高的敏感性。对用分离式 Hopkinson 压杆进行系统实验所获得的数据最简单和最常用的解释是：流变应力可以表示为塑性应变、塑性应变率和温度的函数。这样的解释只是对熟知的准静态应力-应变曲线的简单延伸。

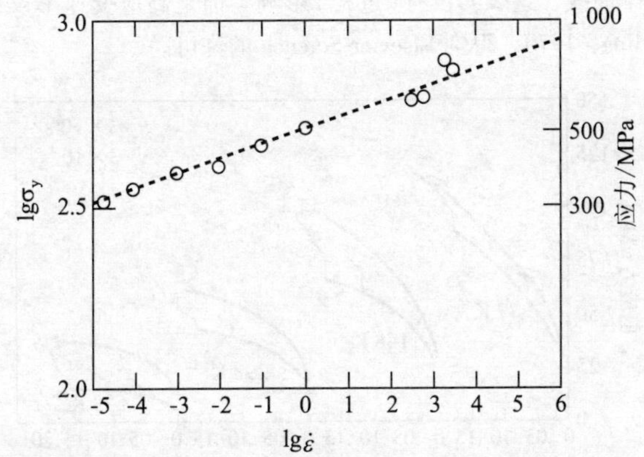

图 1.22 在恒定应变和温度下，应变率敏感性由应力-应变率双对数坐标曲线的斜率决定。这是不锈钢的数据，它表明在 $10^3\ s^{-1}$ 和 $10^4\ s^{-1}$ 之间应变率敏感性有增加的趋势。(摘自 Kassner 和 Breithaupt，1984，得到 IOP 的许可。)

其他实验至少表明对某些材料而言，情况会更加复杂。如果一个给定材料在两种不同应变率条件下得到截然不同的应力-应变曲线，利用上一节中的简单解释可以预知，在实验中，从一个应变率状态到另一个应变率状态之间的第三个实验，经过一个短暂瞬间后，可以简单地由一条曲线演化到另一条曲线，如图 1.23 所示。在 Duffy 的论文中也描述过这种所谓的跳跃式实验，但是发现这种简单的演化并不经常出现。这种跳跃实验开始于一个前期确定的曲线，但当应变率变化时，其变化有时超过、有时低于其他已知曲线，如图 1.24 所示，这种行为称为“过程效应”。第 4 章第 1 节认为可以利用内部变量进行模拟，而不考虑独立的本构变量的变化过程，只取当前值即可。还需认真考虑实验条件并获得更多的数据，才能取得最新的理论进展。

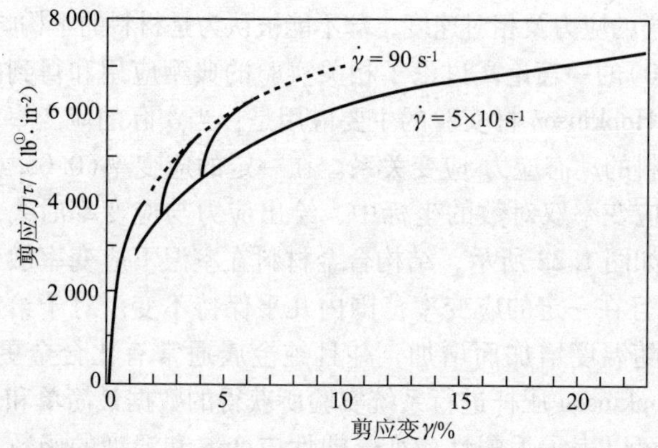

图 1.23 Al 扭转试样的递增应力-应变曲线(跳跃测试)，经过一个暂态过程后，出现跳跃响应，逼近高应变率曲线，这表明没有(过程)影响。但是高应变速率仅仅是 90 s^{-1}。(摘自 Campbell 和 Dowling，1970，得到 Elsevier Science 的许可。)

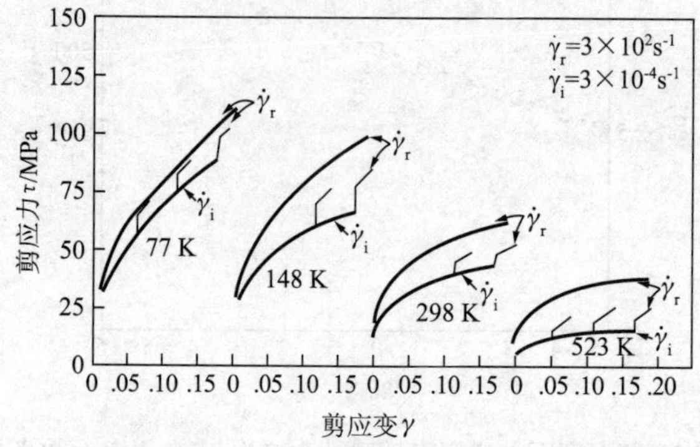

图 1.24 1100-O Al 的递增应力-应变曲线(跳跃测试)，这些实验说明在高温和大的初始应变时，“过程”影响对跃动有较大的影响。(摘自 Senseny、Duffy 和 Hawley，1978，得到 ASME 的许可。)

在过去的 20 年中，随着理论和数值分析的发展，实验工作也取得了进展。研究领域扩展到温度、应变、应变率的更极端的条件，这需要新技术和对已有技术进行改进。Follansbee 和 Frantz(1983)介绍了针对轴向加载脉冲发散的纠正方法，现在已成为许多实验室的标准程序(见 Coates 和 Ramesh，1991)。为了降低引起本构响应额外变化的物质扩散和减缓的冶金变化，发展了快速加热技术：Gilat 和 Wu(1994)直接用火焰加热；Lennon 和 Ramesh(1998)用红外辐射加热；Nemat-Nasser 和 Isaacs(1997)用小型感应炉来快速加热。后两种方法的特征是加载脉冲几乎同时作用于加载杆和试样，这是为了

① 1 lb = 0.453 592 37 kg。

减小热传导的影响和加载杆中波速的变化。由于高应变率下长脉冲的应用，材料的绝热效应变得明显。为了获得绝热和等温效应，Nemat-Nasser、Isaacs(1997)进行了一系列中断实验，其典型数据如图 1.25 所示。

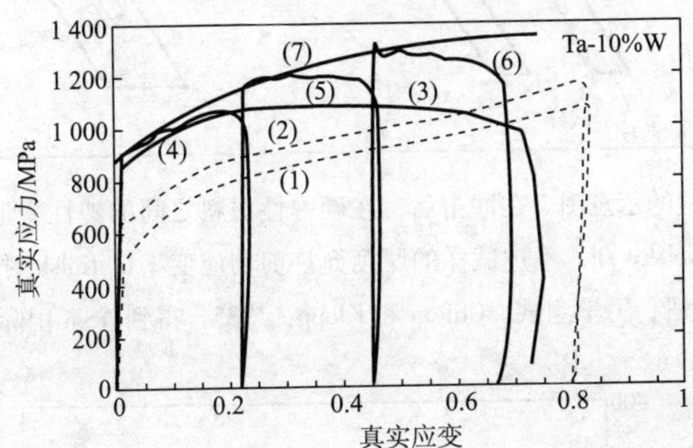

图 1.25 Ta-10W 的应力-应变曲线。曲线(1)和(2)是 25 ℃时的等温曲线，应变速率分别是 $10^{-3}\ s^{-1}$ 和 $1\ s^{-1}$。曲线(3)是在 5 200 s^{-1} 时开始于 25 ℃的绝热曲线。曲线(4)、(5)和(6)也是在 5 700 s^{-1} 时开始于 25 ℃的绝热曲线，不过是在回到 25 ℃之后再绘出的应变的中断和恢复。曲线(7)是在 5 700 s^{-1} 和 25 ℃时的估算等温曲线。(摘自 Nemat-Nasser 和 Isaacs，1997，得到 Elsevier Science 的许可。)

设备末端负载脉冲的反射会导致不必要的对试样的重复加载，这样，整个加载过程变得不可控和不可知。为了保持后续测试的准确性，Nemat-Nasser、Isaacs 和 Starrett(1991)等人一起，在压缩和拉伸实验中，设计了在脉冲通过试样后记录和消除脉冲的方法，这使得在随后的金相研究中，容易获知并表征加载情况。

分离式 Hopkinson 杆极限范围实验显示出，尽管二次动态效应不能排除，应变率敏感性仍会以较大的速率增加(Follansbee、Regazzoni 和 Kocks，1984)。随着横向位移干涉仪的使用(Kim、Clifton 和 Kumar，1997)，可以进行压剪实验，实验中，材料在气枪子弹冲击载荷作用下，产生垂直和水平的速度。随后将一个薄试样夹在两个硬的、弹性材料之间，这样 $10^5\ s^{-1}$ 或更高的剪切应变率实验就可以进行了，比标准 Hopkinson 杆实验高一个数量级的实验也可以进行了。当时，Klopp、Clifton 和 Shawki(1985)概括了这种方法的观点和一些数据。图 1.26 为一个典型实验装置的示意图，在这种情况下发现应变率敏感度要高出许多(图 1.27)。

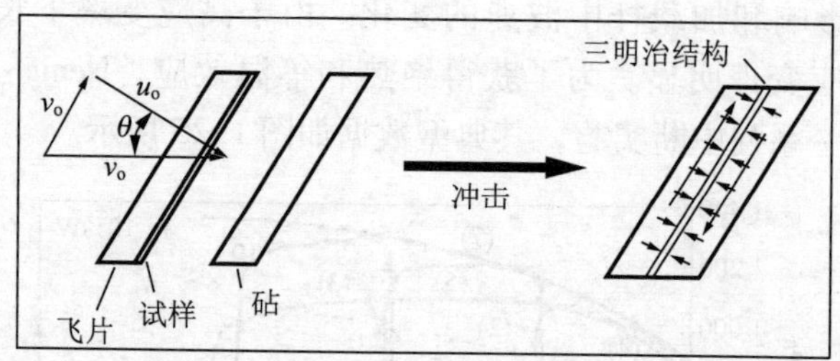

图 1.26 压-剪实验的示意图。在冲击后，在硬弹性材料之间的塑性变形试样的设计在概念上非常类似于 Kolsky 杆，不过试样的厚度允许剪切应变率比 Kolsky 扭转杆高一个数量级。（摘自 ASM 手册，力学测试，Clifton 和 Klopp，1985，得到 ASM 国际的许可。）

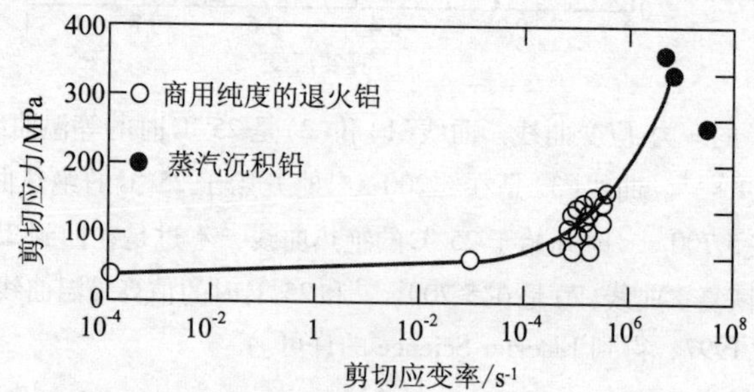

图 1.27 压-剪实验中，Al 的应变率敏感性在高应变速率时急剧增加，其他材料也有类似的结果。（摘自 ASM 手册，力学测试，Clifton 和 Klopp，1985，得到 ASM 国际的许可。）

尽管文献上微观结构和材料条件的不同导致了一些混淆，但是这显然证实了早期工作的正确性。Hopkinson 杆实验和压剪实验没有交叠，但目前还没有办法找到中等速率的方法来比较这两种方法数据的交叠性。Chichili 和 Ramesh(1999)为 Hopkinson 杆设计了可以进行压缩和扭转的动态实验装置。这些实验也包括避免试样中反射波和重复加载的方案。

1.2.2 在薄壁筒和其他形状中绝热剪切带的形成

在薄壁筒的 Hopkinson 杆扭转实验中，随着剪切应变和应变率的增加，当绝热塑性变形变得不稳定时，有利于绝热剪切带的形成。如果试样的标定长度足够短，加载速度足够小，满足准静态条件时，试样承载的力仍可称为应力。但随着局域化的发展，整个标定长度上的速度差只能被称为名义应变率。当剪切带中的材料被加热到几百摄氏度时，试样中的温度也会变得非常不均匀。

Costin、Crisman、Hawley 和 Duffy(1979)发表了大量关于两种钢扭转实验的数据，应变率分别为 500 s^{-1} 和 1 000 s^{-1}，温度从 −157 ℃到 +121 ℃，热

轧 1020 钢显示出明显的加工硬化，但没有发生局域化，而冷轧 1018 钢显示出很小的加工硬化，并在高应变率下趋于局域化。

在这些实验中，只能在实验后通过测量实验前刻在圆筒内表面的一条轴向直线来测量应变的分布。Marchand 和 Duffy 沿着试样标定部分的外表面附加了一个不均匀网格，使局域化过程中的位移能被直接观测到。他们也通过红外技术测量了局域化区域的温度分布。这些可以完善测量的结果，他们因此能够更具体地描述此过程，如图 1.28 所示。

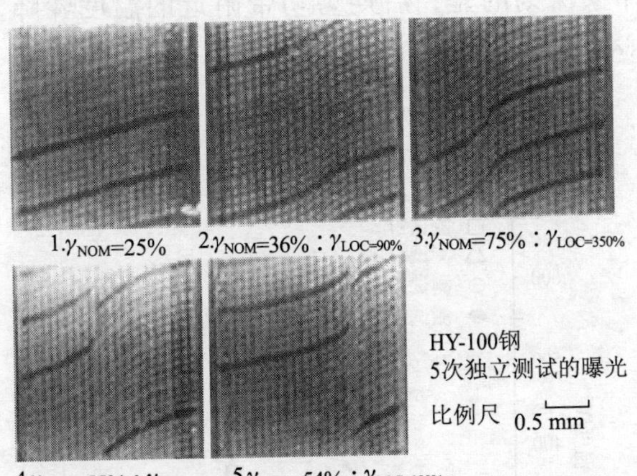

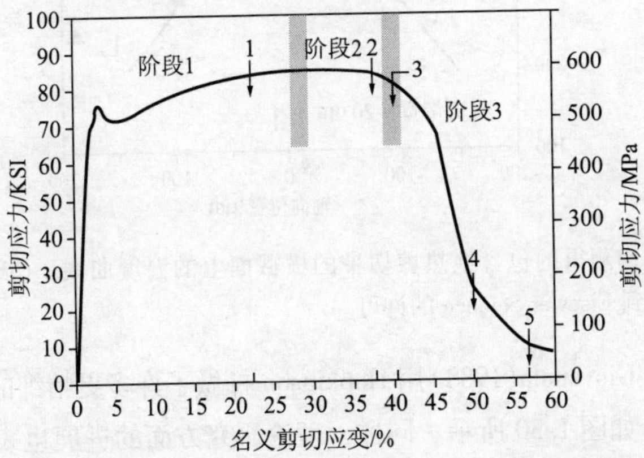

图 1.28 HY100 钢扭转的应力-应变曲线表明局域化伴随着绝热剪切带的形成。在阶段 1，整个剪切区的应变是均匀的。在阶段 2，开始出现不均匀，当应力超过最大值后，不均匀性加剧。在阶段 3，局域化区域的温度和应变快速增加时，应力急剧下降。应力-应变曲线上方的照片表明分布在薄壁试样侧面的网格畸变。照片在不同的实验中得到，但大致与曲线上的箭头对应。（摘自 Marchand 和 Duffy，1988，得到 Elsevier Science 的许可。）

在流变应力随着最初的加工硬化增加的初始阶段，均匀变形不断进行，在此阶段，温度增加是缓慢的。接着，随着应变积聚而表现出微小波动的流变应力达到了弱最大值，温度则一直保持缓慢升高。最后应力急剧下降，并且剪切带中心的温度迅速增加，此时，变形变得非常不均匀，以致除了剪切带两边的相对位移外，很难观察到剪切带的结构。剪切带两边的温度分布如图 1. 29 所示。尽管测量仪器的精度不是足够高，不能得到精确的测量值，但令人印象深刻的是，后期剪切带附近的温度骤降，如图 1. 29 所示。紧随其后应力下降或在下降过程中，试样通常会断裂。

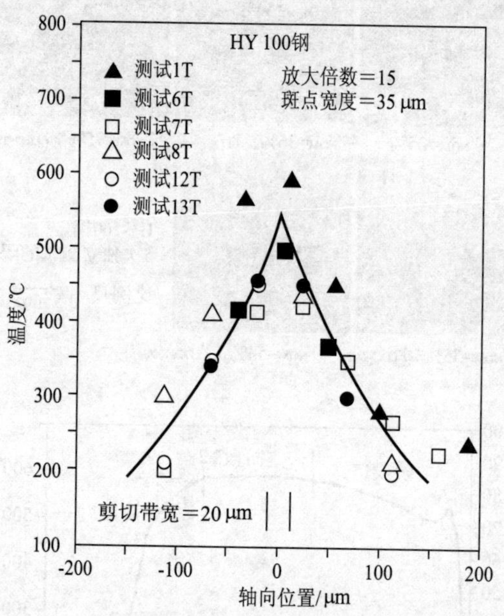

图 1. 29 变形后期测得的包含绝热剪切带的横截面上的温度曲线。（摘自 Marchand 和 Duffy，1988，得到 Elsevier Science 的许可。）

与此同时，Giovanola(1988)用 Hopkinson 杆做了许多更精细的测量，也得到了相似的结论，如图 1. 30 所示。同样，理论研究方面的进展也表明得到相似的结果(Molinari 和 Clifton，1987；Wright 和 Walter，1987；Wright，1990)。

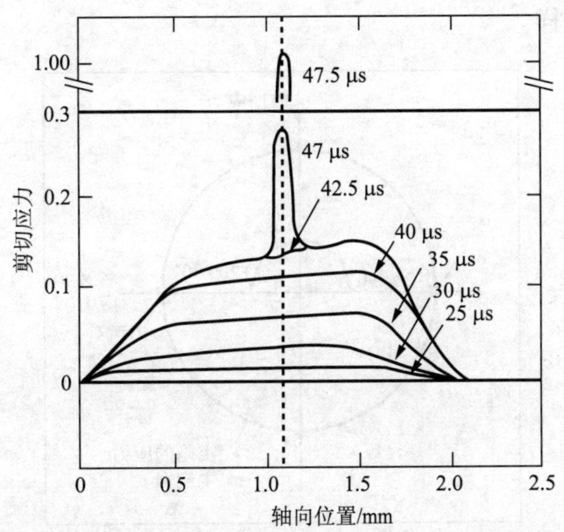

图 1.30　4340 钢(HRC 40)中包含绝热剪切带的横截面上的应变曲线，位移通过直接测量处于扭转试样侧面的精密网格的照片而得到。应变通过图形计算得到。(摘自 Giovanola，1988，得到 Elsevier Science 的许可。)

20 世纪 80 年代，尽管在扰动的分析中，Anand、Kim 和 Shawki(1987)引入了压力和热敏感度，但大部分研究者认为仅绝热流变的不稳定性就足以解释绝热剪切带的形成。在双剪实验研究中，Cowie、Azrin 和 Olson(1989)观察到沿着剪切区形成了孔洞。他们使用分离 Hopkinson 杆，剪切小圆柱中间部位。试样的形状必然会产生一些垂直于剪切面的弯曲和拉伸。和预期的一样，他们还发现附加的正应力(柱内的轴向应力)能减弱局域化，这可能是由于抑制了孔洞形核。后来，Weerasooriya 和 Beaulieu(1993)在 W 基复合材料的扭转实验中观察到孔洞的形成，Chichili(1997)在其实验中附加一个静态轴向应力，在金属 Ti 中也观察到了孔洞。

孔洞的形成通常要求在其形成点处有一个拉应力。当用较高分辨率的仪器观察时，金属包含许多不均匀的结构，如枝晶、第二相、弥散粒子等，因此，即使在平均应力张量中没有拉伸成分，也可能存在较大的应力波动和局部拉伸应力。而且，在没有轴向应力的标准扭转实验中，主应力发生在与最大剪应力平面呈 45°的方向上。

其中一个主应力为拉应力，它在强度上与最大剪切应力相等，像莫氏圆显示的一样(图 1.31)。Weerasooriya 曾建议，当考虑最大应力和临界应变图时，绝热剪切有些像 Ashby 图(Ashby，1992)，应该包括孔洞的辅助剪切，对纯绝热剪切也一样。

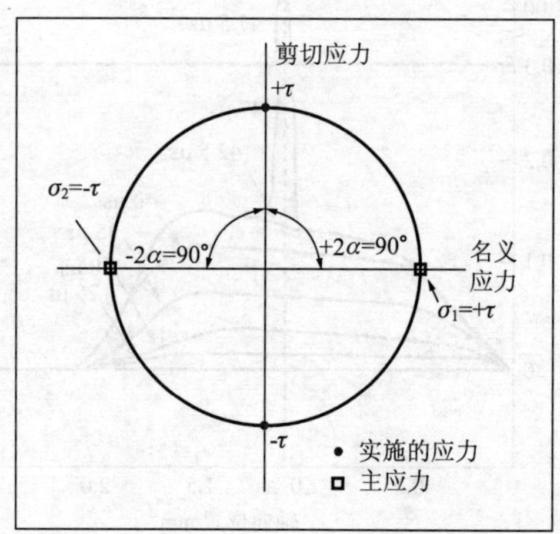

图 1.31 莫氏圆表明，在具有剪切应力但无轴应力的薄壁试样中，主应力为 ±τ 且位于与最大剪切平面呈 ±45°处。

除在 Hopkinson 扭转杆中进行标准测试外，Hopkinson 压杆也被用来做其他方式的快速剪切实验，Hartmann、Kunze 和 Meyer(1981)用一个形状如图 1.32 所示的试样进行了帽形实验，Klepaczko(1994)用形状如图 1.33 所示的试样发展了改进的双剪实验。两种情况下，实验测量了施加到试样上的力及负载表面与输出杆不同的速度，结果和预期的一样；但是对实验中的剪切应力和应变的测量的解释，却不像扭曲实验中那样直观。名义剪切应力和相对位移可以直接读出，但不能更详细地确定应力和变形。可观测到剪切区与杆轴平行，它们始于试样的拐角或缺口处，这样剪切带从应力集中点产生，沿长度方向应力不一致，而且剪切带终止于表面，它们经历了端部的影响，可用数值分析对数据进行更精确的分析。

Hopkinson 扭转杆看似简单，却也隐含着复杂情况，Duffy 和同事用到的试样标定部位，经抛光除去来自机加工的缺陷。但是，抛光也会产生不可知的缺陷。图 1.20 中的试样形状，可以理解为标定长度中心多余的材料较其尾部的材料更易于除去，这样在薄壁管的薄壁处产生了不可知的变化，因为缺陷对完全发生局域化的时间和应变有强烈的影响。

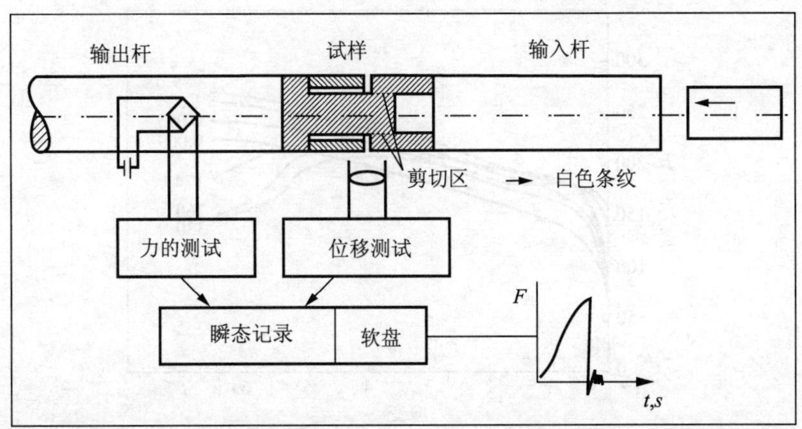

图 1.32 用压缩 Kolsky 杆产生绝热剪切带的实验装置的示意图。设计了一个特殊的轴对称的试样来剪切平行于加载杆轴的圆柱表面。变形的程度可由一个阻止环限定位移和轴向力。(摘自 Hartmann 等，1981，得到 Kluwer /Plenum 出版商的许可。)

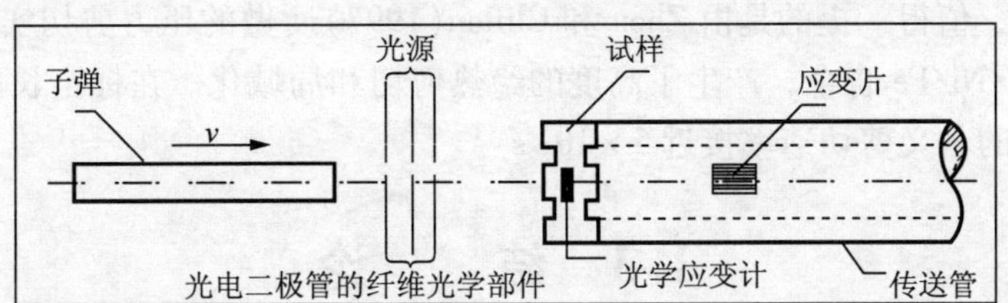

图 1.33 用改进的压缩 Kolsky 杆产生绝热剪切带的实验装置的示意图。试样是一根有两个预制裂纹的短棒。直接冲击对试样产生快速剪切，传递的力在弹性输送管中测量。(摘自 Klepaczko，1994，得到 Elsevier Science 的许可。)

由于实验者的错误，应力失效时间没有被有效地控制，后来，经 Duffy 和 Chi(1992)、Liao 和 Duffy(1998)证明，减少可控制的缺陷的尺寸可以延长应力失效时间。

Lindholm、Nagy、Johnson 和 Hoegfeldt(1980)用一个开口环状液压装置做扭曲实验，用到的试样与 Hopkinson 扭转杆中的试样在设计上类似。但是，实验是以较小速率做的，实验收集了多种不同材料的数据。对铜的测试相当有趣，在接近 330 s^{-1}相对小的变化率时，当应力开始下降然后回升，再下降时(图 1.34)，加工硬化和局域化交替出现。在这个特殊的例子中，所得数据不能用来分析材料性能，如果材料的行为已知，则可用于计算分析，见 Johnson、Hoegfeldt、Lindholm 和 Nagy(1983)的文章。Walter(1992)也从数值上检验了这一特殊情况，发现结果与 Johnson 等人计算的一样。

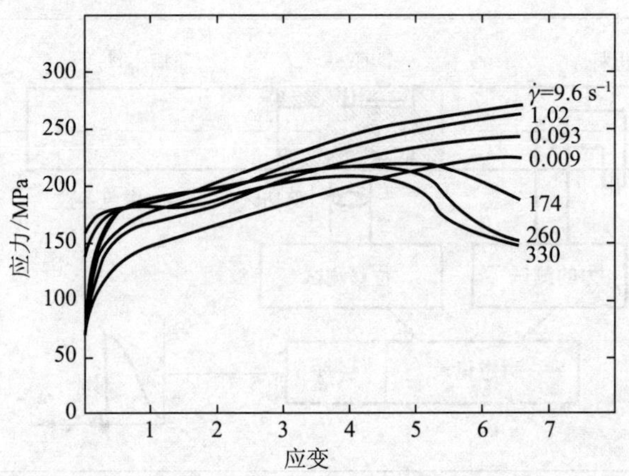

图 1.34 $10^{-2}\sim10\ s^{-1}$的 Cu 的大应变测试，给出了标准等温应力-应变曲线的典型应变率硬化。在中等应变速率下，开始出现典型的绝热曲线并伴随着重新硬化和二次软化。(摘自 Lindholm，1980，得到 ASME 许可。)

最后，值得一提的是由 Zhou 和 Clifton(1997)所做的压力剪切实验，该实验利用 W/Ni/Fe 合金，产生了高度的绝热剪切和局域化。在标定长度为 60 ~ 80 μm 上的名义剪切速率接近 $5\times10^5\ s^{-1}$。

1.3 结　论

本章定性地描述了绝热剪切带，并对目前主要用来研究绝热剪切带的实验方法作了简要回顾，本书其余章节将主要讨论绝热剪切带的宽度。这个值与产生的剪切带的物体整体尺寸相比，是极小的，但是它们的存在会对物体的性能产生重要影响；并且，由于它们的小尺寸以及固有的在温度、应变和应变率方面的不均匀性，仅通过实验方法，是不可能全面地理解它们的性质或完整地表征它们。简单的材料模型和分析处理可以用来帮助解释实验结果，以及指导更进一步的实验。

2

守恒定律和非线性弹性概述

绝热剪切带的一个显著特征是在剪切材料的过程中，材料的微观结构似乎对其扩展没有影响，这在图 1.3 中尤其明显，图中，轧制平面内的晶粒和不均匀的杂质相拉长并与剪切带方向保持一致。但是，剪切带直接穿过这些组织并没有改变其扩展方向。第 1 章的一些显微照片也有这种相似的倾向，仅仅在扩展的剪切带的末端，发生分裂和失去连续性，剪切带似乎反映局部微观结构的细节。但是，在很大范围内，剪切带的末端变得弥散并消失在产生的变形中。因而，只有在剪切带末端附近，才有充分的理由认为剪切带是由其附近较大区域内的材料平均热力学性能所决定的，而不是由单一晶粒和杂质的具体的局部性能决定。尽管在裂纹尖端对材料进行具体研究会显示出不同的情况，这种情况类似于传统的断裂力学，断裂力学中认为包含裂缝的材料也是均匀的，具有平均性质。

上一段的简短论述有充分的理由解释剪切带的形成机理与大块材料变形的方式相同。在绝热剪切带上，应变、温度或其他因素发生显著变化的范围是 1 ~10 μm，这比材料显微结构发生显著变化的尺度要小得多，如果认为材料仍然是均匀的，那么连续机理和塑性本构响应的一般定理仍然适用。因此，本章回顾了确定运动方程的力学守恒或平衡定理和对材料施加约束的热动态学规律。从几微米到几十微米，再到几百微米，这些宏观定律在一定尺度上都适用。这是一个很小的尺度，比日常生活中的物品、汽车或建筑梁小 5 ~6 个数量级。但是，它又比原子间距大了约 4 个数量级，它甚至比位错间距大 2 个数量级。因此，绝热剪切带的尺度范围正好处于冶金领域和材料科学之间，使用标准的连续介质力学是合理的。

2.1 守恒定律

守恒定律可以看作是通过跟踪进入或流出的物质的量来考察事物的状态的，如果感兴趣的只是某些存在于任意一个完整定义和完全封闭的体系内的物理量，然后假设三个因素中任一个的变化必将导致体系内物质总量的变化速率上升。物理量本身通过物体表面流动，或是有分布在体系表面的供给源，这种观点可以表示为积分方程（Truesdell 和 Toupin，1960；Chadwick，1976）

$$\frac{\mathrm{d}}{\mathrm{d}t}\int_V f\mathrm{d}v = \oint_S f(u_n - \boldsymbol{v}\cdot\boldsymbol{n})\mathrm{d}s + \oint_S g\mathrm{d}s + \int_V h\mathrm{d}v \tag{2.1}$$

在方程(2.1)中，V是实体空间内任意一个移动的体积；S是它的表面积。通常，这个表面被想象成固定在物质上且跟着物质单元一起移动；或者固定在空间内，物质通过固定的体积流动。第一种情况叫作物质体积，第二种情况叫作控制体积，其他选择也是可能的。问题中的物理量用体积密度来表示，即$f(\boldsymbol{x},t)$，认为体积密度分散在整个体积内，并且与某些物质单元有关。$\int_V f\mathrm{d}v$是在V内数量的总和。方程的左边表示总量的变化率。右边的第一项表示物质通过表面S的速率，u_n沿是表面法线$\boldsymbol{n}$方向上向外迁移的速度，$\boldsymbol{v}$是具有一定数量的物质单元的速度。这样，$(u_n - \boldsymbol{v}\cdot\boldsymbol{n})$是表面和物质之间的相对法向速度，$g$和$h$分别表示表面和体积源。至此，这个方程是恒成立的。为了用它来描述物理定律，f、g和h就必须被赋予具体的含义，f、g和h可以是标量、矢量或张量。

2.1.1 质量守恒

在牛顿力学中，质量既不能产生也不能消失。如果用质量密度ρ代替f，且$g=h=0$，质量守恒可以写成

$$\frac{\mathrm{d}}{\mathrm{d}t}\int_V \rho\mathrm{d}v + \oint_S \rho(u_n - \boldsymbol{v}\cdot\boldsymbol{n})\mathrm{d}s \tag{2.2}$$

如果体积是物质体积，由于在表面处有$(u_n - \boldsymbol{v}\cdot\boldsymbol{n}) = 0$，则右端项消失。但是如果体积是一个控制体积，那么$u_n = 0$，方程变为$\frac{\mathrm{d}}{\mathrm{d}t}\int_V \rho\mathrm{d}v + \oint_S (\boldsymbol{v}\cdot\boldsymbol{n})\rho\mathrm{d}s = 0$，第二项是雷诺（Reynolds）变换项。

由于守恒定律适用于任意体积，所以它可以表达为微分形式。可以用任意的体积单元得到想要的微分方程，而最简单的方法也许是只考虑任意在给定的空间内的固定体积，然后把时间导数引入体积积分，在表面积分上用发散定理。质量守恒定律则变成

$$\int_V [\partial_t\rho + \mathrm{div}(\rho\boldsymbol{v})]\mathrm{d}v = 0 \tag{2.3}$$

由于体积是任意的，故需要消掉被积函数，微分形式的质量守恒定律变成：

$$\partial_t\rho + \mathrm{div}(\rho\boldsymbol{v}) = 0 \tag{2.4}$$

物质的时间倒数被定义为，与材料或$\dot{\rho} = \rho_t + \boldsymbol{v}\cdot\mathrm{grad}\rho$具有相同速度的观

察者所看到的时间变化率，方程(2.4)也可以写为

$$\dot{\rho} + \rho \mathrm{div} \boldsymbol{v} = 0 \tag{2.5}$$

2.1.2 动量守恒

当应用于连续介质时，牛顿第二定律有如下形式

$$\frac{\mathrm{d}}{\mathrm{d}t}\int_V \rho \boldsymbol{v} \mathrm{d}v = \oint_S \rho \boldsymbol{v}(u_n - \boldsymbol{v} \cdot \boldsymbol{n}) \mathrm{d}s + \oint_S \boldsymbol{t} \mathrm{d}s + \int_V \rho \boldsymbol{b} \mathrm{d}v \tag{2.6}$$

这里 f 被线动量的密度 $\rho \boldsymbol{v}$ 代替，g 被表面引力的密度 $\boldsymbol{t}$ 代替，h 被体积力的密度 $\rho \boldsymbol{b}$ 代替。根据常用的四面体理论，表面引力与柯西(Cauchy)应力张量 $\boldsymbol{T}$ 存在线性关系，$\boldsymbol{t} = \boldsymbol{Tn}$（在 Cartesian 张量标记法中，$t_i = T_{ij} n_j$）。再次运用发散定理，对任意控制体积，与方程(2.6)相应的微分方程可写为

$$\partial_t(\rho \boldsymbol{v}) + \mathrm{div}(\rho \boldsymbol{u} \otimes \boldsymbol{v}) = \mathrm{div} \boldsymbol{T} + \rho \boldsymbol{b} \tag{2.7}$$

由于方程(2.7)左端可以写为 $(\dot{\rho} + \rho \mathrm{div} \boldsymbol{v}) \boldsymbol{v} + \rho \dot{\boldsymbol{v}}$，结合方程(2.5)，线性动量守恒定律的微分形式变成

$$\mathrm{div} \boldsymbol{T} + \rho \boldsymbol{b} = \rho \dot{\boldsymbol{v}} \tag{2.8}$$

这里 $\dot{\boldsymbol{v}}$ 表示质点速度对时间的导数。

2.1.3 角动量守恒

假设材料中既没有面力矩，也没有体力矩，角动量守恒的积分形式可写为

$$\frac{\mathrm{d}}{\mathrm{d}t}\int_V \boldsymbol{x} \times (\rho \boldsymbol{v}) \mathrm{d}v = \oint_s [\boldsymbol{x} \times (\rho \boldsymbol{v})](u_n - \boldsymbol{v} \cdot \boldsymbol{n}) \mathrm{d}s + \oint_S \boldsymbol{x} \times \boldsymbol{t} \mathrm{d}s + \int_V \boldsymbol{x} \times (\rho \boldsymbol{b}) \mathrm{d}v \tag{2.9}$$

方程(2.9)中角动量和力矩都是基于同一个固定的坐标原点计算的，×表示矢量的差积。对最后两个子项采用同样的方法得到一个微分方程，但是由于方程(2.4)和方程(2.8)中的质量守恒和动量守恒，只能保留一项。根据 Cartesian 张量标记法，方程(2.9)的简化形式是

$$\varepsilon_{ijk} T_{kj} = 0 \tag{2.10}$$

也就是说，Cauchy 应力张量是对称的。

2.1.4 能量守恒

由于其形变状态或热状态，物质单元具有内能；由于其运动状态，它还具有动能。

为了表示能量守恒，方程(2.1)变为

$$\frac{\mathrm{d}}{\mathrm{d}t}\int_V \rho\left(e+\frac{1}{2}v^2\right)\mathrm{d}v = \oint_S \rho\left(e+\frac{1}{2}v^2\right)(u_n - \boldsymbol{v}\cdot\boldsymbol{n})\mathrm{d}s + \oint_S (\boldsymbol{v}\cdot\boldsymbol{t} - q)\mathrm{d}s + \int_V \rho(\boldsymbol{v}\cdot\boldsymbol{b} + r)\mathrm{d}v \tag{2.11}$$

式中，e 表示单位质量的内能；r 是单位质量的能量增加；q 是向外的热流（单位面积的传热速率），通过表面的热流由该表面的取向决定，也就是说，它取决于法向矢量 $\boldsymbol{n}$。但是对一个给定的面积元，$\boldsymbol{n}$ 有两种可能的选择，并且由于热流的实际方向不依赖于该选择，所以必须满足 $q(\boldsymbol{n}) = -q(-\boldsymbol{n})$。类似于四面体理论，对于应力也有类似理论，它表明 $\boldsymbol{q}$ 只依赖于表面的去向，即 $q=\boldsymbol{q}\cdot\boldsymbol{n}$，这里的 $\boldsymbol{q}$ 指热流矢量。然后借助于满足 $u_n=0$ 的控制体积和微分定理导出微分方程

$$\begin{aligned}(\dot{\rho}+\rho\mathrm{div}\boldsymbol{v})(e+1/2v^2)+\boldsymbol{v}\cdot(\rho\dot{\boldsymbol{v}}-\mathrm{div}\boldsymbol{T}-\rho\boldsymbol{b})+\rho\dot{e}\\ =\mathrm{div}\boldsymbol{q}+(\mathrm{grad}\boldsymbol{v}):\boldsymbol{T}+\rho r\end{aligned} \tag{2.12}$$

根据式(2.5)的质量守恒和式(2.8)的动量守恒，仅剩最后一行。综上所述，质量、动量、能量三大守恒可以表示为

$$\begin{aligned}\dot{\rho}+\rho\mathrm{div}\boldsymbol{v}=0\\ \rho\dot{\boldsymbol{v}}-\mathrm{div}\boldsymbol{T}-\rho\boldsymbol{b}=0\\ \rho\dot{e}+\mathrm{div}\boldsymbol{q}-(\mathrm{grad}\boldsymbol{v}):\ \boldsymbol{T}-\rho r=0\end{aligned} \tag{2.13}$$

2.1.5 Clausius-Duhem 不等式

在连续力学中，热力学第二定律常常通过 Clausius-Duhem 不等式来表示。如果首先假定单位质量内部熵的密度 η 是一个既不需要定义也不需要解释的基本量，或者 η 是一个可以通过运算来定义的量，通常是通过循环过程，那么对于任意移动体积的不等式，可写为

$$\frac{\mathrm{d}}{\mathrm{d}t}\int_V \rho\eta\mathrm{d}v \geqslant \oint_S \rho\eta(u_n - \boldsymbol{v}\cdot\boldsymbol{n})\mathrm{d}s + \oint_S -\frac{\boldsymbol{q}\cdot\boldsymbol{n}}{T}\mathrm{d}s + \int_V \frac{\rho r}{T}\mathrm{d}v \tag{2.14}$$

这里的 T 是绝对温度。根据控制体积的概念并结合方程(2.5)，可以得到等效微分不等式

$$\rho\dot{\eta} \geqslant -\mathrm{div}\left(\frac{\boldsymbol{q}}{T}\right)+\frac{\rho r}{T} \tag{2.15}$$

这样就得到两个标量方程，一个是由 3 个独立变量组成的矢量方程和另一个是关于 5 个等式、1 个不等式的标量不等式。但是，即使有任意给定的体积力 $\boldsymbol{b}$ 和热源 $\boldsymbol{r}$，这里有 4 个标量场(ρ，e，η，T)、2 个包含 3 个独立分量的矢量场($\boldsymbol{v}$，$\boldsymbol{q}$)、有 6 个独立分量的对称张量场 $\boldsymbol{T}$，为了解答任意的三维问题，必须确定这 16 个独立变量。这在连续力学中是常见的，必须通过确定本构关

系来解决。也就是说，必须完整描述物质对于力学或热学扰动的响应，这样整个系统才能确定。

进一步研究的关键在于给出“力学和热学扰动”的准确意义，因为所有的连续理论都要求对动力学、热学以及内部变量有一个详细的说明，这些变量是描述材料状态的基础。例如，在热弹性物质中，基本的动力学变量是变形梯度 $\boldsymbol{F} = \partial\boldsymbol{x}/\partial\boldsymbol{X}$(Cartesian 坐标中，$F_{i\alpha} = \partial x_i/\partial X_\alpha = x_{i,\alpha}$)，其中 $\boldsymbol{x}$ 是质点的当前位置，其在参考坐标中(无应力)的位置是 $\boldsymbol{X}$，基本的热变量是比熵 η。现代连续力学为这种情况提供了一种令人满意并被广泛接受的结构。

2.2 热弹性

在全面介绍塑性之前，简单地讨论一下热弹性是非常有必要的。下面提到的材料都是标准的，可以在 Carlson(1972)的论述中找到更加详细的说明。

2.2.1 Clausius-Duhem 不等式的客观性和含义

在理想的热弹性体中，通常假设：内能仅仅是变形梯度和比熵的函数，即 $e = e(\boldsymbol{F}, \eta)$。因为材料的密度不可能是无限大的，所以在任何变形中都必须遵循 $\det\boldsymbol{F} \neq 0$。如果在初始变形之后，材料做刚性旋转 $\boldsymbol{Q}$，内部的物质单元相互之间没有进一步地重排。这样，就没有额外的内应力产生，内能也没有额外的变化。旋转后总的变形梯度是 $\boldsymbol{F}^* = \boldsymbol{QF}$，但是对于每个刚性转动，能量必须保持与 $e(\boldsymbol{F}^*, \eta) = e(\boldsymbol{F}, \eta)$ 同样的值。根据极坐标分解原理(Truesdell 和 Toupin，1986 或 Ogden，1984)，变形梯度 $\boldsymbol{F}$ 只可以分解为对称且正定纯拉伸量 $\boldsymbol{U}$ 和刚性转动量 $\boldsymbol{R}$，即 $\boldsymbol{F} = \boldsymbol{RU}$。由于变形梯度 $\boldsymbol{F}$ 和 $\boldsymbol{F}^*$ 在能量上等效，对每个 $\boldsymbol{Q}$，有 $e(\boldsymbol{QRU}, \eta) = e(\boldsymbol{RU}, \eta)$，特别是对 $\boldsymbol{Q} = \boldsymbol{R}^{\mathrm{T}}$，它们是等价的，此处上标表示转置。由于 $\boldsymbol{R}^{\mathrm{T}}\boldsymbol{R} = \boldsymbol{R}\boldsymbol{R}^{\mathrm{T}} = \boldsymbol{I}$，特征向量的能量一定且只取决于拉伸量 $\boldsymbol{U}$，即 $e(\boldsymbol{F}, \eta) = e(\boldsymbol{U}, \eta)$。这是物质结构不敏感定律的一个推论。它从形式上表达了这种合理思想：物质的内能取决于合适参考状态(假定是无应力的)下测量的材料的拉伸，而不是取决于试样在空间中的最终取向。也就是说，通过简单地更换参考状态来改变储存的能量是不可能的。

Clausius-Duhem 不等式可以用来建立物质的内能和其他场量之间的关系，将式(2.13)的第三个方程代入式(2.15)以消去$(-\mathrm{div}\boldsymbol{q} + \rho r)$，整理之后，熵不等式变成

$$\rho(\dot{e} - T\dot{\eta}) - \boldsymbol{T} : \mathrm{grad}\boldsymbol{v} \leqslant -\frac{\boldsymbol{q} \cdot \mathrm{grad}T}{T} \tag{2.16}$$

这里 $\boldsymbol{v}$ 是空间参照系中的粒子速度，$\boldsymbol{v} = \dot{\boldsymbol{x}}$，对内能应用链式法则，式

(2.16)变成

$$\rho(e_{\eta}-T)\dot{\eta}(\rho e_{\boldsymbol{F}}-\boldsymbol{T}\boldsymbol{F}^{-\mathrm{T}}):\dot{\boldsymbol{F}}^{\mathrm{T}}\leqslant-\frac{\boldsymbol{q}\cdot\mathrm{grad}T}{T} \tag{2.17}$$

$\dot{\boldsymbol{F}}^{-\mathrm{T}}$是 $\boldsymbol{F}$ 的倒转置，e 的下标表示对相应自变量的偏微分，以分量形式表示，即$(\boldsymbol{T}\boldsymbol{F}^{-\mathrm{T}}):\boldsymbol{F}^{\mathrm{T}}=T_{ij}X_{\alpha,j}\dot{x}_{i,\alpha}$。

在热弹性力学中做基本假设：应力、温度像内能一样，也只取决于变形梯度和比熵。如果热流量不取决于熵或变形的速度，且不等式(2.17)对任意可能的状态都是成立的，那么应力和温度就可由内能得出

$$\boldsymbol{T}=\rho e_{F}\boldsymbol{F}^{\mathrm{T}}(\text{或 } T_{ij}=\rho e_{F_{i\alpha}}F_{j\alpha}) \tag{2.18}$$

$$T=e_{\eta}。$$

此外，由于式(2.17)的左端项消去，不等式化简为

$$-\frac{\boldsymbol{q}\cdot\mathrm{grad}T}{T}\geqslant 0 \tag{2.19}$$

就是说，由于温度是正的，热流矢量与温度梯度之间的夹角不可能小于 90°，如果热流服从 Fourier 定律，即 $\boldsymbol{q}=-\boldsymbol{K}\mathrm{grad}T$，则式(2.19)要求$(\mathrm{grad}T)\cdot(\boldsymbol{K}\mathrm{grad}T)\geqslant 0$，也就是说，$\boldsymbol{K}$ 是半正定的。

将式(2.13)中的能量方程展开

$$\rho e_{\eta}\dot{\eta}+\rho e_{\boldsymbol{F}}:\dot{\boldsymbol{F}}^{\mathrm{T}}=-\mathrm{div}\boldsymbol{q}+\rho r+\boldsymbol{T}:(\mathrm{grad}\boldsymbol{v}) \tag{2.20}$$

但是借助链式法则(这种情况下，写成分量形式会更加明确)和式(2.18)中的第一个方程，则 $\rho e_{F_{i\alpha}}\dot{x}_{i,\alpha}=\rho e_{F_{i\alpha}}\dot{x}_{i,j}x_{j,\alpha}=T_{ij}\dot{x}_{ij}$。利用式(2.18)的第二个方程，能量守恒化简为

$$\rho T\dot{\eta}=-\mathrm{div}\boldsymbol{q}+\rho r \tag{2.21}$$

为了完善能量方程的简化形式，必须以容易理解的物理量的方式来解释式(2.21)的左端项。这个结果首先有助于给出应力和应变的替换措施，然后给出 Helmholz 自由能和 Gibbs 函数。

2.2.2 Helmholz 自由能和 Gibbs 函数

如前所述，通过拉伸张量 $\boldsymbol{U}$，内能取决于变形梯度，通常采取的方法是：在拉伸减小至恒定值的参考状态下，忽略应变而不是直接应用拉伸。一个合适的常用的手段是：$\boldsymbol{E}=\frac{1}{2}(\boldsymbol{F}^{\mathrm{T}}\boldsymbol{F}-\boldsymbol{I})=\frac{1}{2}(\boldsymbol{U}^{2}-\boldsymbol{I})$，但是其他方法也是可能的(Ogden，1984)。因为 Cauchy 应力由式(2.18)的第一个方程给出，式(2.18)还可以写成

$$T=\rho e_{\boldsymbol{F}}\boldsymbol{F}^{\mathrm{T}}=\rho\boldsymbol{F}e_{E}\boldsymbol{F}^{\mathrm{T}}\left(\text{或 } T_{ij}=\rho\frac{\partial e}{\partial F_{i\alpha}}F_{j\alpha}=\rho\frac{\partial e}{\partial E_{\alpha\beta}}F_{i\alpha}F_{j\beta}\right) \tag{2.22}$$

另外，两个应力由下式定义

$$\boldsymbol{T}^R \equiv \frac{\rho_0}{\rho}\boldsymbol{T}\boldsymbol{F}^{-\mathrm{T}} \text{和} \tilde{\boldsymbol{T}} \equiv \boldsymbol{F}^{-1}\boldsymbol{T}^R = \frac{\rho_0}{\rho}\boldsymbol{F}^{-1}\boldsymbol{T}\boldsymbol{F}^{-\mathrm{T}} \tag{2.23}$$

ρ_0 是初始参考状态的密度，通过下面的方程将这些应力张量与内能联系起来

$$\begin{aligned} \boldsymbol{T}^R &= \rho_0 e_{\boldsymbol{F}} (\text{或 } T^R_{i\alpha} = \rho_0 e_{F_{i\alpha}}) \\ \tilde{\boldsymbol{T}} &= \rho_0 e_{\boldsymbol{E}} (\text{或 } \tilde{T}_{\alpha\beta} = \rho_0 e_{E_{\alpha\beta}}) \end{aligned} \tag{2.24}$$

由式(2.23)和式(2.24)的第一个方程所定义的张量是不被对称的，这就是第一 Piola-Kirchhoff 应力张量；由式(2.23)和式(2.24)的第二个方程定义的张量是对称的，这是第二 Piola-Kirchhoff 应力张量。二者都是单位参考面上测量的力的强度，根据这些测量应力，单位体积上的应力功可以改写为

$$\boldsymbol{T} : \mathrm{grad}\boldsymbol{v} = \frac{\rho}{\rho_0}\boldsymbol{T}^R : \dot{\boldsymbol{F}}^{\mathrm{T}} = \frac{\rho}{\rho_0}\tilde{\boldsymbol{T}} : \dot{\boldsymbol{E}}\left(\text{或 } T_{ij}\dot{x}_{ij} = \frac{\rho}{\rho_0}T^R_{i\alpha}\dot{x}_{i,\alpha} = \frac{\rho}{\rho_0}\tilde{T}_{\alpha\beta}\dot{E}_{\alpha\beta}\right) \tag{2.25}$$

因为 $\rho\det\boldsymbol{F} = \rho_0$ 表示质量守恒（如同式(2.13)中的第一式），实际体积与参考体积通过 $\mathrm{d}v = (\det\boldsymbol{F})\mathrm{d}V$ 联系，体积 $\mathrm{d}v$ 内的应力功可以写为 $\mathrm{tr}(\boldsymbol{T}\boldsymbol{D})\mathrm{d}v = \mathrm{tr}(\boldsymbol{T}^R\dot{\boldsymbol{F}}^{\mathrm{T}})\mathrm{d}V = \mathrm{tr}(\tilde{\boldsymbol{T}}\dot{\boldsymbol{E}})\mathrm{d}V$，$\mathrm{tr}(\cdot)$ 表示矩阵的迹的运算，$\mathrm{d}V$ 是参考状态的体积单元。拉伸张量的速度 $\boldsymbol{D}$，在 Cartesian 坐标系中有分量式：$D_{ij} = \frac{1}{2}(\dot{x}_{ij} + \dot{x}_{ji})$。

运用应变测量值 $\boldsymbol{E}$ 和应力测量值 $\tilde{\boldsymbol{T}}$，方程式(2.18)可改写为

$$\begin{aligned} e_{\boldsymbol{E}}(\boldsymbol{E}, \eta) &= \rho_0^{-1}\tilde{\boldsymbol{T}} \\ e_\eta(\boldsymbol{E}, \eta) &= T \end{aligned} \tag{2.26}$$

假设这两个式子是可逆的，那么应变和熵可以表达为应力和温度的函数

$$\begin{aligned} \boldsymbol{E} &= \bar{\boldsymbol{E}}(\tilde{\boldsymbol{T}}, T) \\ \eta &= \bar{\eta}(\tilde{\boldsymbol{T}}, T) \end{aligned} \tag{2.27}$$

那么，内能也可以表达为应力和温度的函数，即

$$e[\bar{\boldsymbol{E}}(\tilde{\boldsymbol{T}}, T), \bar{\eta}(\tilde{\boldsymbol{T}}, T)] = \bar{e}(\tilde{\boldsymbol{T}}, T) \tag{2.28}$$

类似地，如果仅式(2.26)中第二个方程是可逆的，能量变为

$$e[\boldsymbol{E}, \hat{\eta}(\boldsymbol{E}, T)] = \hat{e}(\boldsymbol{E}, T) \tag{2.29}$$

由于存在若干分支，用以得出式(2.27)的逆变换是不唯一的。但对于当前的目的，完全可以假设逆变换是局部唯一的且在分支点出现以前仅有唯一的扩展。

根据内能对应变和熵的依赖关系导出微分关系 $\dot{e} = T\dot{\eta} + \rho_0^{-1}\tilde{\boldsymbol{T}} : \dot{\boldsymbol{E}}$，改写后导出两个关系式

$$\frac{\mathrm{d}}{\mathrm{d}t}(e - T\eta) = -\eta\dot{T} + \rho_0^{-1}\tilde{\boldsymbol{T}} : \dot{\boldsymbol{E}}$$

$$-\frac{\mathrm{d}}{\mathrm{d}t}(e-T\eta-\rho_0^{-1}\tilde{\boldsymbol{T}}:\boldsymbol{E})=\eta\dot{\boldsymbol{T}}+\rho_0^{-1}\boldsymbol{E}:\dot{\tilde{\boldsymbol{T}}} \tag{2.30}$$

上式左边括号中的项定义了 Helmholz 自由能 $\psi=e-T\eta$ 和 Gibbs 函数 $g=-e+T\eta+\rho_0^{-1}\tilde{\boldsymbol{T}}:\boldsymbol{E}$。如果导出式(2.28)和式(2.29)的逆变换是唯一的，那么函数 $\psi=\psi(\boldsymbol{E},\ T)$ 和 $g=g(\tilde{\boldsymbol{T}},\ T)$ 也是唯一的，并可以引出

$$\begin{aligned}
&\psi_E=\rho_0^{-1}\tilde{T}=\rho_0^{-1}\hat{\boldsymbol{T}}(\boldsymbol{E},\ T)\\
&\psi_T=-\eta=-\hat{\eta}(\boldsymbol{E},\ T)\\
&g_{\tilde{T}}=\rho_0^{-1}\boldsymbol{E}=\rho_0^{-1}\bar{\boldsymbol{E}}(\tilde{\boldsymbol{T}},\ T)\\
&g_T=\eta=\bar{\eta}(\tilde{\boldsymbol{T}},\ T)
\end{aligned} \tag{2.31}$$

上式中的下标和上画线用来强调函数的依赖关系。

对 ψ 和 g 求二阶混合导数，可导出 Maxwell 关系式。因为 $\psi_{TE}=\psi_{ET}$，且 $g_{T\tilde{T}}=g_{\tilde{T}T}$，根据式(2.31)，它遵循

$$\begin{aligned}
&\hat{\boldsymbol{T}}_T=-\rho_0\hat{\eta}_E\\
&\bar{\boldsymbol{E}}_T=\rho_0\bar{\eta}_{\tilde{T}}
\end{aligned} \tag{2.32}$$

2.2.3 比热、热应力和热膨胀

恒应力和恒应变状态下，物质的比热可以定义为

$$\begin{aligned}
&c_E=\partial\hat{e}(\boldsymbol{E},\ T)/\partial T\\
&c_{\tilde{T}}=\{[\partial\bar{e}(\tilde{\boldsymbol{T}},\ T)]/\partial T\}
\end{aligned} \tag{2.33}$$

它们分别是在恒定体积和恒定压力状态下，流体内比热的通常的表示方法。式(2.33)左边的下标用来区分两种比热，不表示偏微分。

根据 Helmholz 和 Gibbs 函数的定义，比热还可以表达为

$$\begin{aligned}
&c_E=\frac{\partial}{\partial T}(\psi+T\hat{\eta})=T\frac{\partial\hat{\eta}}{\partial T}=T\psi_{TT}\\
&c_{\tilde{T}}=\frac{\partial}{\partial T}(-g+T\bar{\eta}+\rho_0^{-1}\tilde{\boldsymbol{T}}:\bar{\boldsymbol{E}})=T\frac{\partial\bar{\eta}}{\partial T}+\rho_0^{-1}\tilde{\boldsymbol{T}}:\frac{\partial\bar{\boldsymbol{E}}}{\partial T}=Tg_{\mathrm{TT}}+\tilde{\boldsymbol{T}}:g_{\tilde{T}T}
\end{aligned} \tag{2.34}$$

这种定义和表示法恰如其分地解释了式(2.21)的左端项。结果的形式取决于熵是由 Helmholz 函数还是由 Gibbs 函数推导出。也就是说，结果取决于独立的本构变量的选择。利用

$$\dot{\eta}=\hat{\eta}_T\dot{\boldsymbol{T}}+\hat{\eta}_E:\dot{\boldsymbol{E}}=\bar{\eta}_T\dot{\boldsymbol{T}}+\bar{\eta}_{\tilde{T}}:\dot{\tilde{\boldsymbol{T}}} \tag{2.35}$$

以及式(2.21)、式(2.34)和合适的 Maxwell 公式，可以归纳出能量守恒的两种形式：

$$\rho c_E\dot{\boldsymbol{T}}=\mathrm{div}(\boldsymbol{K}\mathrm{grad}T)+\frac{\rho}{\rho_0}T\frac{\partial\tilde{\boldsymbol{T}}}{\partial T}:\dot{\boldsymbol{E}}+\rho r$$

$$\rho\left(c_{\tilde{T}}-\rho_0^{-1}\tilde{\boldsymbol{T}}:\frac{\partial \boldsymbol{E}}{\partial T}\right)\dot{T}=\operatorname{div}(\boldsymbol{K}\operatorname{grad}T)-\frac{\rho}{\rho_0}T\frac{\partial \boldsymbol{E}}{\partial T}:\dot{\tilde{\boldsymbol{T}}}+\rho r \tag{2.36}$$

式(2.36)的两种形式都表明了热弹耦合性。式(2.36)的第一个方程中的$\frac{\partial \tilde{\boldsymbol{T}}}{\partial T}$称为热应力系数，它表示应变恒定、温度发生变化时应力变化的速度；式(2.36)的第二个方程中的$\frac{\partial \boldsymbol{E}}{\partial T}$称为热膨胀系数，它表示应力恒定、温度发生变化时应变变化的速度。通常这两个系数都是张量，但是在各向同性的物质中简化为标量。

比热、热应力系数和热膨胀系数之间更进一步的关系可以通过各个变量的微分得到。比如，因为$\hat{\eta}(\boldsymbol{E},\ T)=\bar{\eta}(\tilde{\boldsymbol{T}},\ T)$且$\boldsymbol{E}=\rho_0^{-1}\partial g(\tilde{\boldsymbol{T}},\ T)/\partial \tilde{\boldsymbol{T}}$，当应力不变时，利用熵对温度的微分以及 Maxwell 公式，可以直接得到

$$c_{\tilde{T}}-c_E=\frac{1}{\rho_0}\left(\tilde{\boldsymbol{T}}-T\frac{\partial \tilde{\boldsymbol{T}}}{\partial T}\right):\frac{\partial \boldsymbol{E}}{\partial T} \tag{2.37}$$

与此类似，由于$\tilde{\boldsymbol{T}}=\rho_0^{-1}\partial\psi[\boldsymbol{E}(\tilde{\boldsymbol{T}},T),\ T]/\partial \boldsymbol{E}$，应力不变时对温度再次微分，并运用 Maxwell 公式，可以导出热应力系数和热膨胀系数之间的关系

$$0=\frac{\partial \tilde{\boldsymbol{T}}}{\partial \boldsymbol{E}}:\frac{\partial \boldsymbol{E}}{\partial T}+\frac{\partial \tilde{\boldsymbol{T}}}{\partial T} \tag{2.38}$$

$\partial\tilde{\boldsymbol{T}}/\partial \boldsymbol{E}=\rho_0\partial^2\psi/\partial \boldsymbol{E}^2$ 表示等温弹性模量的四阶张量。利用式(2.38)，比热之间的关系可变为

$$c_{\tilde{T}}-c_E=\frac{1}{\rho_0}\tilde{\boldsymbol{T}}:\frac{\partial \boldsymbol{E}}{\partial T}+T\frac{\partial \boldsymbol{E}}{\partial T}:\frac{\partial^2\psi}{\partial \boldsymbol{E}^2}:\frac{\partial \boldsymbol{E}}{\partial T} \tag{2.39}$$

本章暂不讨论物质的对称性和参考结构的变化，将在 3.2 节讨论当用于有限塑性时，一些由刚性旋转带来的参考结构的变化。有兴趣的读者可以在 Ogden(1984)中找到完整的有限弹性的情况。

3

热 塑 性

前一章述及的材料都具有理想热弹性，由于可能引起争论，所以已经证明，这也是研究塑性变形固体的基础。在小应力或应变条件下，单晶或多晶固体发生塑性变形。但实际上，根据传统观点，晶格开始失稳，位错开始形成，这是塑性变形的开始。随着变形的继续，形成更多位错，并且它们会穿过晶格。最终结果是增加一定数量的晶格缺陷，无序程度提高。然而，多数材料即使是在非常大的塑性应变状态下仍然是晶体。例如，假设在某一大变形材料中，位错的面密度是 $\mathcal{O}(10^{12}\sim10^{13})$ cm^2(Schaffer，1995)，这意味着位错间距是 $\mathcal{O}(3\sim10)$ nm，接近 10 ~ 40 个原子间距或晶格参数。很明显，多数物质仍然保持其晶体特征。如果在弹性固体中，应力由晶体点阵的扭曲而产生，那么在塑性变形固体中亦然。这个简单的推断是进行更深的理论研究的关键。

位错使其邻近区域发生晶格扭曲，如图 3.1 (a)所示，弹性能一定存在于位错邻近区域。众所周知，位错的不断出现导致材料内部出现滑移，滑移面的一边相对于另一边发生位移，然后滑移面两边同时反向平移，如图 3.1(b)所示。自平衡应力将会集中于滑移面内侧，显然，弹性能储存在位错附近。这样不论是基于点阵结构还是连续状态，都得到相似的结论。点缺陷，比如间隙原子或空位，面缺陷如晶界或层错，也会引起点阵的局部扭曲，并对内能产生相似的影响。

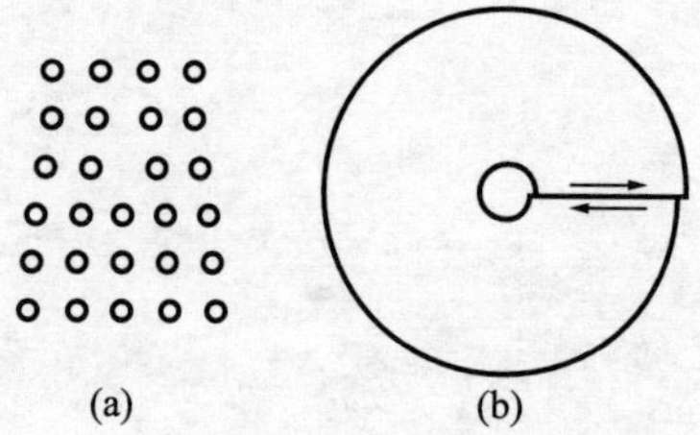

图 3.1 晶格中(图(a))和连续介质中(图(b))的位错。它们都导致在位错中心附近弹性能的集中。

为了进一步说明这个观点，假设在一个热弹性体中取一小的体积单元，其内部发生“均匀塑性变形”，也就是说，当“塑性变形”发生时，分布在单元内部的位错形成并发生变化。根据设想，体积元内必有应力和应变的波动，即使程度很小，变形也不可能完全均匀。将应力和应变分解为体平均值加上波动，这样单位体积中弹性功的增量可以表示为 $\delta W = v^{-1}\int_{v}(\bar{\tilde{\boldsymbol{T}}} + \Delta\,\tilde{\boldsymbol{T}}):\delta(\bar{\boldsymbol{E}} + \Delta\boldsymbol{E})\,\mathrm{d}v$，$\bar{\tilde{\boldsymbol{T}}}$ 和 $\bar{\boldsymbol{E}}$ 是基于实际体积 v 的平均值（此处认为参考结构与实际结构相同），δ 和 Δ 分别表示增量和波动。根据定义，体积内波动的平均值是零，功的增量可以写为

$$\delta W = \bar{\tilde{\boldsymbol{T}}} : \delta\bar{\boldsymbol{E}} + v^{-1}\int_{V}\Delta\tilde{\boldsymbol{T}} : \delta(\Delta\boldsymbol{E})\,\mathrm{d}v \tag{3.1}$$

很明显，第一项表示由平均应力和应变增量所做的弹性功，第二项表示由波动所做的额外的弹性功。在材料学术语中，第一项可与“长程力”联系，第二项可与“短程力”联系。重申一下，第二项的出现是由于位错附近弹性区内的波动或其他对晶格的扰动，如点缺陷、第二相等。另外，它可能与冷加工储存的能量有关。

出于谨慎，式(3.1)中各项的确切意义没有详尽说明。但是当发生塑性变形时，应该在理论上描述一般区域和缺陷附近波动的能量结果。理论上，把塑性变形体看成是热弹性体，对该热弹性体必须附加具体约束，使单个的位错形成并扩展。但实际上，确切地使用该方法是不现实的，因为需要考虑的位错的数量非常庞大。相反，对统计方法而言，庞大的数量反而有益（Kroner，1968；Sackett、Kelly 和 Gillis，1972a，1976b；Ortiz 和 Popov，1982）。

一种符合现代连续力学的替代方法是，把塑性变形材料看作是与“长程力”有关的热弹性体，另外，还要把变化的内部状态用一系列内部变量来代表：q_n（$n = 0，1，2，\cdots$），N（Farshisheh 和 Onat，1974；Adams、Boehler、Guidi 和 Onet，1992），q_n 可以是偶数阶的标量或张量。这样做的目的在于，将内部变量从概念上与波动以及它们对平均响应的影响联系起来，它们反映了塑性形变引起的变化的微观结构，因此似乎也可称作结构参数。在经典塑性力学中常用的两个内部变量或结构参数是标量加工硬化指数和张量背应力，本书仅详细讨论标量内部变量。一般情况下，内能、Helmholtz 自由能和 Gibbs 自由能都取决于内部变量以及力学和热学内部变量的耦合。

在热弹性固体中，往往有一个固定参考状态，用来测量形变并被作为基本动态量来定义弹性应变；但是在塑性变形条件下，简便的固定参考状态就失效了，而应力和温度仍然可以得到，这就说明在塑性变形条件下，Gibbs 函数是基本量，弹性应变和熵是派生量。如果假设适当的可逆性，且物质具有连续热弹性，仍可得到三个热力学势（Scheidler 和 Wright，2001）。此观点与

经典的小应变量塑性变形本质上是一致的，但是我们也应看到，当扩展到有限变形时，它并不像看上去那么简单易懂。

3.1 一般结构

下述发现在文献中的许多论述目前是相当权威的，并经过了 Cleja-Tigoiu 和 Soós(1990)的严密审查。应当注意到，该领域尚未达到明确的状态，因此还会有一些明显的偏差。出发点仍然是式(2.13)表达的守恒定律和式(2.15)表达的熵不等式。此处的说明可能最接近于 Anand(1985)和 Anand、Brown(1987)的论述。

3.1.1 动力学

不管怎样，首先需要完善动力学，以包括一些塑性变形的方法。目的是找到一个能将总变形分解为弹性和塑性两部分的方法，就像经典的小应变塑性变形那样的直接方式。如果知道应力和总应变，也知道弹性关系，那么应变的弹性部分和塑性部分就可以轻松地求出。众所周知的一维关系式如下：

$$\varepsilon = \varepsilon^e + \varepsilon^p, \ \varepsilon^e = \sigma/E$$

因此

$$\varepsilon^p = \varepsilon - \sigma/E \tag{3.2}$$

用图 3.2 可以解释此情况下的弹性应变和塑性应变。即使是对单轴应力-应变曲线和应力过程效应一无所知，也可以将总应变清楚地分解成各组成部分，图 3.2 的非线性部分就变得清晰明确。

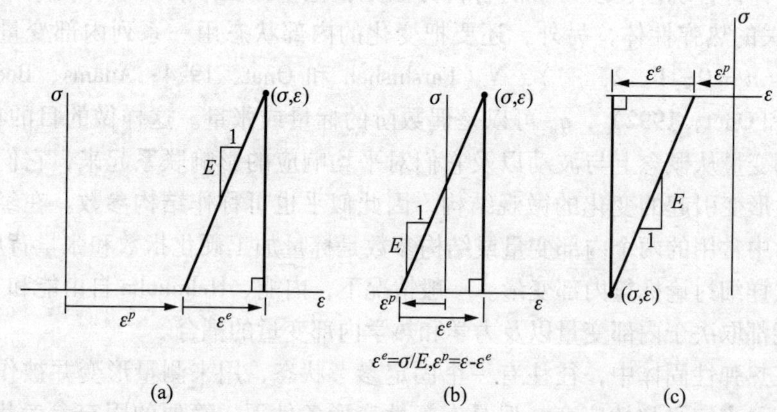

图 3.2 将总应变分解为弹性部分和塑性部分在经典的小应变理论中是非常简单而又直接的，仅要求知道应力，根据弹性本构关系(模量 E)和某一点处的总应变即可。图中给出了一维情况下应力和总应变的三种位置。

当然，在有限塑性中情况更加复杂，但仍然可能有直接的解决方法。在此，也对有限塑性的一般分解法作了假设，如图 3.3 所示，根据这个假设，有一个无应力的中间结构，它由当前变形状态的弹性弛豫和热弛豫来定义。正如 Lee(1969) 指出的：完整的变形梯度由弹性变形和塑性变形张量的乘积给出，而不需要二者本身的梯度：

$$\boldsymbol{F}=\boldsymbol{F}^{e}\boldsymbol{F}^{p} \tag{3.3}$$

在刚性转动 $\boldsymbol{Q}$ 下，变形转化为 $\boldsymbol{F}^{*}=\boldsymbol{Q}\boldsymbol{F}$，还需假设变形的塑性分量 $\boldsymbol{F}^{p}$ 是不变量，这样，$\boldsymbol{F}^{p*}=\boldsymbol{F}^{p}$。

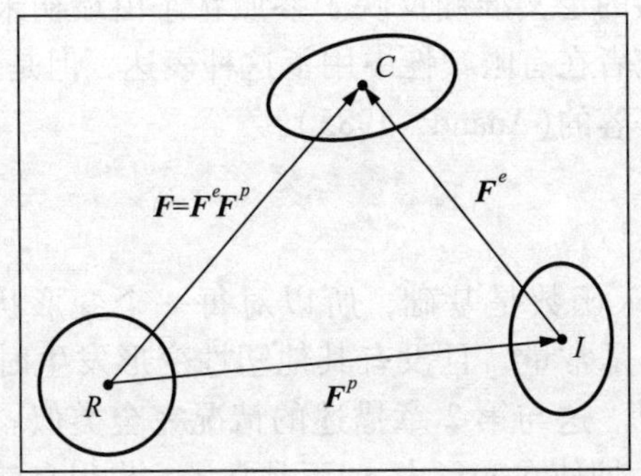

图 3.3 在有限变形塑性中，通常假设总变形为矢量 $\boldsymbol{F}$，它从参考状态 R 指向当前状态 C。中间状态 I 由来自 C 的热弹性弛豫定义，并且塑性变形由 R 指向 I。结果，总变形是弹性变形和塑性变形的乘积。此观点由 Lee(1969) 提出。

怎样确切地定义中间结构，这个问题往往被忽略。可以证明，以一种与热弹性完全类似的方式，在持续塑性变形中，应力和弹性变形的当前状态同温度和熵一样，与热力学势相关(Scheidler 和 Wright，2001；其他作者也曾假设存在潜在联系，或是提供简单的证据)。

此阶段不需要假设塑性变形是等容的或体积不变的，如此可以设中间结构的密度为 ρ_R，在进一步塑性变形或回复过程中可以发生变化。从初始结构到中间结构和从中间结构到最终结构的质量守恒可表达为

$$\rho_R \det\boldsymbol{F}^{p}=\rho_0,\ \rho\det\boldsymbol{F}^{e}=\rho_R \tag{3.4}$$

由于 $\det\boldsymbol{F}=\det\boldsymbol{F}^{e}\det\boldsymbol{F}^{p}$，这些与总的质量守恒完全一致。

Clarebrough 和他同事的一系列文章(1952，1955，1956，1957，1962)报道了塑性体积变化和冷加工能量的贮存在若干多晶面心立方金属中同时发生。此外，Toupin 和 Rivlin(1960)仅用二阶非线性弹性微分公式来描述晶体内由位错的出现而引起的尺寸变化。Wright(1982)指出，当用已知的高阶弹性模量修正补充时，这些公式和数据完全一致。

ρ_R 随着位错数量的变化而变化，或随着空位、间隙原子、置换原子等的出现而变化，这就要求 ρ_R 本身也是变量，即 $\rho_R = q_0$。至少 ρ_R 应看作是内部变量的函数，$\rho_R = \rho_R(q_n)$。

与在热弹性中一样，结合 Cauchy 应力 $\boldsymbol{T}$ 和中间结构，可以准确定义第二 Piola-Kirchhoff 应力张量

$$\tilde{\boldsymbol{T}} = \frac{\rho_R}{\rho}\boldsymbol{F}^{e^{-1}}\boldsymbol{T}\boldsymbol{F}^{e^{-\mathrm{T}}} \tag{3.5}$$

注意 ρ_R/ρ 和 $\boldsymbol{F}^e$ 分别取代了式(2.23)最初定义的 ρ_0/ρ 和 $\boldsymbol{F}$。在一般连续介质力学术语中，新的定义准确反映了参照状态由最初未变形状态到中间结构的变化。许多研究者在有限塑性中用了这种表达，但是通常有附加的假设，即认为塑性变形是等容的(Anand，1985)。

3.1.2 热运动势

如上所述，Gibbs 函数是基础，所以对每一个变形状态有 $g = g(\tilde{\boldsymbol{T}}, T, q_n)$。当在变形中 q_n 是常量，且没有其他塑性变形发生时，该理论就可以简化为理想热弹性情况。这与第 2 章描述的情况完全类似。但是，现在局部参考密度是 ρ_R，因此，即使在变形中 q_n 不是常量，也很自然地把 g 对应力的微分视作弹性应变，对温度的微分视作熵。这样，假设

$$\boldsymbol{E}^e \equiv \rho_R \frac{\partial g(\tilde{\boldsymbol{T}}, T, q_n)}{\partial \tilde{\boldsymbol{T}}}$$

$$\eta \equiv \frac{\partial g(\tilde{\boldsymbol{T}}, T, q_n)}{\partial T} \tag{3.6}$$

此处，$\boldsymbol{E}^e$ 通过下式与 $\boldsymbol{F}^e$ 联系：

$$\boldsymbol{E}^e = 1/2(\boldsymbol{F}^{e^{\mathrm{T}}}\boldsymbol{F}^e - \boldsymbol{I}) \tag{3.7}$$

当简单而适当的假设物质显示瞬时热弹性时，仍可推导出方程(3.6)，(Scheidler 和 Wright，2001)。

其他两个热动力学势可以用与前述相同的关系，即用 ρ_R 代替 ρ_0，$\boldsymbol{F}^e$ 代替 $\boldsymbol{F}$ 来定义

$$\psi = -g + \rho_R^{-1}\tilde{\boldsymbol{T}} : \boldsymbol{E}^e$$

$$e = -g + T\eta + \rho_R^{-1}\tilde{\boldsymbol{T}} : \boldsymbol{E}^e \tag{3.8}$$

假设式(3.6)有一定的可逆性，ψ 和 e 的函数关系由 g 对 $(\tilde{\boldsymbol{T}}, T, q_n)$ 的依赖关系推出，下面将给出论证。

完整形式的 g 的微分为

$$\mathrm{d}g = \rho_R^{-1}\boldsymbol{E}^e : \mathrm{d}\tilde{\boldsymbol{T}} + \eta \mathrm{d}T + \sum_{n=0}^{N} \frac{\partial g}{\partial g_n}\mathrm{d}q_n \tag{3.9}$$

考虑式(3.9)和$\rho_R = q_0$，式(3.8)的微分可写为

$$\mathrm{d}\psi = \rho_R^{-1}\tilde{T} : \mathrm{d}E^e - \eta \mathrm{d}T - \left(\frac{\partial g}{\partial q_0} + \frac{1}{\rho_R^2}\tilde{\boldsymbol{T}} : \boldsymbol{E}^e\right)\mathrm{d}q_0 - \sum_{n=0}^{N}\frac{\partial g}{\partial g_n}\mathrm{d}q_n$$
$$\mathrm{d}e = \rho_R^{-1}\tilde{T} : \mathrm{d}E^e - T\mathrm{d}\eta - \left(\frac{\partial g}{\partial q_0} + \frac{1}{\rho_R^2}\tilde{\boldsymbol{T}} : \boldsymbol{E}^e\right)\mathrm{d}q_0 - \sum_{n=0}^{N}\frac{\partial g}{\partial g_n}\mathrm{d}q_n \tag{3.10}$$

用关于q_n的 Gibbs 函数的导数来定义一系列新的变量Q_n，如下：

$$-\left(\frac{\partial g}{\partial q_0} + \frac{1}{\rho_R^2}\tilde{\boldsymbol{T}} : \boldsymbol{E}^e\right) \equiv \rho_R^{-1}Q_0$$
$$-\frac{\partial g}{\partial q_n} \equiv \rho_R^{-1}Q_n,\ 1 \leqslant n \leqslant N \tag{3.11}$$

根据这些定义，三种势的微分变为

$$\mathrm{d}e = \rho_R^{-1}\tilde{\boldsymbol{T}} : \mathrm{d}\boldsymbol{E}^e + T\mathrm{d}\eta + \rho_R^{-1}\sum_{n=0}^{N}Q_n\mathrm{d}q_n$$
$$\mathrm{d}\psi = \rho_R^{-1}\tilde{\boldsymbol{T}} : \mathrm{d}\boldsymbol{E}^e - \eta\mathrm{d}T + \rho_R^{-1}\sum_{n=0}^{N}Q_n\mathrm{d}q_n \tag{3.12}$$
$$\mathrm{d}g = \rho_R^{-1}\boldsymbol{E}^e : \mathrm{d}\tilde{\boldsymbol{T}} + \eta\mathrm{d}T - \rho_R^{-1}(Q_0 + \rho_R^{-1}\tilde{\boldsymbol{T}} : \boldsymbol{E}^e)\mathrm{d}\rho_R - \rho_R^{-1}\sum_{n=0}^{N}Q_n\mathrm{d}q_n$$

方程(3.12)与预期的e和ψ的函数依赖性完全一致，即

$$e = e(\boldsymbol{E}^e,\ \eta,\ q_n)$$
$$\psi = \psi(\boldsymbol{E}^e,\ T,\ q_n) \tag{3.13}$$

此外，势的偏微分亦得出预期的结果

$$\frac{\partial e}{\partial \boldsymbol{E}^e} = \rho_R^{-1}\tilde{\boldsymbol{T}},\ \frac{\partial e}{\partial \eta} = T,\ \frac{\partial e}{\partial q_n} = \rho_R^{-1}Q_n \qquad n = 0, 1, \cdots, N$$
$$\frac{\partial \psi}{\partial \boldsymbol{E}^e} = \rho_R^{-1}\tilde{\boldsymbol{T}},\ \frac{\partial \psi}{\partial T} = -\eta,\ \frac{\partial \psi}{\partial q_n} = \rho_R^{-1}Q_n \qquad n = 0, 1, \cdots, N$$
$$\frac{\partial g}{\partial \tilde{\boldsymbol{T}}} = \rho_R^{-1}\boldsymbol{E}^e,\ \frac{\partial g}{\partial T} = \eta,\ \frac{\partial g}{\partial q_n} = -\rho_R^{-1}Q_n - \delta_n^0\rho_R^{-2}\tilde{\boldsymbol{T}} : \boldsymbol{E}^e \qquad n = 0, 1, \cdots, N \tag{3.14}$$

此处如果$n = 0$，则$\delta_n^0 = 1$；n为其他值时，该项消失。

当内部结构不变时，此处的描述与理想热弹性情况完全一致；当结构参数变化时，只能表示简单的扩展。由g的混合二阶导数可以导出 Maxwell 关系式

$$\frac{\partial Q_n}{\partial \tilde{\boldsymbol{T}}} + \delta_n^0\tilde{\boldsymbol{T}} : \frac{\partial^2 g}{\partial \tilde{\boldsymbol{T}}^2} = -\frac{\partial \boldsymbol{E}^e}{\partial q_n}$$
$$\frac{\partial Q_n}{\partial T} + \delta_n^0\frac{1}{\rho_R}\tilde{\boldsymbol{T}} : \frac{\partial \boldsymbol{E}^e}{\partial T} = -\rho_R\frac{\partial \eta}{\partial q_n} \tag{3.15}$$

其中，δ_n^0 是 Kronecker 符号。

3.1.3 熵和能

至此，依据已经描述过的动力学和势函数，重新审视熵不等式和能量守恒的结构，结合式(3.14)的微分，熵不等式化简为

$$\boldsymbol{T}:\boldsymbol{D}-\frac{\rho}{\rho_R}\tilde{\boldsymbol{T}}:\dot{\boldsymbol{E}}^e-\frac{\rho}{\rho_R}\sum_{n=0}^{N}Q_n\dot{q}_n-\frac{\boldsymbol{q}\cdot\nabla T}{T}\geqslant 0 \tag{3.16}$$

方程(3.16)中第一项表示当前单位体积内的总应力功。根据场平均和扰动的概念，第二项表示弹性能变化率，在这里弹性能的存在是由于平均应力或长程力所产生的机械功。第三项表示积聚弹性能的速率，弹性能的积聚是由于位错附近的扰动或其他短程力。通常第二项称为弹性能贮存的速率或弹性应力功，第三项虽然也来自弹性的变化，但仅在内部状态变化时才存在，所以可与冷加工时贮存的能量相联系(也可能跟贮存在点缺陷周围的局部弹性能有关)。

在弹性变形中，式(3.16)前两项可消去，并且没有结构变化时，第三项也可消去，这就化为众所周知的热传导不等式。可以假设在塑性变形时仍满足热不等式，这看似合理，但严格来说并不必要。此外，当温度梯度消失时，式(3.16)的前三项需满足不等式，而且由于它们并不依赖于温度梯度，所以必须始终满足不等式。结果是将式(3.16)分成了两个不等式

$$\begin{aligned}\boldsymbol{T}:\boldsymbol{D}-\frac{\rho}{\rho_R}\tilde{\boldsymbol{T}}:\dot{\boldsymbol{E}}^e-\frac{\rho}{\rho_R}\sum_{n=0}^{N}Q_n\dot{q}_n\geqslant 0\\ -\frac{\boldsymbol{q}\cdot\nabla T}{T}\geqslant 0\end{aligned} \tag{3.17}$$

第一项只包含力学变化，第二项只包含热量。

进一步分析式(3.17)的第一部分，可以发现第一项可以改写成更有利的形式。令 $\boldsymbol{D}=\frac{1}{2}(\dot{\boldsymbol{F}}\boldsymbol{F}^{-1}+\boldsymbol{F}^{-\mathrm{T}}\dot{\boldsymbol{F}}^{\mathrm{T}})$，这样，通过式(3.3)、式(3.7)和式(3.5)，可以分别得到 $\dot{\boldsymbol{F}}=\dot{\boldsymbol{F}}^e\boldsymbol{F}^p+\boldsymbol{F}^e\dot{\boldsymbol{F}}^p$，$\dot{\boldsymbol{E}}^e=\frac{1}{2}(\dot{\boldsymbol{F}}^{e^{\mathrm{T}}}\boldsymbol{F}^e+\boldsymbol{F}^{e^{\mathrm{T}}}\dot{\boldsymbol{F}}^e)$ 和 $\boldsymbol{T}=(\rho/\rho_R)F^e\tilde{\boldsymbol{T}}F^{e^{\mathrm{T}}}$；再令 $\mathrm{tr}\boldsymbol{AB}=\mathrm{tr}\boldsymbol{BA}=\boldsymbol{A}:\boldsymbol{B}=\boldsymbol{B}:\boldsymbol{A}$，很容易就可算出

$$\boldsymbol{T}:\boldsymbol{D}=\frac{\rho}{\rho_R}\tilde{\boldsymbol{T}}:\dot{\boldsymbol{E}}^e+\boldsymbol{T}:\boldsymbol{D}^p \tag{3.18}$$

$\boldsymbol{D}^p$ 叫作弹性应变率，通过下式给出

$$\boldsymbol{D}^p=\frac{1}{2}(\boldsymbol{F}^e\dot{\boldsymbol{F}}^p\boldsymbol{F}^{p^{-1}}\boldsymbol{F}^{e^{-1}}+\boldsymbol{F}^{e^{-\mathrm{T}}}\boldsymbol{F}^{p^{-\mathrm{T}}}\dot{\boldsymbol{F}}^{p^{\mathrm{T}}}\boldsymbol{F}^{e^{\mathrm{T}}}) \tag{3.19}$$

根据 $\mathrm{tr}\boldsymbol{D}=\mathrm{tr}\dot{\boldsymbol{F}}\boldsymbol{F}^{-1}=\mathrm{d}/\mathrm{d}t(\det\boldsymbol{F})/\det\boldsymbol{F}=-\dot{\rho}/\rho$，用相似方法由式(3.19)可以得到 $\mathrm{tr}\boldsymbol{D}^p=\mathrm{tr}\dot{\boldsymbol{F}}^p\boldsymbol{F}^{p^{-1}}$；又因为 $(\det\boldsymbol{F}^p)\mathrm{tr}\dot{\boldsymbol{F}}^p\boldsymbol{F}^{p^{-1}}\equiv\dfrac{\mathrm{d}}{\mathrm{d}t(\det\boldsymbol{F}^p)}$ 且 $\rho_R\det\boldsymbol{F}^p=\rho_0$，中间结构的质量守恒可表达为

$$\mathrm{tr}\boldsymbol{D}^p=-\dot{\rho}_R/\rho_R \tag{3.20}$$

与式(3.18)和式(3.19)等价的方程共同出现在关于有限塑性的文献中，但往往定义不同。例如，Anand(1985)关注的是 $\dot{\boldsymbol{F}}^p\boldsymbol{F}^{p^{-1}}$ 项，Bammmann 和 Johnson(1987)关注 $\boldsymbol{U}^p\boldsymbol{U}^{p^{-1}}$，此处 $(\boldsymbol{U}^p)^2=\boldsymbol{F}^{p^{\mathrm{T}}}\boldsymbol{F}^p$。Scheidler 和 Wright(2001)讨论了几种可供选择的对塑性流变的描述。

由方程(3.18)，不等式(3.17)的第一部分可写为

$$\boldsymbol{T}:\boldsymbol{D}^p-\frac{\rho}{\rho_R}\sum_{n=0}^{N}Q_n\dot{q}_n\geqslant 0 \tag{3.21}$$

不等式(3.21)表示塑性应力功减去内能变化率，这是由于内部变量是非负的。

即使塑性体积发生变化，不等式(3.21)仍成立。不过，当令 $\dot{q}_0$ 和 $\boldsymbol{D}^p$ 都与塑性体积变化有关时，很明显把 $\boldsymbol{T}$ 和 $\boldsymbol{D}^p$ 分解为球张量和应力偏张量，会得到更好的表达式。这样，利用应力偏量 $\boldsymbol{S}$ 和塑性速率偏量 $\boldsymbol{d}^p$，并定义 $\boldsymbol{T}\equiv\frac{1}{3}(\mathrm{tr}\boldsymbol{T})\boldsymbol{I}+\boldsymbol{S}$ 和 $\boldsymbol{D}^p\equiv\frac{1}{3}(\mathrm{tr}\boldsymbol{D}^p)\boldsymbol{I}+\boldsymbol{d}^p$，结合式(3.30)，不等式(3.21)可改写为

$$\boldsymbol{S}:\boldsymbol{d}^p+(p-\rho Q_0)\frac{\dot{\rho}_R}{\rho_R}-\frac{\rho}{\rho_R}\sum_{n=0}^{N}Q_n\dot{q}_n\geqslant 0 \tag{3.22}$$

其中，压力 $p=-\frac{1}{3}\mathrm{tr}\boldsymbol{T}$，$(p-\rho Q_0)$ 表示抵抗塑性体积变化做功的有效压力。

根据式(3.22)形式的 Clausius-Duhem 不等式，为了完整地描述材料的行为，必须明确塑性速率、塑性体积变化率以及所有其他内部变量的变化率的偏量的本构关系。对 $\boldsymbol{d}^p$ 的限定称为流动定律。一般而言，塑性体积的变化率必须由本构关系来确定，但是如果像经典理论一样，假设 $\mathrm{tr}\boldsymbol{D}^p=0$，那么 Q_0 可以是一个任意描述的约束力。最后，其他的内部变量的变化率 $\dot{q}_n(n=0,1,2,3,\cdots,N)$ 一定也可以由本构关系来确定，Clausius-Duhem 不等式要求所有的变化率必须以这种方式给出：不等式(3.22)恒成立。

在特殊情况下，内能和自由能并不直接取决于 ρ_R，但 ρ_R 取决于其他内部变量，这样 $Q_0=0$，不等式(3.22)可以写为

$$\boldsymbol{S}:\boldsymbol{d}^p-\frac{\rho}{\rho_R}\sum_{n=0}^{N}\left(Q_n-\frac{p}{\rho}\frac{\partial\rho_R}{\partial q_n}\right)\dot{q}_n\geqslant 0 \tag{3.23}$$

导出式(3.22)的动力学函数和势函数也影响式(2.13)的第三个方程的能量守恒的表达形式

$$\rho T\dot{\eta} = -\operatorname{div}\boldsymbol{q} + \rho r + \boldsymbol{T}:\boldsymbol{D}^p - \frac{\rho}{\rho_R}\sum_{n=0}^{N} Q_n \dot{q}_n \geqslant 0 \tag{3.24}$$

由于确定的熵值 η 已由热力学势得到，式(3.24)的左边可以在完全热弹性状态以相同的形式展开，从而导出式(2.36)，而现在必须考虑内部变量，结果是

$$\rho c_E \dot{\boldsymbol{T}} = \operatorname{div}\boldsymbol{q} + \rho r + \frac{\rho}{\rho_R} T \frac{\partial \tilde{\boldsymbol{T}}}{\partial T} : \dot{\boldsymbol{E}}^e + \boldsymbol{T}:\boldsymbol{D}^p - \frac{\rho}{\rho_R}\sum_{n=0}^{N}\left(Q_n - T\frac{\partial Q_n}{\partial T}\right)\dot{q}_n \tag{3.25}$$

当然，式(3.24)或式(3.25)最后两项也可能像式(3.22)那样展开。结果中的最后一项叫作热塑性项，这是因为它与热弹性项类似，二者都来自式(3.24)中熵对实际时间的导数的展开式。当最后两项消失时，能量守恒恰好简化为式(2.36)中的热弹性状态，不过对材料内部的每一点而言，中间结构都当作局部弹性参考状态来考虑。

3.2 屈服、塑性流变和本构方程

塑性的中心问题是描述变形过程中塑性部分的发展变化，该任务的第一部分是准确地给出塑性变形的含义。一旦知道式(3.3)中变形梯度的分量，就可以定义在上一节列出的该理论的完整结构。相反，如果只知道总变形和Cauchy应力，则分量事先是未知的，仍需要确定。一般情况下，材料的弹性是各向异性的，尚未确定的欠缺因素是在中间结构中的材料的取向。也就是说，在计算应力-应变关系之前，必须明确中间结构的弹性对称情况。

当然，对任何弹性材料而言，参考结构有可能发生变化(Ogden，1984)，这会以相应的方式改变响应函数和对称群。图3.4(a)显示了当简单转动使参考结构发生变化时，有限弹性的一般状态。这种观点可以扩展到有限弹塑性，从而应用于中间结构。

3.2.1 中间结构和局部弹性参考结构

中间结构的简单旋转产生局部弹性参考结构的变化。例如，假设用 $\boldsymbol{F}^{e^*} = \boldsymbol{F}^e\boldsymbol{P}^{\mathrm{T}}$ 替代给定的弹性变形 $\boldsymbol{F}^e$，$\boldsymbol{P}$ 表示任意旋转，如图3.4(b)所示，由极性分解原理得到 $\boldsymbol{F}^e = \boldsymbol{R}^e\boldsymbol{U}^e$，因此有 $\boldsymbol{F}^{e^*} = \boldsymbol{R}^e\boldsymbol{U}^e\boldsymbol{P}^{\mathrm{T}} = (\boldsymbol{R}^e\boldsymbol{P}^{\mathrm{T}})(\boldsymbol{P}\boldsymbol{U}^e\boldsymbol{P}^{\mathrm{T}}) = \boldsymbol{R}^{e^*}\boldsymbol{U}^{e^*}$。

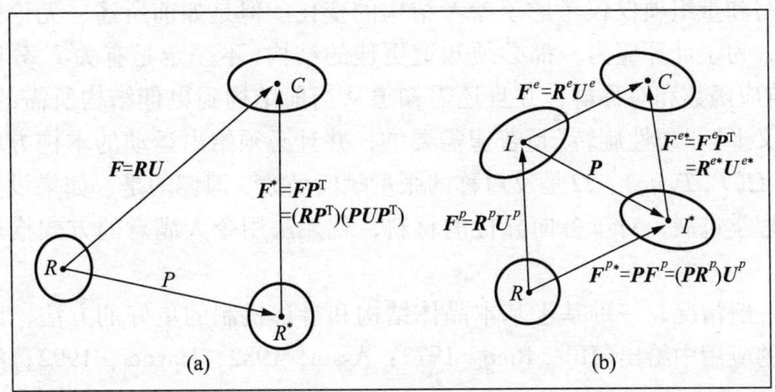

图 3.4 如图(a)，为弹性体模型，有限弹性参考状态 R 可通过刚性扭转 $\boldsymbol{P}$ 变换到另一等价的参考状态 R^*。类似地，如图(b)，为非弹性体模型，中间状态 I 也可以通过刚性扭转 $\boldsymbol{P}$ 变换到另一等价的参考状态 I^*。

材料的最终结构与这两种情况相同，来自新参考结构的对变形的弹性响应一定产生与起始弹性变形和响应相同的 Cauchy 应力。用与参考结构变换中弹性张量相同的方法，由式(3.5)很容易得出第二 Piola-Kirchhoff 应力变换，则有：$\tilde{\boldsymbol{T}}^* = \boldsymbol{P}\tilde{\boldsymbol{T}}\boldsymbol{P}^{\mathrm{T}}$。结果是，如果 $\tilde{\boldsymbol{T}} = \mathcal{T}(\boldsymbol{U}^e)$ 且 $\tilde{\boldsymbol{T}}^* = \mathcal{T}^*(\boldsymbol{U}^{e*})$，那么对每个弹性张量 $\boldsymbol{U}^{e*}$ 来说，两个响应函数通过下式相关联

$$\mathcal{T}^*(\boldsymbol{U}^{e*}) = \boldsymbol{P}\,\mathcal{T}(\boldsymbol{P}^{\mathrm{T}}\boldsymbol{U}^{e*}\boldsymbol{P})\boldsymbol{P}^{\mathrm{T}} \tag{3.26}$$

一般来说，响应函数$\mathcal{T}(\cdot)$和$\mathcal{T}^*(\cdot)$并不相同，除非 $\boldsymbol{P}$ 是物质对称群中的一个量。关系式(3.26)简单地说明了，为了通过用 * 标出的结构计算应力，先将矢量转向初始结构，然后根据已知的响应函数计算，最后将矢量变换为用 * 标出的结构。换句话说，如果有一个更佳的用于弹性计算的参考结构(即图中没有 *，由 I 标定的结构)，并已知该参考结构中的响应函数以及对称群，便可用来计算应力。假设相对于另一个常常被用来分解变形的无应力的弹性参考结构(即图中由 I^* 标定的结构)，它的取向是已知的。对于更佳的弹性参考结构和能够指向当前弹性参考结构的旋转，关键是要知道响应函数，包括对称群。

这些关于弹性参考结构（例如，中间结构的变化）和材料对称性的变化，似乎在关于塑性研究的文献中引起了大量混乱。例如，几乎所有研究者都认可这一分解式 $\boldsymbol{F} = \boldsymbol{F}^e\boldsymbol{F}^p = \boldsymbol{R}^e\boldsymbol{U}^e\boldsymbol{R}^p\boldsymbol{U}^p$。根据目前的讨论来看，明显地，一些作者认为这些项可重组为 $\boldsymbol{F} = \boldsymbol{R}^{e*}\boldsymbol{U}^{e*}\boldsymbol{U}^p = (\boldsymbol{R}^e\boldsymbol{R}^p)(\boldsymbol{R}^{p\mathrm{T}}\boldsymbol{U}^e\boldsymbol{R}^p)\boldsymbol{U}^p$，而另外一些作者则认为是 $\boldsymbol{F} = \boldsymbol{U}^{e*}\boldsymbol{R}^{p*}\boldsymbol{U}^p = (\boldsymbol{R}^e\boldsymbol{U}^e\boldsymbol{R}^{e\mathrm{T}})(\boldsymbol{R}^e\boldsymbol{R}^p)\boldsymbol{U}^p$，或其他更多的方式。图 3.4 (b)就是关于中间结构的另外的选择。从图中可以看出，对弹性计算，每

一个改写和重组项仅仅考虑了参考结构的变化。但是如前所述，无论采取什么选择，为了计算应力，都必须知道更佳的结构(不一定是有关 $\boldsymbol{F}$ 分解的选择)的响应函数和对称群，并且还需知道从当前结构到更佳结构所需的旋转。在此意义上，“塑性旋转”是普遍需要的，并且必须给出运动的本构方程，即 $\dot{\boldsymbol{R}}^p\boldsymbol{R}^{p^{\mathrm{T}}}=\Omega(\tilde{\boldsymbol{T}},T,q_n)$，$\Omega$ 是反对称的张量赋值函数。遗憾的是，如果没有进一步的物理学进展，对于各向异性的材料，就无法用令人满意的方式描述这种运动。

对一般情况，一种基于基本晶体结构和滑移机制的更好的方法，已在多晶塑性的应用中给出(Hill、Rice，1972；Asaro，1982；Havner，1992；等等)。

3.2.2 仅考虑内部标量的弹性各向同性材料

假设材料的弹性是各向同性的，根据相应的主应力和弹性拉伸彼此平行这一原则，想要的分解形式可以用简单而上乘的方式来构造。既然如此，假设弹性各向同性且可逆，$\tilde{\boldsymbol{T}}$ 和 $\boldsymbol{U}^e$ 互为各自的各向同性张量赋值函数，反之亦然。因此，Cauchy 应力是左弹性张量 $\boldsymbol{V}^e$ 的各向同性张量赋值函数，$\boldsymbol{V}^e$ 在刚体以与 Cauchy 应力完全相同方式转动时发生改变。这样，如果 $\boldsymbol{Q}$ 是刚性运动，那么变形梯度变为 $\boldsymbol{F}^*=\boldsymbol{QF}$，Cauchy 应力变为 $\boldsymbol{T}^*=\boldsymbol{QTQ}^{\mathrm{T}}$。类似地，左张量变为 $\boldsymbol{V}^{e^*}=\boldsymbol{QV}^e\boldsymbol{Q}^{\mathrm{T}}$。此外，由于已假设物质的弹性对称性是各向同性的，弹性本构关系可写为 $\boldsymbol{T}=\mathcal{F}(\boldsymbol{V}^e)$，它具有 $\mathcal{F}(\boldsymbol{QV}^e\boldsymbol{Q}^{\mathrm{T}})=\boldsymbol{Q}\,\mathcal{F}(\boldsymbol{V}^e)\boldsymbol{Q}^{\mathrm{T}}$ 的性质(取决于温度而不考虑内部变量)。通常在这种情况下，$\boldsymbol{T}$ 和 $\boldsymbol{V}^e$ 也是同轴的，即一个的本征向量同时也是另一个的本征向量。由于已经假设应力与张量之间的关系可逆，则已知 $\boldsymbol{V}^e=\mathcal{F}^{-1}(\boldsymbol{T})$，并且 $\boldsymbol{V}^{e^{-1}}\boldsymbol{F}$ 可根据极性分解原理分解成旋转度 $\boldsymbol{R}$ 和纯拉伸 $\boldsymbol{U}^p$ 的乘积。也就是说，对一个给定的 Cauchy 应力，变形梯度可被唯一地分解为

$$\boldsymbol{F}=\boldsymbol{V}^e\boldsymbol{R}\boldsymbol{U}^p \tag{3.27}$$

$\boldsymbol{V}^e$ 通过弹性本构关系与应力 $\boldsymbol{T}$ 相联系。

由于式(3.27)中的 $\boldsymbol{R}$ 完全由前述过程决定，因此没有必要将它进一步分为弹性和塑性部分。此外，直接用式(3.27)计算可知，总应力功并不取决于 $\boldsymbol{R}$ 变化的速率。最终结论取决于：$\boldsymbol{T}$ 和 $\boldsymbol{V}^e$ 是同轴的，并且 $\dot{\boldsymbol{R}}\boldsymbol{R}^{\mathrm{T}}$ 是反对称的。稍加计算可以得出：

$$\begin{aligned}2\boldsymbol{T}:\boldsymbol{D}&=\boldsymbol{T}:(\dot{\boldsymbol{F}}\boldsymbol{F}^{-1}+\boldsymbol{F}^{-\mathrm{T}}\dot{\boldsymbol{F}}^{\mathrm{T}})\\&=\boldsymbol{T}:(\dot{\boldsymbol{V}}^e\boldsymbol{V}^{e^{-1}}+\boldsymbol{V}^{e^{-1}}\dot{\boldsymbol{V}}^e)+\dot{\boldsymbol{R}}\boldsymbol{R}^{\mathrm{T}}:(\boldsymbol{V}^{e^{-1}}\boldsymbol{T}\boldsymbol{V}^e-\boldsymbol{V}^e\boldsymbol{T}\boldsymbol{V}^{e^{-1}})+\\&\quad\boldsymbol{T}:(\boldsymbol{V}^e\boldsymbol{R}\dot{\boldsymbol{U}}^p\boldsymbol{U}^{p^{-1}}\boldsymbol{R}^{\mathrm{T}}\boldsymbol{V}^{e^{-1}}+\boldsymbol{V}^{e^{-1}}\boldsymbol{R}\boldsymbol{U}^{p^{-1}}\dot{\boldsymbol{U}}^p\boldsymbol{R}^{\mathrm{T}}\boldsymbol{V}^e)\end{aligned} \tag{3.28}$$

式(3.28)中，第一项是弹性应力功，第二项由于同轴而消失，第三项是

塑性应力功。

因此，右弹性拉伸张量可由一般关系式 $\boldsymbol{U}^e=\boldsymbol{R}^{\mathrm{T}}\boldsymbol{V}^e\boldsymbol{R}$ 定义，方程(3.27)也可写为

$$\boldsymbol{F}=\boldsymbol{R}\boldsymbol{U}^e\boldsymbol{U}^p \tag{3.29}$$

右弹性拉伸张量 $\boldsymbol{U}^e$ 和旋转度 $\boldsymbol{R}$ 是为了保证可以求出 Cauchy 应力，实际上，仅在式(3.27)中出现的旋转完全归属于 $\boldsymbol{F}^e$，这样 $\boldsymbol{F}^p=\boldsymbol{U}^p$。对于仅考虑内部标量的各向弹性同性材料，结果是总变形的塑性部分可看成纯拉伸，只要 Cauchy 应力和弹性本构关系已知，它就可以唯一确定。从概念上来说，这种分解具有所期望的性质，与式(3.2)几乎一样简便。

如果已知总变形和第二 Piola-Kirchhoff 应力，而不是 Cauchy 应力，仍可建立式(3.29)的分解(Scheidler，私人通信)。因为现在已经知道对各向同性的材料而言，分解不仅存在，而且唯一，并且因为 $\tilde{\boldsymbol{T}}$ 已给出，根据弹性本构关系，就可知弹性张量 $\boldsymbol{U}^e$。那么根据式(3.29)，$\boldsymbol{U}^p$ 必须满足 $\boldsymbol{F}^{\mathrm{T}}\boldsymbol{F}=\boldsymbol{U}^2=\boldsymbol{U}^p\boldsymbol{U}^{e^2}\boldsymbol{U}^p$。弹性张量经过左乘和右乘后，塑性张量满足$(\boldsymbol{U}^e\boldsymbol{U}^p\boldsymbol{U}^e)^2=\boldsymbol{U}^e\boldsymbol{U}^2\boldsymbol{U}^e$，结果是

$$\boldsymbol{U}^p=\boldsymbol{U}^{e^{-1}}(\boldsymbol{U}^e\boldsymbol{U}^2\boldsymbol{U}^e)^{\frac{1}{2}}\boldsymbol{U}^{e^{-1}} \tag{3.30}$$

用式(3.30)作为 $\boldsymbol{U}^p$ 的定义，很容易说明 $\boldsymbol{F}\boldsymbol{U}^{p^{-1}}\boldsymbol{U}^{e^{-1}}$ 的逆矩阵与转置矩阵等价，因此乘积是纯旋转，方程(3.29)是其结果。

3.2.3 弹性各向同性材料中的塑性拉伸

现在回到方程(3.18)，利用 (3.29)，可以写出总应力功率

$$\boldsymbol{T}:\boldsymbol{D}=\boldsymbol{T}:(\boldsymbol{D}^e+\boldsymbol{D}^p) \tag{3.31}$$

这里，拉伸张量的弹性和塑性部分由下式给出

$$\boldsymbol{D}^e=\frac{1}{2}\boldsymbol{R}(\dot{\boldsymbol{U}}^e\boldsymbol{U}^{e^{-1}}+\boldsymbol{U}^{e^{-1}}\dot{\boldsymbol{U}}^e)\boldsymbol{R}^{\mathrm{T}}$$

$$\boldsymbol{D}^p=\frac{1}{2}\boldsymbol{R}(\boldsymbol{U}^e\dot{\boldsymbol{U}}^p\boldsymbol{U}^{p^{-1}}\boldsymbol{U}^{e^{-1}}+\boldsymbol{U}^{e^{-1}}\boldsymbol{U}^{p^{-1}}\dot{\boldsymbol{U}}^p\boldsymbol{U}^e)\boldsymbol{R}^{\mathrm{T}} \tag{3.32}$$

根据式(3.32)中两种速率的形式和变形分解的结构，可以清楚地知道，在刚性运动中，$\boldsymbol{D}^e$ 和 $\boldsymbol{D}^p$ 的变换方式与 Cauchy 应力的相同，因此它们都是真实的变化率。

总应力功率还可写为

$$\boldsymbol{T}:\boldsymbol{D}=\frac{\rho}{\rho_R}\tilde{\boldsymbol{T}}:(\tilde{\boldsymbol{D}}^e+\tilde{\boldsymbol{D}}^p) \tag{3.33}$$

现在拉伸张量中的弹性和塑性部分已被转变到中间结构，此时它们不受观察者变化的影响，由下式给出：

$$\widetilde{\boldsymbol{D}}^{e}=\frac{1}{2}(\boldsymbol{U}^{e}\dot{\boldsymbol{U}}^{e}+\dot{\boldsymbol{U}}^{e}\boldsymbol{U}^{e})=\dot{\boldsymbol{E}}^{e}$$

$$\widetilde{\boldsymbol{D}}^{p}=\frac{1}{2}\boldsymbol{U}^{e^{2}}\dot{\boldsymbol{U}}^{p}\boldsymbol{U}^{p}\boldsymbol{U}^{p^{-1}}+\boldsymbol{U}^{p^{-1}}\dot{\boldsymbol{U}}^{p}\boldsymbol{U}^{e^{2}} \tag{3.34}$$

比较式(3.32)和式(3.34)后，弹性和塑性拉伸张量的空间形式和物质形式由下式联系

$$\boldsymbol{D}^{e}=\boldsymbol{F}^{e^{-\mathrm{T}}}\widetilde{\boldsymbol{D}}^{e}\boldsymbol{F}^{e^{-1}}=\boldsymbol{R}\boldsymbol{U}^{e^{-1}}\widetilde{\boldsymbol{D}}^{e}\boldsymbol{U}^{e^{-1}}\boldsymbol{R}^{\mathrm{T}}$$

$$\boldsymbol{D}^{p}=\boldsymbol{F}^{e^{-\mathrm{T}}}\widetilde{\boldsymbol{D}}^{p}\boldsymbol{F}^{e^{-1}}=\boldsymbol{R}\boldsymbol{U}^{e^{-1}}\widetilde{\boldsymbol{D}}^{p}\boldsymbol{U}^{e^{-1}}\boldsymbol{R}^{\mathrm{T}} \tag{3.35}$$

在研究有限塑性的文献中，已经有大量关于选择适当形式来表达“塑性形变率”的讨论。

一些作者倾向于 $\boldsymbol{D}^{p}$，另一些作者倾向于 $\widetilde{\boldsymbol{D}}^{p}$，还有一些作者倾向于其他形式(Lubliner，1990)。方程(3.35)表明，各种倾向之间在理论上没有什么差别，因为各种形式都可以任意地来回转化。综合考虑各向同性物质对称性的定义、塑性屈服表面和流变规则之后，我们倾向于后者的观点。

也可以改变起始参考结构，如果 $\boldsymbol{H}$ 是一常量，利用适当的正交变换，在变形前旋转初始结构，那么新的变形梯度为 $\boldsymbol{F}^{*}=\boldsymbol{F}\boldsymbol{H}^{\mathrm{T}}$(图3.5)。因为最终结构不变，Cauchy 应力和左弹性拉伸张量保持不变，新的变形梯度仅有一种分解式 $\boldsymbol{F}^{*}=\boldsymbol{V}^{e}\boldsymbol{R}^{*}\boldsymbol{U}^{p^{*}}$。但是，根据 $\boldsymbol{F}$ 的分解式，$\boldsymbol{F}^{*}$ 可以写为 $\boldsymbol{F}^{*}=(\boldsymbol{V}^{e}\boldsymbol{R}\boldsymbol{U}^{p})\boldsymbol{H}^{\mathrm{T}}=\boldsymbol{V}^{e}(\boldsymbol{R}\boldsymbol{H}^{\mathrm{T}})(\boldsymbol{H}\boldsymbol{U}^{p}\boldsymbol{H}^{\mathrm{T}})$，由此确定的 $\boldsymbol{F}^{*}$ 的新的分量为

$$\boldsymbol{R}^{*}=\boldsymbol{R}\boldsymbol{H}^{\mathrm{T}},\ \boldsymbol{U}^{p*}=\boldsymbol{H}\boldsymbol{U}^{p}\boldsymbol{H}^{\mathrm{T}} \tag{3.36}$$

此外，因为结构上 $\boldsymbol{V}^{e}=\boldsymbol{R}\boldsymbol{U}^{e}\boldsymbol{R}^{\mathrm{T}}$，并且起始旋转不改变 $\boldsymbol{V}^{e}$，它还可以写为 $\boldsymbol{V}^{e}=(\boldsymbol{R}\boldsymbol{H}^{\mathrm{T}})(\boldsymbol{H}\boldsymbol{U}^{e}\boldsymbol{H}^{\mathrm{T}})(\boldsymbol{H}\boldsymbol{R}^{\mathrm{T}})$。因此，可以得到结论

$$\boldsymbol{U}^{e^{*}}=\boldsymbol{H}\boldsymbol{U}^{e}\boldsymbol{H}^{\mathrm{T}},\ \boldsymbol{V}^{e}=\boldsymbol{R}^{*}\boldsymbol{U}^{e^{*}}\boldsymbol{R}^{*\mathrm{T}} \tag{3.37}$$

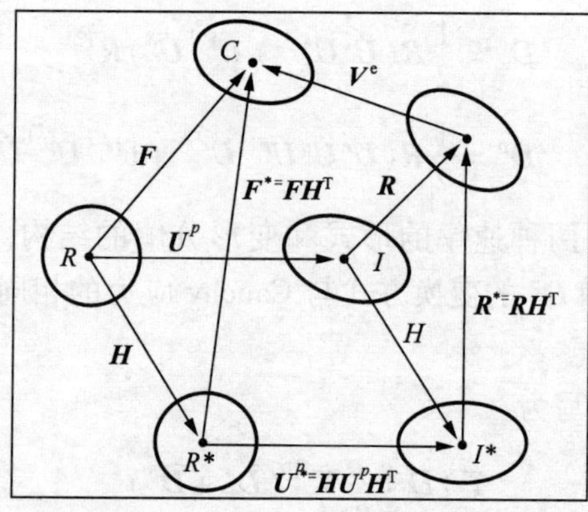

图3.5 在有限塑性中，可通过刚性旋转 $\boldsymbol{H}$ 将初始参考状态 R 变换到另一替代参考状态 R^{*}。初始扭转分解为弹性和塑性两部分，这种情况适用于各向同性弹性体。

旋转 $\boldsymbol{H}$ 是常量，所以将式(3.36)和式(3.37)代入式(3.34)和式(3.32)中，很容易证明拉伸张量的弹性和塑性部分可以变换为

$$\tilde{\boldsymbol{D}}^{e*}=\boldsymbol{H}\tilde{\boldsymbol{D}}^{e}\boldsymbol{H}^{\mathrm{T}} \qquad \tilde{\boldsymbol{D}}^{p*}=\boldsymbol{H}\tilde{\boldsymbol{D}}^{p}\boldsymbol{H}^{\mathrm{T}}$$

$$\boldsymbol{D}^{e*}=\boldsymbol{D}^{e} \qquad \boldsymbol{D}^{p*}=\boldsymbol{D}^{p} \tag{3.38}$$

拉伸张量的两种形式相当于同一物理实体的物质和空间表征，方程(3.38)符合这一概念。由于 Cauchy 应力不变，$\boldsymbol{T}=\boldsymbol{T}^{*}$，实际应力值 $\tilde{\boldsymbol{T}}$ 与 $\boldsymbol{U}^{e}$ 的变换方式相同

$$\tilde{\boldsymbol{T}}^{*}=\boldsymbol{H}\tilde{\boldsymbol{T}}\boldsymbol{H}^{\mathrm{T}} \tag{3.39}$$

3.2.4 塑性屈服

塑性的基本观点在于，对于给定的温度和内部变量值，在不经历进一步塑性变形的条件下，物质存在一个可以承受的应力极限。这种观点通常表达为，在应力表面中，如果应力处于应力空间中某一闭合但变化着的表面，则响应是纯弹性的。当应力首次抵达表面时，塑性变形开始。如果材料具有应变速率相关性，塑性拉伸速率随着应力在表面外的移动而增加，当应力处于该表面时，塑性拉伸速率为零。如果物质与应变速率无关，应力不会处于表面之外，所以塑性变形仅仅在处于表面的应力连续时才发生，并且该表面必须以一种适当的方式变化。屈服表面可以表达为

$$\tilde{f}(\tilde{\boldsymbol{T}};\ T,\ q_n)=0 \tag{3.40}$$

习惯上假设：如果 $\tilde{\boldsymbol{T}}$ 位于 T 和 q_n 有同一值的闭合面内的弹性区域，那么 $\tilde{f}(\tilde{\boldsymbol{T}};\ T,\ q_n)<0$，该函数就是屈服函数。

因为 $\tilde{\boldsymbol{T}}$ 是一个客观量，即它指的是中间参考结构，因此不被刚体旋转改变。方程 (3.40)也是客观的(默认所有内部变量都是真实的)。如果所有的内部变量都是标量，并且物质是完全各向同性的，那么关于实际应力值 $\tilde{\boldsymbol{T}}$ 的屈服函数一定是各向同性的。当用 Cauchy 应力的形式表达时，屈服函数变为 $\tilde{f}[(\rho_R/\rho)\boldsymbol{R}^{\mathrm{T}}\boldsymbol{V}^{e^{-1}}\boldsymbol{T}\boldsymbol{V}^{e^{-1}}\boldsymbol{R};\ T,\ q_n]$，但是由于各向同性，$\tilde{f}$ 的值不受旋转 $\boldsymbol{R}$ 的影响，所以可以写为 $\tilde{f}[(\det\boldsymbol{V}^{e})\boldsymbol{V}^{e^{-1}}\boldsymbol{T}\boldsymbol{V}^{e^{-1}};\ T,\ q_n]$。因为已经假设物质是弹性均匀的，且具有可逆的本构关系，左拉伸张量是 Cauchy 应力的各向同性函数，那么屈服函数可以写为 $f(\boldsymbol{T},\ T,\ q_n)$，屈服表面由

$$f(\tilde{\boldsymbol{T}};\ T,\ q_n)=0 \tag{3.41}$$

给出，函数 f 也必须是目标函数，并且因为在刚性体旋转中，Cauchy 应力以 $\boldsymbol{T}^{*}=\boldsymbol{Q}\boldsymbol{T}\boldsymbol{Q}^{\mathrm{T}}$ 变化，f 必须是与 Cauchy 应力有关的各向同性函数，$\tilde{f}$ 和 f 这两个各向同性函数是不同的，但对应 $\tilde{\boldsymbol{T}}$ 和 $\boldsymbol{T}$ 时，它们分别有相同的值。

当所有内部变量是标量时，前面论述是显而易懂的，但是如果有一个内部张量，比如一个背应力，表达式将更加复杂。如果内部变量之一是个张量 $\tilde{\boldsymbol{A}}$，它在起始结构旋转条件下以与 $\tilde{\boldsymbol{T}}$ 相同的方式变化，并且如果材料是完全各向同性的，那么屈服函数是两个张量变量的各向同性函数。一般来说，如果不做更多简化假设，上述函数的表示法比仅一个张量变量的函数要复杂得多。动态硬化中常用的假设是，屈服函数仅取决于两个张量的差，即 $\tilde{f}\left[(\rho/\rho_R)\boldsymbol{U}^e\tilde{\boldsymbol{T}}\boldsymbol{U}^e-\tilde{\boldsymbol{A}};\ T,\ q_n\right]$。

3.2.5 塑性流变的本构关系

为了完整地描述，必须给出弹性和塑性的本构关系，以及内部变量变化的速率。此外，它们必须以这种方式给出：如果给出应力、温度和内部变量的过程，那么能建立纯拉伸的相应过程。相反，如果已知全部拉伸过程而不是应力过程，那么一定能够计算出应力过程，这些称为闭合关系。如此，对任何变形过程，$\boldsymbol{U}^2=\boldsymbol{F}^{\mathrm{T}}\boldsymbol{F}$，通过求导可建立

$$\frac{\mathrm{d}}{\mathrm{d}t}(\boldsymbol{U}^2)=2\boldsymbol{U}^p(\tilde{\boldsymbol{D}}^e+\tilde{\boldsymbol{D}}^p)\boldsymbol{U}^p \tag{3.42}$$

由方程(3.34)可以看出，弹性拉伸 $\tilde{\boldsymbol{D}}^e$ 完全由 Gibbs 函数决定。因为 $\boldsymbol{E}^e=\rho_R(\partial g/\partial\tilde{\boldsymbol{T}})$，利用式(3.34)第一个方程和式(3.15)中的 Maxwell 方程，稍加计算得到

$$\tilde{\boldsymbol{D}}^e=\rho_R\frac{\partial^2 g}{\rho\tilde{\boldsymbol{T}}^2}:\left(\dot{\tilde{\boldsymbol{T}}}-\tilde{\boldsymbol{T}}\frac{\dot{\rho}_R}{\rho_R}\right)+\frac{\partial\boldsymbol{E}^e}{\partial T}\dot{\boldsymbol{T}}-\sum_{n=0}^{N}\frac{\partial Q_n}{\partial\tilde{\boldsymbol{T}}}\dot{q}_n \tag{3.43}$$

在方程(3.43)中，$\rho_R(\partial^2 g/\partial\tilde{\boldsymbol{T}}^2)$ 和 $(\partial\boldsymbol{E}^e/\partial T)$ 分别是等温弹性柔量的四阶张量和热膨胀二阶张量，最后一项和圆括号中的第二项一般表示对热弹性项的小修正。

塑性拉伸和内部变量的变化率必须由新的本构关系详细说明，必须以与熵不等式(3.21)或式(3.22)匹配的方式给出。一般而言，可以预期它们取决于 Gibbs 函数相同的变量

$$\begin{aligned}&\tilde{\boldsymbol{D}}^p=\tilde{\mathcal{D}}^p(\tilde{\boldsymbol{T}};\ T,\ q_n)\\&\dot{q}_n=\xi_n(\tilde{\boldsymbol{T}};\ T,\ q_m)\qquad n,\ m=0,1,\cdots,N\end{aligned} \tag{3.44}$$

根据 $\tilde{\boldsymbol{T}}$、T 和 q_n 的过程，已知通过前述的分解过程可将 $\boldsymbol{U}^p$ 看成是 $\tilde{\boldsymbol{T}}$ 和 $\boldsymbol{U}$ 的一个函数，方程(3.42)可以看成是 $\boldsymbol{U}$ 的一个非线性常微分方程(ODE)，况且只需要 $\boldsymbol{U}$ 的一个初始值。相反，如果是 $\boldsymbol{U}$ 的过程已知，而不是 $\tilde{\boldsymbol{T}}$ 的过程已知，在各项重新组合和弹性柔性变换后，方程(3.42)可以看成是 $\tilde{\boldsymbol{T}}$ 的一个非线性常微分方程，这样就满足了闭合条件。

塑性拉伸可以描述为，依旧假设内部变量都是标量，材料是完全各向同性的，那么关于应力 $\tilde{\boldsymbol{T}}$ 的赋值函数$\tilde{\mathcal{D}}^p$ 和速率函数 $\tilde{\xi}_n$ 必定是各向同性的。根据式(3.35)、式(3.27)和式(3.5)，塑性拉伸可以写为

$$\begin{aligned}\boldsymbol{D}^p &= \boldsymbol{V}^{e^{-1}}\boldsymbol{R}\,\tilde{\mathcal{D}}^p\left[(\det\boldsymbol{V}^e)\boldsymbol{R}^{\mathrm{T}}\boldsymbol{V}^{e^{-1}}\boldsymbol{T}\boldsymbol{V}^{e^{-1}}\boldsymbol{R};\ T,\ q_n\right]\boldsymbol{R}^{\mathrm{T}}\boldsymbol{V}^{e^{-1}} \\ &= \boldsymbol{V}^{e^{-1}}\tilde{\mathcal{D}}^p\left[(\det\boldsymbol{V}^e)\boldsymbol{V}^{e^{-1}}\boldsymbol{T}\boldsymbol{V}^{e^{-1}};\ T,\ q_n\right]\boldsymbol{V}^{e^{-1}}\end{aligned} \tag{3.45}$$

此处利用了函数$\tilde{\mathcal{D}}^p$的各向同性。因为材料响应是弹性各向同性且可逆，左张量是 Cauchy 应力的一个各向同性函数，因此塑性拉伸可以写为

$$\boldsymbol{D}^p = \mathcal{D}^p(\boldsymbol{T};\ T,\ q_n) \tag{3.46}$$

此处$\mathcal{D}^p$是应力 $\boldsymbol{T}$ 的一个各向同性函数。类似地，如果材料是完全各向同性的，内部标量的变化的速度可以写为

$$\dot{q}_n = \xi_n(\boldsymbol{T};\ T,\ q_m) \quad n, m = 0,\ 1,\ \cdots, N \tag{3.47}$$

关于 Cauchy 应力，此处函数 ξ_n 都是各向同性的，且仅取决于 $\boldsymbol{T}$ 的不变量。由于张量赋值的内部变化较复杂，此处不加以讨论。

根据各向同性张量赋值函数的一般表述理论，方程(3.46)的最一般的形式可以写为(Ogden，1984)

$$\boldsymbol{D}^p = f_0\boldsymbol{I} + f_1\boldsymbol{T} + f_2\boldsymbol{T}^2 \tag{3.48}$$

其中，f_0，f_1，f_2 是 $\boldsymbol{T}$ 中的不变量以及温度和内部变量的标量函数，当满足方程(3.40)或方程(3.41)时，这三个函数必须消去。此外，这三个函数可以看成是压力和偏应力 $\boldsymbol{S}$ 的两个非零不变量的函数。事实上，如果在式(3.48)中用 $\boldsymbol{S}^2$ 代替 $\boldsymbol{T}$ 和 $\boldsymbol{T}^2$，并不失其一般性。利用方程(3.20)和 $q_0 = \rho_R$，可以得到对塑性拉伸的另一非常普遍的描述

$$\boldsymbol{D}^p = -\frac{\xi_0}{3\rho_R}\boldsymbol{I} + d_1\boldsymbol{S} + d_2\left[\boldsymbol{S}^2 - \frac{1}{3}(\mathrm{tr}\boldsymbol{S}^2)\boldsymbol{I}\right] \tag{3.49}$$

其中，ξ_0、d_1 和 d_2 是压力、偏应力不变量和温度内部变量的标量函数，并且都在屈服表面消去。式(3.49)中的第一项说明了塑性体积变化，后两项 $\boldsymbol{d}^p$ 是 $\boldsymbol{D}^p$ 的偏微分部分。

现在，熵不等式(3.22)取如下形式

$$(\mathrm{tr}\boldsymbol{S}^2)d_1 + (\mathrm{tr}\boldsymbol{S}^3)d_2 + (p - \rho Q_0)\frac{\xi_0}{\rho_R} - \frac{\rho}{\rho_R}\sum_{n=1}^{N} Q_n\xi_n \geqslant 0 \tag{3.50}$$

并且替换不等式(3.23)，取如下形式

$$(\mathrm{tr}\boldsymbol{S}^2)d_1 + (\mathrm{tr}\boldsymbol{S}^3)d_2 - \frac{\rho}{\rho_R}\sum_{n=1}^{N}\left(Q_n - \frac{p}{\rho}\frac{\partial\rho_R}{\partial q_n}\right)\xi_n \geqslant 0 \tag{3.51}$$

在式(3.50)和式(3.51)中，前两项都代表偏塑性功的速率，带有压力 p

的项表示体积塑性功的速率，根据方程(3.1)，包含 Q_n 的加和项表示冷加工储存的速率。两个不等式说明来自所施应力的塑性功的速率总和减去冷加工储存速率不能为负。虽然式(3.50)或式(3.51)中对 d_1、d_2 和 ξ_n 没有明显的附加约束，但是通常假设塑性功是正的。此外，因为在塑性流变中 $\text{tr}\boldsymbol{S}^2>0$，但 $\text{tr}\boldsymbol{S}^3$ 可以为正或负，由此认为 $d_1>0$，而在 $\text{tr}\boldsymbol{S}^3$ 中 d_2 是奇数，所以，式(3.50)或式(3.51)中第二项通常是非负的。

3.2.6 流变势

在粘塑性理论中，经常假设塑性流变速率可以由塑性势建立，即 $\mathcal{P}(p,\mathrm{II}_S,\mathrm{III}_S;T,q_n)$ 和 $\boldsymbol{D}^p=\partial\mathcal{P}/\partial\boldsymbol{T}$，其中偏应力不变量由

$$\begin{aligned}\mathrm{II}_S&\equiv\frac{1}{2}[(\text{tr}\boldsymbol{S})^2-\text{tr}\boldsymbol{S}^2]=-\frac{1}{2}\text{tr}\boldsymbol{S}^2=-J_2\\&=s_1s_2+s_2s_3+s_3s_1=-\frac{1}{2}(s_1^2+s_2^2+s_3^2)\\\mathrm{III}_S&\equiv\det\boldsymbol{S}=\frac{1}{3}\text{tr}\boldsymbol{S}^3=J_3\\&=s_1s_2s_3=\frac{1}{3}(s_1^3+s_2^3+s_3^3)\end{aligned}\tag{3.52}$$

给出，并且 $\boldsymbol{S}$ 的主值是 s_1、s_2 和 s_3。II_S、III_S 的第一种形式是定义的；II_S 的第二种形式是导出的，因为 $\mathrm{I}_S\equiv\text{tr}\boldsymbol{S}=s_1+s_2+s_3=0$；而 III_S 的第二种形式是由对称张量的 Cayley-Hamilton 理论微分导出的，与应用到偏应力中一样，$\boldsymbol{S}^3-\mathrm{I}_S\boldsymbol{S}^2+\mathrm{II}_S\boldsymbol{S}-\mathrm{III}_S\boldsymbol{I}=\boldsymbol{0}$，再次表明 $\boldsymbol{S}$ 是与路径无关的。

式(3.52)中导出的不变量，符号是 J_2 和 J_3，而不是 II_S 和 III_S，通常用在塑性中，$\sqrt{J_2}$ 经常用作 $\boldsymbol{S}$ 分量的一个归一化因子，利用这些变化方程，式(3.49)可以改写为

$$\boldsymbol{D}^p=\frac{\xi_0}{3\rho_R}\boldsymbol{I}+\frac{1}{2}\varGamma_1\frac{S}{\sqrt{J_2}}+\frac{1}{3}\varGamma_2\left(\frac{S^2}{J_2}-\frac{2}{3}\boldsymbol{I}\right)\tag{3.53}$$

响应函数 ξ_0、$\varGamma_1$ 和 $\varGamma_2$ 可以取决于压力、两个不变量 J_2 和 J_3、温度和内部标量。

如果存在塑性势，在两个不等式中的标量函数不都是独立的，首先要指出的是 $\boldsymbol{S}$ 是可偏微的，根据经典线性代数，推出 $\boldsymbol{S}$ 的标量函数梯度也是可偏微的，这样，由式(3.52)，$\partial\mathrm{II}_S/\partial\boldsymbol{S}=-\boldsymbol{S}$，且 $\partial\mathrm{III}_S/\partial\boldsymbol{S}=\boldsymbol{S}^2-\frac{1}{3}(\text{tr}\boldsymbol{S}^2)\boldsymbol{I}$，对屈服势应用链式法则得

$$\boldsymbol{D}^p=\frac{\partial\mathcal{P}}{\partial\boldsymbol{T}}=-\frac{1}{3}\frac{\partial\mathcal{P}}{\partial p}\boldsymbol{I}-\frac{\partial\mathcal{P}}{\partial\mathrm{II}_S}\boldsymbol{S}+\frac{\partial\mathcal{P}}{\partial\mathrm{III}_S}\left[\boldsymbol{S}^2-\frac{1}{3}(\text{tr}\boldsymbol{S}^2)\boldsymbol{I}\right]\tag{3.54}$$

对式(3.54)与式(3.49)或式(3.53)进行比较表明，这种情况下必须要求 $\xi_0=\rho_R(\partial\mathcal{P}/\partial p)$，$d_1=\frac{1}{2}\Gamma_1/\sqrt{J_2}=-(\partial\mathcal{P}/\partial \mathrm{II}_S)$ 和 $d_2=\frac{1}{3}\Gamma_2/J_2=(\partial\mathcal{P}/\partial \mathrm{III}_S)$。塑性率的球量和应力偏张量部分将由此给出

$$\mathrm{tr}\boldsymbol{D}^p=\frac{\partial\mathcal{P}}{\partial p}$$

$$\boldsymbol{d}^p=\frac{\partial\mathcal{P}}{\partial\boldsymbol{S}}=\frac{\partial\mathcal{P}}{\partial\boldsymbol{T}}+\frac{1}{3}\frac{\partial\mathcal{P}}{\partial p}\boldsymbol{I} \tag{3.55}$$

一个限定条件较少的假设是存在一个关于塑性速率可偏差的势，对压力的微分与塑性体积改变速率无关。那么只有式(3.55)的第二个方程是正确的。最后，通常的可能是，$\boldsymbol{d}^p=\partial\mathcal{P}/\partial\boldsymbol{T}$，除非$\mathcal{P}$不取决于 p。

尽管实际上经常采用流变势来解决粘塑性问题，这一势能的存在看起来并没有像基本能量势，如内能 e、亥姆霍兹自由能 ψ 或吉布斯自由能 g 一样有理论依据，但是，近期有一些工作将“最大耗散定律”与流变势的存在相联系(Rajagopal 和 Srinivasa，1998a，1998b)。

3.3 一维形式

前面章节中对有限变形塑性的描述揭示了塑性不稳定性考核的一个大体的框架，通过本构方程，屈服和塑性流变将这些细节挑选出来并被模型化。实际上，如果想要整个理论的所有特征都实现，那么除非用数值方法，否则结果方程将是不可分析的。由于这个原因，文献中普遍采用保存局域化主要特征的方法，大大简化了方程。最简单的例子是一维的纯剪切，这种情况下，假设垂直于剪切带平面方向的所有场变量快速变化，但是剪切带平面内没有变化(或仅仅是很小或很慢的变化)。通过将全部产生的能量和动能方程与普通一维方程对比，很容易地看出一维问题所做假设得出的确切解和近似解的正确性。

3.3.1 特殊化和近似化

一般的动量守恒已由式(3.13)的第二个方程给出，此处不考虑体积力，一维特征值给出如下

$$\mathrm{div}\boldsymbol{T}=\rho\dot{\boldsymbol{v}}$$

$$s_y=\rho\dot{v} \tag{3.56}$$

式(3.56)的第二个方程中，s 是作用在 y 为常数的平面上的剪切应力，v 是与这些平面平行且与剪切应力同方向的质点速度，垂直于剪切平面的应力

并为了满足式(3.56)的另外两个分量，垂直于剪切方向的剪切力都必须是在y方向上基本不变的。

类似地，重复式(3.25)的一般能量守恒和一维确切值可得

$$\rho c_E \dot{\boldsymbol{T}} = -\operatorname{div}\boldsymbol{q} + \frac{\rho}{\rho_R} T \frac{\partial \tilde{\boldsymbol{T}}}{\partial T} : \dot{\boldsymbol{E}}^e + \boldsymbol{T} : \boldsymbol{D}^p - \frac{\rho}{\rho_R}\sum_{n=0}^{N}\left(Q_n - T\frac{\partial Q_n}{\partial T}\right)\dot{q}_n \tag{3.57}$$

$$\rho c \dot{\boldsymbol{T}} = kT_{yy} + \beta s \dot{\gamma}^p$$

很明显，存在几个重要的近似值，列举如下。

①用一般比热代替应变不变的比热，$c_E \to c$（c_E 被 c 所代替）。对于金属，这是恰当的近似，因为不变应力状态的比热和不变应变状态的比热之差，小于它们任何一个的百分之几。此外，通常认为比热不变或至多是温度的一个函数(表3.1)。

表3.1 零压力300 K时不同材料的比热

材料	密度ρ/(10^3 kg·m^{-3})	杨氏模量E/GPa	剪切模量μ/GPa	泊松比υ	热扩散系数α/(μm·mK^{-1})	比热c/(J·kg^{-1}·K^{-1})	$c_{\tilde{T}}-c_E$/(J·kg^{-1}·K^{-1})	$\Delta c/c$/%
Al	2.7	69	26	0.33	23.2	903	36	4
Be	1.85	300	140		11.5	1 825	23	1
Cu	8.96	120	46	0.355	16.8	385	12	3
Mo	9.01	330	130		5	248	2	<1
Ni	8.90	200	80		12.7	444	7	1.5
Ta	16.6	180	70		6.5	141	1	<1
Ti	4.54	110	40		8.5	522	6	1
W	19.3	380	150		4.5	133	1	<1
U	18.9	170	72		13.5	116	2	2
黄铜	8.4	110	41	0.331	21	380	15	4
钢	7.8	200	81	0.29	11.5	460	7	1.5

注：前六列数据摘自Bai和Dodd(1992)。不同材料的比热由方程(2.39)计算出，对于各向同性材料为$\Delta c = (3\alpha/\rho)[p + E\alpha T/(1-2\upsilon)]$。

②一维状态下热流由Fourier定律给出，如果认为热传导率取决于温度，那么该项变为$\partial[k(T)T_y]/\partial y$。

③对一个各向同弹性材料，如果忽略热弹性项，很容易看出

$$\frac{\rho}{\rho_R} T \frac{\partial \tilde{\boldsymbol{T}}}{\partial T} : \dot{\boldsymbol{E}}^e = T\frac{\partial \boldsymbol{T}}{\partial T} : \frac{1}{2}(\dot{\boldsymbol{V}}^e \boldsymbol{V}^{e^{-1}} + \boldsymbol{V}^{e^{-1}}\dot{\boldsymbol{V}}^e) \approx -3K\alpha T \operatorname{tr}(\dot{\boldsymbol{V}}^e \boldsymbol{V}^{e^{-1}}) \tag{3.58}$$

在式(3.58)中，K是体积模量，α是热膨胀系数，$\operatorname{tr}(\dot{\boldsymbol{V}}^e \boldsymbol{V}^{e^{-1}})$是体弹性膨

胀速率。通过利用近似值$\partial \boldsymbol{T}/\partial T \approx -3K\alpha \boldsymbol{I}$得到最后的表达式，它忽略了小的非体弹性扭曲的影响。

④塑性功，$\boldsymbol{T}:\boldsymbol{D}^p$ 被简单的表达 $s\dot{\gamma}^p$ 所代替。在一维运动中，如 $x=X+u(y,\ t)$，$y=Y$ 和 $z=Z$，此处 y 是垂直于剪切带平面的坐标轴，$u(y,\ t)$是平行于剪切带平面的位移，总拉伸 $\boldsymbol{D}$ 仅有两个非零项，$2D_{12}=2D_{21}=v_y$，v 是速度，$v=\dot{u}$。如果偏 Cauchy 应力也仅用两个非零分量，$S_{12}=S_{21}=s$，那么 $\boldsymbol{S}^2$ 是对角线，很容易地证明 $\mathrm{II}_S=-s^2$ 和 $\mathrm{III}_S=0$。同样地，假设塑性不可压缩，那么，对一个完全各向同性材料，方程(3.53)简化为

$$\boldsymbol{D}^p=\frac{1}{2}\Gamma(\mid s\mid,\ T,\ q_n)\frac{\boldsymbol{S}}{\mid s\mid} \tag{3.59}$$

假设当 $\mathrm{III}_S=0$ 时，$\Gamma_2=0$，则最后的假设是合理的，因为根据式(3.50)和式(3.52)，d_2(或 Γ_2)有合适的性质，如前所述，即如果 III_S 中 d_2 是奇数，并且 $\mathrm{III}_S=0$ 时被抵消，对熵不等式的贡献是非负的。这样，塑性拉伸也仅有两个非零分量，它们是 $\dot{\gamma}^p=2D_{12}^p=2D_{21}^p$，在所述条件下，塑性功由 $\boldsymbol{T}:\boldsymbol{D}^p=s\dot{\gamma}^p=|s|\Gamma$ 确切给出，所以它对附近的应力状态也是一个近似值。弹性拉伸的线弹性近似值也只有这两个非零分量，$\dot{s}/\mu=2D_{12}^e=2D_{21}^e$，此处 μ 是弹性剪切模量。作为这些因素的结果，弹性、塑性和总拉伸之间的近似关系与小应变理论的结果相同

$$v_y=\dot{s}/\mu+\dot{\gamma}^p \tag{3.60}$$

式(3.57)的第一个方程中在圆括号内的最后一项是热塑性项，它产生于由内部变量变化导致的能量和熵的变化。为了理解它们的本质含义，考察如果亥姆霍兹自由能可分成两项 $\psi=\hat{\psi}(\boldsymbol{E}^e,\ T)+\phi(q_n)$，那么第一项代表的仅仅是热弹性能，第二项代表冷加工储存的能量，它只取决于内部变量。这种方式下，总能量分解看似不可能，但是如果可能，所有的 Q_n 将不一定依赖于温度，剩下的求和项表示为$(\rho/\rho_R)\sum_{N=0}^{N}[Q_n-T(\partial Q_n/\partial T)]\dot{q}_n=\rho\dot{\phi}$。任何情况下，内部变量变化的所有影响和它们对于总能量的贡献包含在常数 β 中，在式(3.57)的第二个方程中认为它是常量且稍小于1。

在论证最后的近似值时，许多作者引用了 Farren 和 Taylor(1925)及 Taylor 和 Quinney(1937)的实验，他们似乎是最早试图测量在塑性变形过程中转变为热量的塑性功。他们得出的结论是，85%～95%的塑性功被转化成了热量，这相当于说式(3.57)中的第一个方程最后的求和项与塑性功大约成比例，并且比例系数在0.05～0.15内。很长时间以来，在冶金文献中就已知道，所谓的“冷加工贮存能”能够根据材料种类、温度和变形程度发生巨大的变化。此项工作由 Bever、Holt 和 Titchener(1972)进行总结。最近进行了新的理论和实验研究以试

图解释和模拟该现象(Aravas、Kim 和 Leckie, 1990; Kamlah 和 Haupt, 1997; Bodner 和 Lindenfeld, 1995; Hodowany、Ravichandran 和 Rosakis, 2000; 以及 Rosakis、Ravichandran 和 Hodowany, 2000)。根据式(3.25)或式(3.57)的第一个方程，很显然，产生内部变量的物理过程和它们影响总能量的方式的模拟具有很大的潜力。

3.3.2 各向同性加工硬化和冷加工贮存能举例

以一个最简单的、可能的现象为例，设想一个完全各向同性的材料，它具有一个正的内部变量 K 来描述加工硬化的程度。在相对纯净的多晶金属中，对有限的塑性变形可以套用一个简单的模型，此金属塑性滑移只与加工硬化有关，而与其他诸如孪晶、析出或其他相无关。假设式(3.41)中的屈服函数可写为 $f(|s|, T, \kappa) = \hat{f}(|s|, T) - \kappa$，它具有如下性质

$$\hat{f}(|s|, T)\begin{cases} <\kappa, & \text{弹性} \\ =\kappa, & \text{屈服开始} \\ >\kappa, & \text{塑性流} \end{cases} \tag{3.61}$$

因为仅有一个内部变量，也就仅有一个内部热动力 $Q = \rho_R(\partial\psi/\partial\kappa)$，并且由于已假设该运动是一维剪切运动，如上面的第一个近似中所注明的，所以密度 ρ 是常量。由于位错数量的增加，内能和亥姆霍兹能量必定随着 κ 而增加，所以可以认为 $Q \geqslant 0$。

动量方程保持与式(3.56)的第二个方程相同，但是能量方程并不完全与式(3.57)的第二个方程相同，这种情况下，方程组是

$$\begin{aligned} \rho\dot{v} &= s_y \\ \rho c\dot{T} &= (kT_y)_y + s\dot{\gamma}^p - \left(Q - T\frac{\partial Q}{\partial T}\right)\dot{\kappa} \end{aligned} \tag{3.62}$$

为了使体系完整，本构关系必须由三个函数 Q、$\dot{\gamma}^p$ 和 $\dot{k}$ 给出

$$\begin{aligned} Q &= \hat{Q}(|s|, T, \kappa) \\ \dot{\gamma}^p &= \Gamma(|s|, T, \kappa)\frac{s}{|s|} \\ \dot{\kappa} &= \xi(|s|, T, \kappa) \end{aligned} \tag{3.63}$$

这些本构函数不是完全任意的，它们受到许多约束。

因为在弹性区域内不能发生塑性变形，但是根据定义，它总是发生在其外部，因此，塑性应变率的本构函数必须具有如下性质

$$\Gamma(|s|, T, \kappa)\begin{cases} = 0, \hat{f}(|s|, T) \leqslant \kappa \\ > 0, \hat{f}(|s|, T) > \kappa \end{cases} \tag{3.64}$$

此外，简化的熵不等式变为

$$|s|\Gamma(|s|,T,\kappa)-\hat{Q}(|s|,T,\kappa)\xi(|s|,T,\kappa)\geqslant 0 \tag{3.65}$$

最后，当 $\hat{Q}>0$，加工硬化参数变化的速率仅需满足

$$\xi(|s|,T,\kappa)\leqslant\frac{|s|\ \Gamma(|s|,T,\kappa)}{\hat{Q}(|s|,T,\kappa)} \tag{3.66}$$

注意到方程(3.66)仅限定加工硬化速率的大小，但它并不要求该速率为正。事实上，如果材料在弹性范围内，$\hat{f}(|s|,T)<\kappa$，它要求 $\xi\leqslant 0$，因为式(3.66)的计算结果在此情况下为0。此外，当材料在 $|s|\Gamma(|s|,T,\kappa)>0$ 塑性范围内，仅有 $\xi(|s|,T,\kappa)<0$。这样，对静态和动态回复以及加工硬化参数随后减小的基本模型而言，最简单的一维模型也有其适用范围。这个事实已被 Anand(1985)、Anand 和 Brown(1987)指出。

特别地,应该指出内部变量变化和塑性应变各向同性部分变化之间不需要确切的联系。这一特征与定义完全相反,它由 Rice(1971)第一次给出,之后被许多作者采用,因为塑性应变随着内部变量增加而增加。在当前一些解释中,定义可写成 $(\delta\boldsymbol{E})^p\equiv\sum_{n=1}^{N}(\partial\boldsymbol{E}/\partial q_n)\delta q_n$。必须再次强调的是,当前的观点中,塑性应变可以当作变形的结果来计算。但是,可能除塑性体积变化外,如 Rice 定义包含的意思那样,无论以哪一种基本方法或是与内部变量的直接联系,塑性应变本身永远不能被看成是一个内部变量。事实上,塑性应变和内部变量必须分别计算,如两种极限情况说明的一样。首先应注意,内部变量都会经历巨大变形和极高温度,不过塑性应变是持续变化的。$\delta q_n=0$ 而 $\delta(\boldsymbol{E})^p\neq 0$ 的情况,称为饱和状态。另一种极端状态,应力恰好处于屈服表面内,以至于没有塑性变形发生,但是热偏移会改变内变量。$\delta q_n\neq 0$ 但 $(\delta\boldsymbol{E})^p=0$ 的情况,称为静态回复。在动态回复中,如果温度足够高,与内部变量相关的塑性变形过程中产生的能量有时会释放掉。如果这个理论包括饱和与回复,那么内变量的增加与塑性应变的增加之间无直接关系。

如果能量方程简化为式(3.57)的第二个方程，且 $T(\partial Q/\partial T)\dot{\kappa}$ 可以忽略，那么系数 β 可以解释为 $\beta=1-[\hat{Q}(|s|,T,\kappa)\xi(|s|,T,\kappa)/|s|\ \Gamma(|s|,T,\kappa)]$。它与关系式 $s\dot{\gamma}^p-Q\dot{\kappa}=\beta s\dot{\gamma}^p$ 相关，在更一般的情况下，如果热弹性项不可忽略，系数可以解释为

$$\beta=1+\frac{T^2(\partial/\partial T)\{[\hat{Q}(|s|,T,\kappa)]/T\}\cdot\xi(|s|,T,\kappa)}{|s|\ \Gamma(|s|,T,\kappa)} \tag{3.67}$$

一般地，除了在加工硬化饱和状态，即 $\xi\to 0$ 且 $\beta\to 1$ 外，在已知本构函数特性的条件下，β 不能看作常量。如果伴随着以前冷加工能量的快速释放，

发生显著的动态回复，那么会出现式(3.67)中 β 甚至比 1 大的情况。例如，如果 $\hat{Q}/T$ 是关于 T 的减函数，且 ξ 是负的，将会发生这种情况。

最近曾尝试用一系列有关 Al 2024 - T3 和 α - Ti 的霍普金森杆压缩实验直接测定 β(Hodowany，2000)。利用 $10^3\ s^{-1}$ 量级的应变率进行快速均匀加载，测量了试样内部的温度变化、普通应力和应变量。由于热传导对能量守恒没有贡献(除试样与加载杆接触面附近的可忽略区域外)，系数 β 可由表达式(3.68)求出。

$$\beta=\rho c\dot{T}/\dot{W}^p \tag{3.68}$$

分母 $\dot{W}^p$ 是塑性功的速率，由实验数据计算得到。尽管有一些实验不可靠，尤其是开始加载时实验记录的起点附近，由 β-塑性应变的关系图(图 3.6)明显看出，当塑性变形和加工硬化开始时，β 起初远小于 1，但是随着塑性变形的发展，它渐渐趋近于 1。

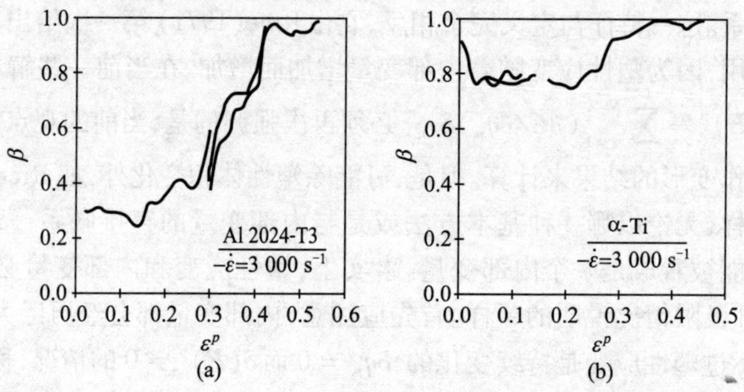

图 3.6 Al 合金(图(a))和 α-钛(图(b))中转化为热量的塑性功的实验测量值。无论是流变应力或转化为热的塑性功，在 Al 合金中都与应变率无关，但在 Ti 中都和应变率有关。(摘自 Hodowany 等，2000，版权来自 Sage Publications，2000。)

4

热粘塑性模型

如第 3 章所述，根据连续的观点，即使最简单的与速率相关的塑性解释都要求对式(3.63)中的 3 个本构方程，以及准静态屈服表面进行说明。如果多于一个的内部标量被用来建立材料内部状态的模型或者不假设式(3.53)中函数 Γ_2 恒等于 0，还会要求更多说明。在绝热剪切文献中，常用的方法是规定与式(3.63)中的第二个方程对应的流变规则和与第三个方程对应的加工硬化关系，但是忽略与内变量 $\boldsymbol{\kappa}$ 共轭的热动态力 $Q=\hat{Q}(s, T, \boldsymbol{\kappa})$。与此相反，式(3.57)中的第二个方程的系数 $\boldsymbol{\beta}$ 作为常量给出，它实际上是通过方程式(3.67)积分间接定义 Q(包括 s 和 $\boldsymbol{\kappa}$ 的函数)。由此得到的结果可称为热粘塑性的 J_2 流变理论，它可以通过方程

$$\boldsymbol{D}^p=\frac{1}{2}\Gamma(\sqrt{J_2}, T, \boldsymbol{\kappa})\frac{\boldsymbol{S}}{\sqrt{J_2}}$$
$$\dot{\boldsymbol{\kappa}}=\xi(\sqrt{J_2}, T, \boldsymbol{\kappa}) \tag{4.1}$$

来描述。在屈服表面内或其上，Γ 消失，在其外为正，与(3.64)中的一样。在一维剪切情况下，$\sqrt{J_2}=|s|$，且方程(4.1)简化为式(3.59)和式(3.63)的第三个方程。它往往用来定义等价塑性应变和应变速率：

$$\dot{\gamma}_{\mathrm{eq}}^p\equiv\sqrt{2\boldsymbol{D}^p:\boldsymbol{D}^p}=\Gamma$$
$$\gamma_{\mathrm{eq}}^p=\gamma_{\mathrm{eq}_0}^p+\int_{t_0}^{t}\dot{\gamma}_{\mathrm{eq}}^p\,\mathrm{d}t \tag{4.2}$$

根据式(4.1)和式(4.2)，塑性功可表示为

$$\dot{W}^p\equiv\boldsymbol{S}:\boldsymbol{D}^p=\sqrt{\frac{1}{2}\boldsymbol{S}:\boldsymbol{S}}\sqrt{2\boldsymbol{D}^p:\boldsymbol{D}^p}=\sqrt{J_2}\,\Gamma=|s|\dot{\gamma}_{\mathrm{eq}}^p \tag{4.3}$$

最后一种形式适合于一维情况。

屈服表面通过 J_2 和 J_3 依赖于应力的理论，从逻辑上讲应该包含式(3.53)或式(3.54)中的第二流变函数 Γ_2，Γ_1 也如此。例如，一个仅取决于 J_2 的各向同性流变函数(给定温度和内部标量为固定值，排除张量变量)必须是 von Mises 类型的材料，因为屈服首先发生在由 $J_2=\mathrm{const}$ 确定的应力空间的

一个表面上。特别地，不能用 $\Gamma_2 = \text{const}$ 表示的 Tresca 类型的屈服表面被排除。据作者所知，更普遍的理论形式还没有实现，在此仅考虑 J_2 流变理论。

一旦选定 β 是一常量，在任何情况下，对一维方程解的定性的性质都不受其确切值的影响，因为它通常能被归入一个标量中，这样，它在无量纲方程中不再出现。在有量纲的情况下求解时，β 的值当然重要，但是对解析研究而言，它可以简单地取1。这一点将在下一章以及以后的章节中详述。但此处需明白的是 β 是一常量，与1等值或稍小于1。

本章剩余的部分描述与 J_2 流变理论有关的加工硬化和塑性流变的一些典型的本构方程。

4.1 加工硬化

已经假定方程(3.61)描述弹性区域的极限，此方程表示对一给定加工硬化参数而言，在剪切应力-温度坐标系有一曲线界定弹性区域。这一预想情况用图4.1来表示。注意该曲线在剪切坐标中必须是对称的，与各向同性要求一样。更具体地讲，选择一个加工硬化参数，在参考温度为 T_0 时，使 k 是准静态剪切屈服应力。对内部变量的这一选择仅仅是根据曲线在 $T = T_0$ 处与应力轴的交点，使曲线变成一个常数：$\hat{f}(|s|, T) = \text{const}$，规整化曲线后得到 $\hat{f}(\kappa, T_0) = \kappa$。在此参数化过程中，暗示着一个假设：等温屈服应力随着塑性变形增加而增加，以至于当 κ 增加时，弹性区扩展。这种思想如图4.1所示。当然，其他参数化过程也是可能的，并且许多作者已提出了多种变化方式。

加工硬化的观点是：即使温度足够高，回复过程启动，材料的屈服应力也随塑性变形而增加。这种思想如图4.2所示。除 $\Gamma(|s|, T, \kappa) = 0$ 的屈服面和塑性流变终止面外，其他不存在加工硬化的结构表面可由 $\dot{\kappa} = \xi(|s|, T, \kappa) = 0$ 定义。此曲线可以全部或部分地在屈服表面以上，如图4.2所示。加工硬化在 $\xi > 0$ 的区域发生，在 $\xi < 0$ 的区域软化。如果有一个 $\xi < 0$ 而 $\Gamma = 0$ 的区域，如图4.2右边所示，那么屈服表面必须向原点方向移动，直到加载点到达并继续向屈服表面以外移动时，塑性变形才发生。Scheidler 和 Wright(2001)提出，可能有独立结构表面存在，但是此观点并没有得到进一步发展。

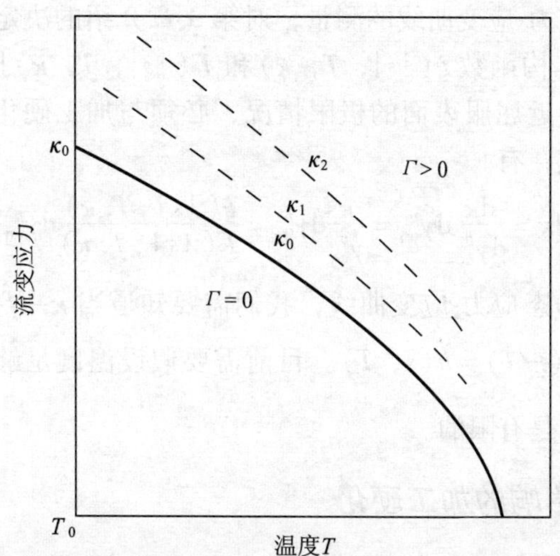

图 4.1 在一系列给定的加工硬化值下，在应力-温度坐标中的屈服面。对不同的给定的 κ 值，曲线 $\hat{f}(s,\ T)=\kappa$ 是一致的，所以在 $T=T_0$ 时，$\kappa=s$。点 $(s,\ T)$ 处于当前曲线上方时，塑性流变才发生。

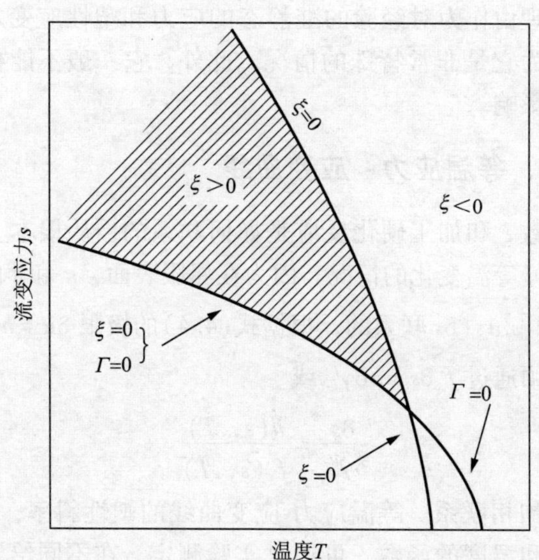

图 4.2 应力-温度空间的结构曲面，此处 $\dot{\kappa}=\xi(s,\ T,\ \kappa)$。对于一给定值 κ，不需要与屈服强度曲面一致。结构参量在 $\xi>0(\xi<0)$ 的区域增加(减少)。

但看起来很明显独立结构表面所附加的特征为进一步建立材料复杂的热行为模型留出了空间。

等温准静态应力-应变曲线的测量，对第 3 章介绍的决定加工硬化参数和塑性应变发展的本构函数 $\xi(|s|, T, \kappa)$ 和 $\Gamma(|s|, T, \kappa)$ 提出了新的限制。这些函数从外部接近屈服表面的极限情况，必须与加工硬化保持一致。因为对于缓慢单调加载，有

$$\mathrm{d}\kappa = \frac{\mathrm{d}\kappa}{\mathrm{d}\gamma_{\mathrm{eq}}^p}\mathrm{d}\gamma_{\mathrm{eq}}^p = \frac{\dot{\kappa}}{\dot{\gamma}_{\mathrm{eq}}^p}\mathrm{d}\gamma_{\mathrm{eq}}^p = \frac{\xi(|s|, T, \kappa)}{\Gamma(|s|, T, \kappa)}\mathrm{d}\gamma_{\mathrm{eq}}^p \tag{4.4}$$

为了构建准静态应力-应变曲线，我们需要知道当 $\kappa \to \hat{f}(|s|, T)$ 和 $\Gamma \to 0$ 时的极限，即 $\lim\limits_{\Gamma \to 0}(\xi/T) = \hat{h}(s, T)$。目前需要假设温度足够低，以至于在屈服表面 ξ 消失且 $\hat{h}$ 是有限的。

4.1.1 无过程影响的加工硬化

在粘塑性中最简单且最常用的情况是与 $\xi(|s|, T, \kappa) = \phi(\kappa)\Gamma(|s|, T, \kappa)$ 假设相同的情况，那么式(4.4)简化为 $\mathrm{d}\kappa = \phi(\kappa)\mathrm{d}\gamma_{\mathrm{eq}}^p$，这意味着 κ 和 γ_{eq}^p 等价。根据积分和微分，此关系式可写为 $\kappa = h(\gamma_{\mathrm{eq}}^p)$。那么式(4.2)的第一个方程变为 $\dot{\gamma}_{\mathrm{eq}}^p = \Gamma(|s|, T, \gamma_{\mathrm{eq}}^p)$，或根据应力解，$|s| = f(\gamma_{\mathrm{eq}}^p, \dot{\gamma}_{\mathrm{eq}}^p, T)$。尽管最后的关系式有理由作为对经验的准静态的应力和塑性应变之间关系的一个概括，但必须认为它是非常特殊的情况。此外，它一般不能再现第 1 章所描述的所谓的过程影响。

4.1.2 准静态、等温应力-应变曲线

为了说明函数 ξ 和加工硬化反应是如何联系的，从根本上讲要考虑发生在屈服表面的缓慢等温变化的情况。因为在屈服表面，κ 和 s 的等温增加是由 $\delta\kappa = \{[\partial \hat{f}(s, T)]/\partial s\}\delta s$ 联系的，根据式(4.4)的极限 $\delta\kappa = \hat{h}(s, T)\delta\gamma_{\mathrm{eq}}^p$，应力的等温增加必须通过 $\hat{f}_s\delta s = \hat{h}\delta\gamma_{\mathrm{eq}}^p$ 或

$$\frac{\delta s}{\delta\gamma_{\mathrm{eq}}^p} = \frac{\hat{h}(s, T)}{\hat{f}_s(s, T)} \tag{4.5}$$

与塑性应变的增加相联系。等温应力-应变曲线的塑性斜率，即式(4.5)的左边项，作为应力和温度的函数，可通过实验测定。在不同给定温度下，方程的积分导致应力和塑性应变间的不同关系。

举例来讲，在准静态和给定参考温度下，等温加工硬化通常用一个经验指数关系式表示

$$s = \kappa_0\left(1 + \frac{\gamma^p}{\gamma_0}\right)^n = K_0(\gamma_{\mathrm{eq}}^p)^n \tag{4.6}$$

式(4.6)中，γ^p 是塑性剪切应变，κ_0、γ_0 和 n 是拟合的参数。这里 κ_0 是起始屈服应力，n 是加工硬化指数(一般远小于1)，γ_0 是可以用来改进适应性的特征应变。方程的第二种形式可以写成 $K_0 = \kappa_0/(\gamma_0)^n$ 和 $\gamma_{eq}^p = \gamma_0 + \gamma^p$。如果式(4.6) 对塑性应变求解，

需要与弹性应变 s/μ 相加，其表达式为

$$\gamma = \frac{s}{\mu} + \left(\frac{s}{K_0}\right)^{1/n} \tag{4.7}$$

这就是现已广泛应用的 Ramberg-Osgood 方程。

尽管在拉伸或扭转实验中容易测定塑性应变，但在一般的理论中，作为一个状态变量，它并不是一个基本参量，仍需将加工硬化参量的演变与应力-应变曲线的标准实验测量方法联系起来。塑性应变并不总是通过借助于基本的物理过程的模型可以很好地完成的一个直接过程，还可以用增量和自洽的方式尝试，在下面的讨论中将加以具体说明。

首先对式(4.6)进行微分，然后消除塑性应变

$$\mathrm{d}s = \frac{n}{\gamma_0}\left(\frac{s}{\kappa_0}\right)^{-1/n} s\mathrm{d}\gamma^p \tag{4.8}$$

在参考温度 T_0 处，可令 $s = \kappa$，因此，在 $T = T_0$ 处，式(4.8)等价于

$$\mathrm{d}\kappa = \frac{n}{\gamma_0}\left(\frac{\kappa}{\kappa_0}\right)^{-1/n} \mathrm{d}W^p \tag{4.9}$$

$\mathrm{d}W^p$ 是引起加工硬化参数增量 $\mathrm{d}k$ 的塑性功的增量。选择 $\mathrm{d}W^p$ 代替 $s\mathrm{d}\gamma^p$ 有效地消除了作为主变量的塑性应变，并用一个由本构函数限定的量来代替它，这在三维变形中仍有意义。

方程(4.9) 已经得到某一准静态应力-应变曲线在极限温度 T_0 时的一个增量近似值，但是现在假设它可用于所有温度和应变速率。也就是说，假设：

$$\xi(s, T, \kappa) = \frac{n}{\gamma_0}\left(\frac{\kappa}{\kappa_0}\right)^{-1/n} s\Gamma(s, T, \kappa) \tag{4.10}$$

很明显方程(4.10)仅仅是许多由准静态情况得到的结果中的一个，但是它具有简单而直接的优点，它也有适当的限制作用，并且可以确定，它取决于适当的状态变量，而不是明显地取决于塑性应变。

一维剪切的起始屈服面总是能够表达为 $s = \kappa_0 g(T)$，其中 $g(T)$ 一般是温度的减函数，并且在参考温度时，$g(T_0) = 1$。κ_0 是在参考温度下的起始屈服应力。

现在假设准静态屈服函数总是具有相同的形式，即

$$s = \kappa g(T) \tag{4.11}$$

方程(4.11)假定准静态屈服表面族以特殊方式自相似。这又是一个简单

而直接的归纳，不过其他情况也具有一定的可能性。

当 κ 从屈服表面外趋近于 $s/g(T)$ 时，方程(4.10)表明比值 ξ/Γ 的极限值恰好是表达式

$$\hat{h}(s, T)=\frac{n}{\gamma_0}\left[\frac{s/g(T)}{\kappa_0}\right]^{-1/n}s \tag{4.12}$$

现在根据式(4.5)，因为 $\kappa=s/g(T)$，所以 $\hat{f}_s=g^{-1}$，等温准静态在任意温度下的应力-应变曲线可由微分关系

$$\frac{\delta s}{\delta\gamma^p}=g(T)\frac{n}{\gamma_0}\left[\frac{s}{\kappa_0 g(T)}\right]^{-1/n}s \tag{4.13}$$

计算出。再次认为在给定温度 T 的起始屈服应力一定是 $s_0=k_0g(T)$，对方程(4.13)积分，可以得出在任意温度 T 的准静态等温应力-应变曲线

$$s=\kappa_0 g(T)\left[1+g(T)\frac{\gamma^p}{\gamma_0}\right]^n \tag{4.14}$$

在参考温度 T_0 时，方程(4.14)应简化为式(4.6)，但是在较高温下，$T>T_0$,材料以两种方式软化。不但是起始屈服应力减小到 $\kappa_0g(T)$，而且有效特征应变增加到 $\gamma_0/g(T)$，在给定塑性应变中，它有减小硬化速率的作用。尽管给出的例子有些牵强，不过它的确模仿了高温下经常观察到的行为：所得应力-应变曲线变化比由常规因素简单地简化整个曲线更平缓。这样，尽管屈服表面被认为是前面指出的自相似，等温应力-应变曲线却不是。总的结果显示在方程(4.14)中。在低于参考温度时，应力-应变曲线受与前述相反的方式影响。图4.3 证明了这一行为。

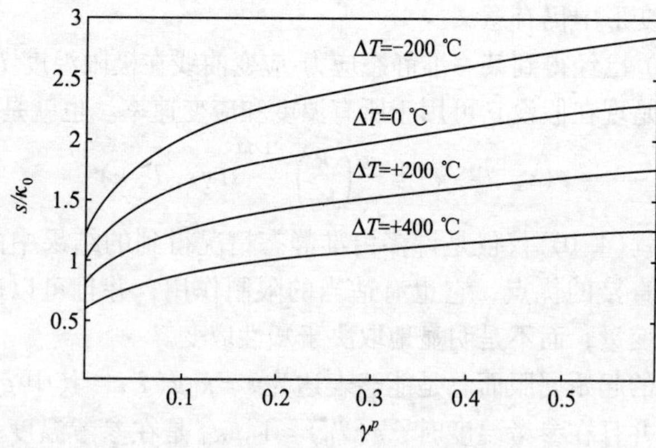

图 4.3 对于线性热软化，$\bar{a}=0.001$ ℃$^{-1}$，$\gamma_0=0.01$ 和 $n=0.2$，由方程(4.14)得到的准静态等温应力-应变曲线。注意 $\gamma_p=0$ 时，曲线顶端和末端的比率为 2∶1，但是在 $\gamma_p=0.6$时却大于 2.2。

上述过程说明这一结果非常典型。这样，如果在参考温度 T_0，准静态应力-应变曲线由单调函数 $s=h(\gamma^p)$ 给出，那么曲线的斜率将是 $\delta s/\delta\gamma^p=h'[h^{-1}(s)]$。假设采用与导出方程(4.10)相似的方法，导出加工硬化的速率，$\xi(s, T, \kappa)=h'[h^{-1}(\kappa)]\kappa^{-1}s\Gamma(s, T, \kappa)$，那么由于假设的屈服表面族的自相似性，任意温度下的准静态等温反应可以预测为

$$s=g(T)h[g(T)\gamma^p] \tag{4.15}$$

这个作用是加工硬化的增量与塑性功的增量成比例和屈服表面族自相似假设的直接结果。由于热软化，在给定塑性应变及较高的温度下，应力小于参考温度时的值，它减小了塑性功的增量和给定塑性变形下的加工硬化增量。

必须强调的是式(4.14)和式(4.15)仅适用于等温响应，对任意热过程并不适用，一般情况下，该响应必须由本构关系的增量形式确定。

4.1.3 冷加工和加工硬化的热动态一致性

为了使热动态一致，方程(3.65)要求 $1-\hat{Q}\xi/|s|\Gamma)\geqslant 0$，在此情况下，它简化为

$$1-\hat{Q}(|s|, T, \kappa)h'[h^{-1}(\kappa)]\kappa^{-1}\geqslant 0 \tag{4.16}$$

特殊情况下，等效塑性应变可作为加工硬化的一个参数并且加工硬化可表示为同式(4.6)一样的指数规律，h'/κ 的值简化为 $[nK(\gamma_{eq}^p)^{n-1}]/[K(\gamma_{eq}^p)^n]=n/\gamma_{eq}^p$。由于 $\hat{Q}>0$，当等效塑性应变消去后，为了满足式(4.16)，热动态力必须满足

$$\hat{Q}=\hat{Q}_0\frac{\gamma_{eq}^p}{n}+O(\gamma_{eq}^p)^2 \qquad 0\leqslant\hat{Q}_0<1 \tag{4.17}$$

这样，小塑性应变速率和大的加工硬化速率下，冷加工贮存的速率一定很小。方程(4.16)再一次证明加工硬化速率和作为内能的冷加工贮存率之间的密切关系。一般地，当加工硬化比较强且 $h'(\cdot)$ 比较大时，为满足方程(4.16)，冷加工贮存的速率一定很小。

在本节，多是从经验上考虑的，但是它们说明了可以用来得到热动态一致的本构函数的构成过程，即使塑性应变不可避免地出现在原始实验数据中，本构函数也并不取决于作为内变量的塑性应变。本构函数的其他形式可由理论上或其他因素提出，这将在下一节中做介绍，然而，不取决于塑性应变的内变量的函数的演化是可行的。

4.2 塑性流变：简单表象和物理模型

粘塑性流变的解析表达式已由许多作者给出。大部分未对本书记为

$\xi(s, T, \kappa)$的加工硬化率函数和$\Gamma(s, T, \kappa)$的塑性流变率函数作区分。常见的是将它们合并成一个函数，如所谓的动力学流变应力，$s=\hat{s}(\gamma^p, \dot{\gamma}^p, T)$，与Bai(1982)和Clifton(1980)最初在他们的绝热剪切的先驱性实验所做的一样。如上一节论述的，只要加工硬化速率可写为$\dot{\kappa}=\xi(|s|, T, \kappa)=\phi(\kappa)\Gamma(|s|, T, \kappa)$，流变应力的这种表达就与加工硬化内部变量的解释相一致。如前所述，这一表示并不能显示高速率跃变实验中的过程影响。

事实上，所有作者用指数经验公式来表示加工硬化时，通常在考虑到绝热剪切带时完全忽略了弹性应变。这个最近的近似值对于没有引入显著误差的分析是一个很有价值的简化，在下一章中将加以讨论。

如前所述，将塑性应变状态下的加工硬化指数定律转化为一个用加工硬化参量表达的式子通常并不难。

温度和应变率的影响的数学模型通常变成两种类型中的一个：该模型或者是严格经验的，且仅试图得到对有限范围的变量的主要影响，或者是或多或少地以基本的位错动力学理论为基础，然后通过选择未知参量来进行拟合，以便适合选定的数据。原则上，物理模型越具体，本构方程就越准确，它们的应用范围就越广泛。在任意一种情况中，至少在一定程度上，当前的研究通常包含了相当多的经验成分。通过选择拟合性最好的未知常数，使解析式与实验数据相吻合。用转化形式而不是用式(3.63)来表达流变规则也是常见的方法。这样，$s=\hat{s}(\kappa, T, \dot{\gamma}^p)$，而不是$\dot{\gamma}^p=\Gamma(s, T, \kappa)$。

本章剩余部分描述了最近10年来使用的经验模型和物理模型的典型选择。此处，模型给出了可能涉及的加工硬化参数的起始形式和修正形式，在之前已经进行了一般性的说明。

4.2.1 指数定律模型

把加工硬化和速率硬化组合到一个函数中，这种简单形式已被Molinari和Clifton(1987)、Gioia和Ortiz(1996)等人应用

$$s=\pm\tau_0|\gamma|^n T^{-v}|\dot{\gamma}|^m \tag{4.18}$$

指数n、v和m都是正数，s和$\dot{\gamma}$有相同的符号。如上式，流变应力没有明确的屈服，但是如果加工硬化指数很小，应力-应变曲线就会有个尖锐的拐点，它可以用来模拟屈服。实际上，对单向应变的公式已经写出，如果引进应力反转，塑性应变必须被理解成等效塑性应变。类似地，如前所述，应力随着应变率消失，对于固体完全是不实际的，但是对于强合金，通过实验观察到在固定的应变和温度下，对应于几十个应变率值的应力对应变率的双对数图像是线性的。这样，通过大量的实验数据显示应力和应变率具有指数关

系。在实际应用中，应力和应变率都不接近于0。因此，三个主要结果，包括加工硬化作用(流变应力随应变增加而增加)、热软化(流变应力随温度增加而减小)和应变率硬化(流变应力随应变率增加而增加)都由式(4.18)以基本方式体现。

此外，由方程(4.18)得出归纳式

$$s = \pm \kappa g(T) h(|\dot{\gamma}^p|) \tag{4.19}$$

在方程(4.19)中，加工硬化参数 κ 应随着前述的一些本构函数 $\xi(s, T, \kappa)$ 而变化，$g(T)$ 是热软化函数，规一化后有 $g(T_0)=1$，$h|\dot{\gamma}^p|$ 是速率硬化项，规一化后有 $h(0)=1$。据前所述，根据 $\Gamma(s, T, \kappa) = \pm h^{-1}[|s|/\kappa g(T)]$，函数 h 和速率函数 Γ 之间必有联系，h^{-1} 表示 h 的逆。据此，本构函数对其自变量又被看作是自相似的。当然，$h^{-1}(1)=0$ 且随自变量增加而增加，所以速率影响来源于过载，或流变应力超过准静态屈服应力。方程(4.19)完全是经验的，但是对于较大范围内的数据，也有很好的适应性。

4.2.2 Litonski 模型

Litonski(1997)提出了特殊形式的如式(4.19)所示类型的流变法则

$$s = C(\gamma_0 + \gamma^p)^n [1 - a(T - T_0)](1 + b\dot{\gamma}^p)^m \tag{4.20}$$

通常，反应函数必须是用来描述在特定参考温度下，具体的准静态加工硬化曲线。线性热软化似乎过于特殊化，但是稍后可以看出初始软化率往往控制了绝热剪切带形成前的早期状态的响应。因此，决定初始速率的系数 $a \equiv -g_T(T_0)$，是非常重要的；而软化函数的其他形式 $g(T)$ 是次要的。在该过程的后期，绝热剪切带完全形成后，软化函数有较大影响。但是绝热剪切带中的条件变得非常极端，以至于没有基本数据可用来进行任何方式的标定。

在绝热剪切带特有的大速率变形下，乘积 $b\dot{\gamma}^p$ 的期望值可以远远大于1，那么在式(4.20)的最后一个因式中的1完全可以忽略。对多数金属，$m<0.1$，指数定律形式由前述的恒应变下的应力-应变的双对数曲线给出。根据变化的加工硬化参数，方程(4.20)可以写为

$$s = \kappa(1 - a\vartheta)(b\dot{\gamma}^p)^m \tag{4.21}$$

此处，$\vartheta = T - T_0$，并且根据上述理论，最后因式中前边的1已经被忽略。

4.2.3 Johnson-Cook 模型

Johnson-Cook(1983)提出了用下面的经验公式来描述动态塑性流变

$$s = (A + B\gamma^n)(1 + m\ln\dot{\gamma})[1 - (T^*)^v] \tag{4.22}$$

其中，A、B、m、n 和 v 都是常量。T^* 项由

$$T^* = (T - T_0)/(T_m - T_0) \tag{4.23}$$

给出，T^* 是一个线性插入因数，在参考温度 T_0 时为零，并且在金属的熔点 T_m 时(或其他指定)，其值为1(在原著中是符号 C、m，而不是此处的 m、v)。

Johnson-Cook 还公布了许多常见材料的参数表，由于容易得到这些数据，方程(4.22)是当前大规模计算中应用最广泛的流变定律之一。第一项因数表示加工硬化，并且可被加工硬化参数 κ 代替，如本章第一节所示。第二项因数在本质上是小速率硬化指数，实际上是与$(m\ln\dot{\gamma}^p)^2 \ll 1$ 的指数定律相同，因为当以指数级数展开时式(4.21)中的应变速率项变为$(\dot{\gamma}^p)^m = e^{m\ln\dot{\gamma}^p} = 1 + m\ln\dot{\gamma}^p + O(m\ln\dot{\gamma}^p)^2$。

除了 $v = 1$ 之外，式(4.22)中热量项是不满意的，因为热软化速率或者在参考温度(如果 $v > 1$)下消失，或者是无穷大(如果 $v < 1$)。每一种情况都必定被认为是不实际的，因为参考温度在任何情况下都是正常的。即使热量因数是线性的(最常用的情况)，热软化的起始速率也仅由熔点决定，实际上还是不可能的；但是为了得到一个更好的初始软化速率，可以任意地选择 T_m 来使用。图4.4给出了一个例子，铀中流变应力线性地减小直到一个新的相变发生。因为热软化的初始速率是局域化问题中最关键的参量之一，该模型应具有足够的适应性来模仿确切的初始行为，这是很重要的。尽管应用广泛，式(4.22)、式(4.20)和式(4.21)在形式上与 Litonski 定律很相像，并且它们都可看成是式(4.19)的特殊情况。

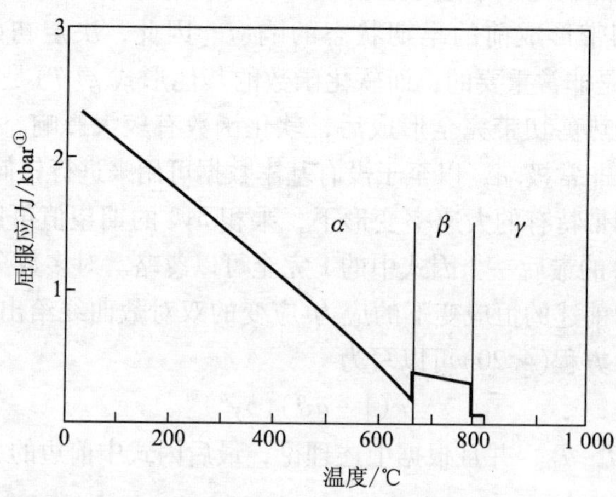

图4.4 铀的屈服应力作为温度的函数。(摘自 Holden, 1958, 得到 Addison-Wesley-Longman 的许可。)

① 1 bar = 10^5 Pa。

4.2.4 Zerilli-Armstrong 模型

Zerilli 和 Armstrong(1987)提出了适合于面心(fcc)和体心(bcc)多晶金属的流变定律。尽管他们的论文是以位错机制进行描述的，但仍有明显的经验成分。究其本质，他们的论点如下：因为塑性滑移被认为是一个热激活过程，所以应变率应满足 Arrhenius 定律

$$\dot{\gamma} = \Gamma_0 e^{\frac{-G}{kT}} \tag{4.24}$$

此处 Γ_0 是一个常量，G 是取决于应力和温度的激活能，k 是波尔兹曼(Boltzmann)常数，T 是绝对温度。假定流变应力具有非热的和热的分量

$$s = s_a + s_{th} \tag{4.25}$$

这里应力的热分量可以表达为

$$s_{th} = s_{th0} e^{-\beta T} \tag{4.26}$$

指数因子 β 取决于应变速率

$$\beta = \beta_0 - \beta_1 \ln(\dot{\gamma}^p / \Gamma_0) \tag{4.27}$$

在式(4.27)中，β_0、β_1 和 Γ_0 是由实验值确定的常量，但是 Γ_0 通常取1。为了自洽，激活能必须由

$$G = \frac{kT(\beta - \beta_0)}{\beta_1} = \frac{k}{\beta_1} \ln \frac{s_{th0}}{s_{th}} - \frac{kT\beta_0}{\beta_1} \tag{4.28}$$

给出。此后他们讨论了，对于 bcc 金属，加工硬化和热激活是独立过程，但是在 fcc 金属中，这两个过程是强烈耦合的。对此两种情况，最后的结果是流变应力表达为

$$\begin{aligned} &\text{fcc} \qquad s = s_0 + C(\gamma^p)^{1/2} e^{-\beta T} \\ &\text{bcc} \qquad s = s_0 + C(\gamma^p)^n + B e^{-\beta T} \end{aligned} \tag{4.29}$$

在(4.29)中，β 的表达与式(4.27)中的相同，s_0、B、C 和 n 是常量；此外，常量 s_0 受多晶物质的平均晶粒尺寸的影响。在实际应用中，尽管该形式有一定的理论基础，经验上，方程(4.29)直接用来进行数据拟合。

用单一的加工硬化参数形式表达，很自然地得出

$$\begin{aligned} &\text{fcc} \qquad s = s_0 + \kappa e^{-\beta T} \\ &\text{bcc} \qquad s = \kappa + B e^{-\beta T} \end{aligned} \tag{4.30}$$

式(4.29)中，指数定律所包含的应变硬化可通过假设一个 κ 的适当演化定律来模拟

$$\dot{\kappa} = \xi(s, T, \kappa) = n\left(\frac{\kappa}{C}\right)^{-1/n} \kappa \Gamma(s, T, \kappa) \tag{4.31}$$

此处 C 是与式(4.29)中相同的常量。对于 fcc 和 bcc 金属，为了得到式

(4.31)，应变已根据式(4.29)中应力-应变曲线的斜率而消除，与上一节所做的一样；塑性应变率的函数 Γ 借助式(4.27)，由式(4.30)的反函数建立

$$\Gamma(s,\ T,\ \kappa)=\begin{cases}\Gamma_0\mathrm{e}^{\beta_0/\beta_1}\left(\dfrac{s-s_0}{\kappa}\right)^{1/\beta_1 T} & (s_0<s<s_0+\kappa),\ \mathrm{fcc}\\ \Gamma_0\mathrm{e}^{\beta_0/\beta_1}\left(\dfrac{s-\kappa}{B}\right)^{1/\beta_1 T} & (\kappa<s<\kappa+B),\ \mathrm{bcc}\end{cases}\tag{4.32}$$

由于方程(4.31)具有 $\xi=\phi(\kappa)\Gamma$ 的形式，如前所述，它不能再现过程影响，但是与式(4.10)类似的修正却可以。在任何具体情况下，有必要确定对什么影响进行适当的模拟和修正。

当塑性流变在 $s=s_0$ 和 $s=\kappa$ 这两种情况下消失时，方程(4.32)具有塑性应变率的过载模型的外在表现。发表的系数 β_1 的值(单位是 K^{-1})大约在 $10^{-4}<\beta_1<5\times10^{-4}$ 范围内，比 β_0 大 15 ~ 20 倍(Zerilli 和 Armstrong，1987，1990)，所以应变率敏感度 $\beta_1 T$ 很小，通常远小于1，但 $\exp(\beta_0/\beta_1)$ 可以是在 $\mathcal{O}(10^6)$ ~ $\mathcal{O}(10^{11})$ 的范围内。这样式(4.32)中最后的指数很大，以至于每种情况下其右边项都很小，直到括号内部的数达到1时，曲线上出现一个快速上升的拐点。图4.5解释了式(4.32)的行为。即使 $\Gamma_0=1$，前面的指数因数也很大，然而，函数的有用范围可能比较靠近于水平轴，从插图中可以看出函数的图形。

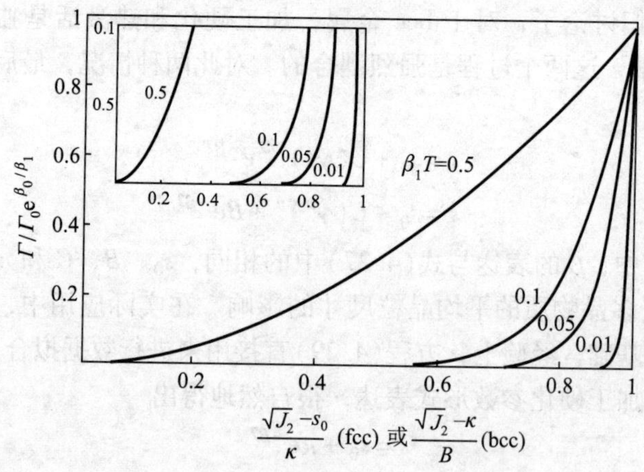

图4.5 由方程(4.32)中的Zerilli-Armstrong流变定律得到的塑性应变率。在低温下，当应力超过下限时，应变率缓慢地增加；当应力到达上限时，应变率则快速增长。事实上，标准应变率 $\Gamma_0\exp(\beta_0/\beta_1)$ 非常大，以至于仅仅用到曲线的底部。插图为小应变率曲线的放大图。

尽管式(4.32)不再具有与Arrhenius类型相关的形式，但事实上指数项非

常接近于所期望的指数形式。利用 $|x|<1$ 和 $|hx^2|\ll 1$，可以得到式(4.32)的很好的近似值，表达式 $y=(1+x)^h$ 具有渐近的表达式 $y\sim e^{hx}[1+\mathcal{O}(hx^2)]$（两边取对数得到 $\ln y=h\ln(1+x)=hx+h(-1/2x^2+\cdots)$。因为 $\exp h(-1/2x^2+\cdots)=1+\mathcal{O}(hx^2)$，于是，再取指数后可得到结果），应用于式(4.32)时，此近似值导出：

$$\Gamma(s,\ T,\ \kappa)=\Gamma_0\begin{cases}\exp\left[\dfrac{s-s_0-\kappa(1-\beta_0 T)}{\kappa\beta_1 T}\right]; & \left|1-\dfrac{s-s_0}{\kappa}\right|\ll\sqrt{\beta_1 T},\ \text{fcc}\\ \exp\left[\dfrac{s-\kappa-B(1-\beta_0 T)}{B\beta_1 T}\right]; & \left|1-\dfrac{s-\kappa}{B}\right|\ll\sqrt{\beta_1 T},\ \text{bcc}\end{cases} \tag{4.33}$$

即使对此两种情况下（$s=s_0$ 或 $s=\kappa$）的最小值，该近似值仍然非常接近，因为 Γ 往往以指数形式减小，而不是恰好消失。

4.2.5 Bodner-Partom 模型

在超过三十多年的时间里，S. R. Bodner 通过与许多大学合作，发展了一种完全不使用明确的屈服表面的粘塑性流变均一理论（Bodner，1987）。类似于 Zerilli-Armstrong 模型，不过，当应变率发生快速转变时，它从以小指数方式减小变化到快速地增加。假设塑性流变遵循式(3.59)，记为 $\boldsymbol{D}^p=1/2\Gamma(J_2,\ T,\ \kappa)(\boldsymbol{S}/\sqrt{J_2})$，或记为原著中的形式（有一些注释上的不重要的变化）。

$$\Gamma=2\Gamma_0\exp[-1/2(\kappa^2/J_2)^n] \tag{4.34}$$

在式(4.34)中，Γ_0 是一常量，$J_2=-\mathrm{II}_S=1/2\mathrm{tr}\boldsymbol{S}^2$（如第 3 章所定义），$n$ 取决于温度，$n=(a/T)+b$。参照剪切中的流变应力而不是原著中的拉伸，加工硬化参数 κ 根据方程进行变化

$$\dot{\kappa}=\alpha(\kappa_1-\kappa)(\boldsymbol{S}:\boldsymbol{D}^p) \tag{4.35}$$

根据式(4.35)，并利用 $\kappa_1>\kappa_0$，伴随着塑性功的作用，加工硬化参数最终完全饱和，可以表示为 $\kappa=\kappa_1-(\kappa_1-\kappa_0)\exp(-\alpha W^p)$。

图 4.6 解释了式(4.34)的这一行为。对一给定值 n，塑性应变率由从指数形式由小到快速增长。不过最大塑性应变率是 $\Gamma_{\max}=2\Gamma_0$，所以对于低和高的应变率的应用，Γ_0 必须选择不同的值。有效应变率敏感度可表示为 $\dfrac{\delta s/s}{\delta\Gamma/\Gamma}=\dfrac{(s/\kappa)^{2n}}{2n}$，所以与 Zerilli-Armstrong 模型一样，它取决于温度，但此处它还取决于应力状态。

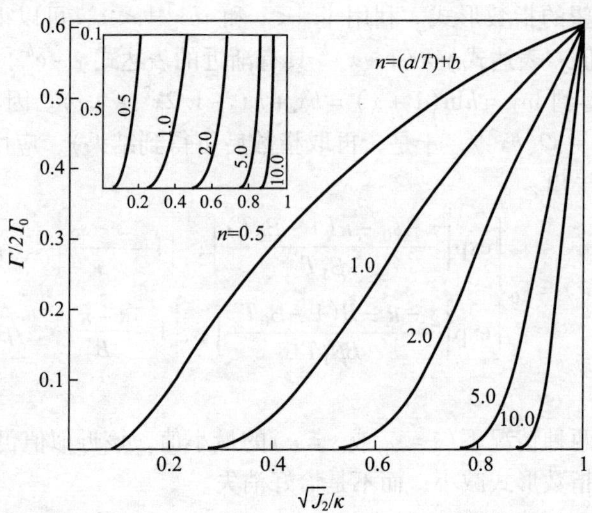

图 4.6 由方程(4.34)中的 Bodner-Partom 流变定律得到的塑性应变率。在低温(n 很大)时，随着应力不变量的增加，应变率先缓慢地增加，之后又急剧上升。温度对应变率具有强烈的影响。插图给出了小应变速率的放大图。

4.2.6 MTS 模型

MTS 代表力学的临界应力，是指在塑性变形过程中变化的一个内变量(或多个变量)。这种类型的模型由 Kocks、Argon 和 Ashby(1975)描述过，并且此后被许多研究者发展和应用。本质上与 Zerilli 和 Armstrong 所用的相同，其基本思想是，用来移动单一位错使其越过一个障碍所需的应力是由热和非热分量组成的。此外，热分量的应变率服从 Arrhenius 定律。不过与 Zerilli-Armstrong 模型不同的是，MTS 模型试图避免用塑性应变作为一个内变量。流变应力(不是应变率，这是本书的习惯选择)表示为一个求和项(Follamsbee、1989)

$$(|s| - s_a)^r = \sum_{i=1}^{n} [s_i(|\dot{\gamma}^p|, T)\hat{s}_i]^r \tag{4.36}$$

求和式中每一项都对位错运动产生不同形式的阻碍。指数 r 根据经验选择，且 $1 \leqslant r \leqslant 2$。$s_a$ 项称为非热应力，可以是一个常量，也可以是一个变量。$\hat{s}_i$ 称为结构变量，随着变形过程而变化。

剩余的关于应变率和温度的函数 $s_i(|\dot{\gamma}^p|, T)$，其取值介于 0 和 1 之间，由包含形成激活能的以式(4.24)形式给出的 Arrhenius 定律得到

$$G=\frac{k}{\beta}\left[1-\left(\frac{|s|-B}{\hat{S}}\right)^{p}\right]^{q},\quad 0<p\leqslant 1,\ 1\leqslant q\leqslant 2 \tag{4.37}$$

此处，常量 p 和 q 纯粹是经验值。式(4.31)、式(4.37)和式(4.24)由单一内变量的形式给出。现在指定 κ 而不是 $\hat{S}$，然后合并起来，给出可与方程(4.30)相对比的形式，即

$$|s|=B+\kappa\left[1-\left(\beta T\ln\frac{\Gamma_0}{\dot{\gamma}^p}\right)^{1/q}\right]^{1/p} \tag{4.38}$$

与 Follansbee 和 Kocks(1988)应用的一样，建立 κ 的变化过程，表达式形式为

$$\vartheta=\frac{\mathrm{d}\kappa}{\mathrm{d}\gamma^p}=\mathcal{F}(\kappa,\ T,\ \gamma^p) \tag{4.39}$$

函数$\mathcal{F}$有多种选择形式，比如它随 κ 线性减小，且当 κ 达到饱和值时为零。取改进的形式，由式(4.39)得

$$\dot{\kappa}=\mathcal{F}[\kappa,\ T,\ \Gamma(s,\ T,\ \kappa)]\Gamma(s,\ T,\ \kappa)=\xi(s,\ T,\ \kappa) \tag{4.40}$$

此处的 $\Gamma(s,\ T,\ \kappa)$通过对方程(4.38)求逆建立。

Memat-Nasser 和 Li 的论文(1998)对式(4.38)进行了更详细的说明，以建立 Cu 的动态响应模拟。在他们的论述中，B、κ 和 Γ_0 都取决于等效塑性应变，同时 B 和 κ 也取决于 T。通常，$p=2/3$ 和 $q=2$。式(4.38)一般形式的逆函数可写为

$$\dot{\gamma}=\Gamma_0\exp\left\{-\frac{1}{\beta T}\left[1-\left(\frac{|s|-B}{\kappa}\right)^{2/3}\right]^2\right\} \tag{4.41}$$

对不同的βT 值，根据方程(4.41)绘出图 4.7。因为$\beta=\mathcal{O}(10^{-5})$，根据 Follansbee 和 Kocks(1998)给出的数据，当 $|s|=B$ 时，应变率会被消去；但当 $|s|>B$ 时，应变率急剧增加。类似于 Bodner－Partom 模型，在比较大的过载情况下，在给定的最大 Γ_0 处，应变率饱和。这个值比 Bodner-Partom 模型中常用的最大值大约大两个数量级，即用 $\mathcal{O}(10^7)\ \mathrm{s}^{-1}$ 替代 $\mathcal{O}(10^5)\ \mathrm{s}^{-1}$。其结果是，对于大多数实际应用，$\Gamma_0$ 的精确值并不重要。有效应变率敏感度再次与 βT 成比例，但它由一个复杂函数$(s-B)/\kappa$ 来修正。

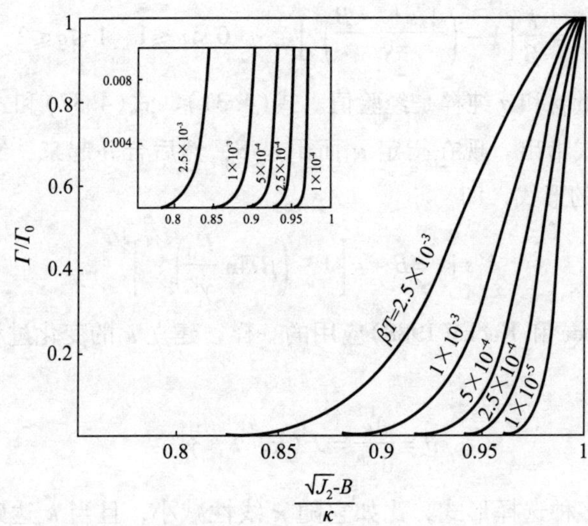

图 4.7 是由方程(4.41)的 MTS 流变定律得到的塑性应变率。当应用 Zerilli-Armstrong 定律时，标准应变率往往非常大，以至于事实上仅用到了曲线的下端。插图为小应变速率的放大图。

4.2.7 Anand 模型

Anand(1985)及以后的 Anand 和 Brown(1987)、Kim 和 Anand(1989)发展了专用于金属热加工的本构关系。此情况下关键的观测结果是：尽管没有确切的屈服表面，且在常应变率和固定温度下达到一个稳定的流变应力 τ，并利用 Zener-Hollomon 参量 $Z\equiv\dot{\gamma}^p e^{G/kT}$(Zener 和 Hollomon，1994)给出了 $\tau=f(Z)$ 类型的较好的单参量相互关系。此表达式中，G 是一个恒定的激活能，k 是波尔兹曼(Boltzmann)常量。此外，他们指出，经验关系式 $\tau=\tau_0\sinh^{-1}[(Z\Gamma_0)^m]$，其中 Γ_0、τ_0 和 m 是常量，给出了在高温和中等应变率下数据间良好的相关性。为将稳定状态的关系延伸到非稳定状态并表达一种适用于多维各向同性物质的关系，他们假定(用本书中的标记法)

$$\Gamma(\sqrt{J_2},\ T,\ \kappa)=\Gamma_0 e^{-G/kT}[\sinh(\sqrt{J_2}/\kappa)]^{1/m} \tag{4.42}$$

此处 κ 的演变规律由

$$\dot{\kappa}=\xi(\sqrt{J_2},\ T,\ \kappa)=h_0\left|1-\frac{\kappa}{\hat{\kappa}}\right|^{a-1}\left(1-\frac{\kappa}{\hat{\kappa}}\right)\Gamma(\sqrt{J_2},\ T,\ \kappa),\quad a\geqslant 1$$

$$\hat{\kappa}=\kappa_0\left[\left(\frac{\Gamma}{\Gamma_0}\right)e^{G/kT}\right] \tag{4.43}$$

给出。在式(4.43)中，h_0 和 κ_0 是常量，对一个固定温度和应变率，$\hat{\kappa}$ 取一固定值。因此，κ 在给定 $\hat{\kappa}$ 值处达到饱和，此处 $\dot{\kappa}=0$；同样，根据式(4.42)，$\sqrt{J_2}$具有饱和值。还需注意的是，在此模型中，κ 本身不是增加就是减小，因为 $\hat{\kappa}$ 可随温度和应变率变化，从而改变式(4.43)右边的正负号。图 4.8 显示了应变率如何随外加应力变化的情况。

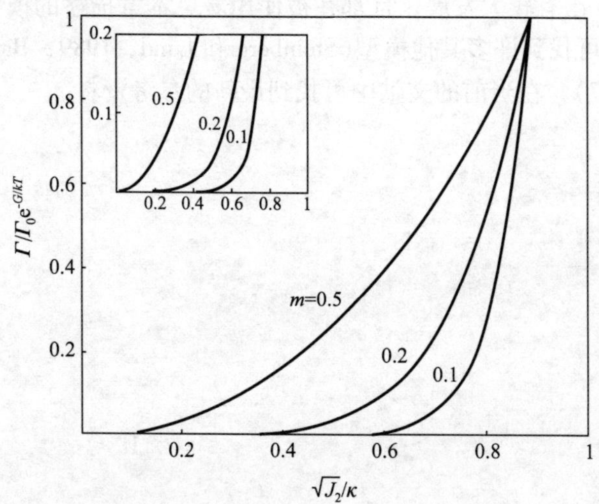

图 4.8 由方程(4.42)的 Anand 的流变定律得到的塑性应变率。尽管外观上与 Zerilli-Armstrong 曲线类似，这里的曲线是用常量 m 而不是温度的函数来进行参数化的。插图为小应变率的放大图。

4.3 结 束 语

仅通过引入一个内变量，可构建四个函数来匹配简单剪切中，在较大温度和应变率范围内得到的数据：屈服函数 $\hat{f}(s, T)$、加工硬化率 $\xi(s, T, \kappa)$、塑性应变诱导速率 $\Gamma(s, T, \kappa)$和广义力 $Q(s, T, \kappa)$。由于这些函数必须彼此相互保持一致并满足热动态的要求，所以它们不能是完全任意的，对于匹配大范围的数据仍然有充足的空间，包括回复过程的简单模型在内。不过必须注意的是，金属的硬化机制是多种多样且非常复杂的，仅用一个内变量很可能仅适用于最简单的材料，如高纯度、多晶 fcc 金属；必须指出的是，在更复杂的情况下，如果只用一个内部变量，在要模拟的条件范围内，一种机制应该占主导地位，其他的机制基本上是被冻结的。事实上，从没有验证过该理论对所有范围的适用情况。

图 4.5 ~ 图 4.8 中描述的四种流变模型大体相似。然而用具体材料来校正

模型时，会有明显的区别。通常实际的应用范围仅是图示的一部分，并且实际的物理范围可根据对数据进行校正而大大地扩大或缩小，因为每一种流变定律取决于至少一种结构参量(κ，在本章中代表加工硬化)，实际应变率响应将主要取决于结构的演化。

模型 3 ~7 已有较大发展，且都在被使用着。本章描述的模型仅是代表性的，在文献中可找到许多其他模型(Steinberg 和 Lund，1989；Bammamn，1990 或 Miller，1987)，在当前的文献中可找到最新的参考资料。

5

一维问题第一部分：概述

与另外两个垂直的方向相比，绝热剪切带在一个方向上的尺寸是很薄的。与剪切带所在的平面内相比，剪切带上沿着尺寸最小的方向上的温度和速度变化都非常快。仅由一维方程的考核就能够理解剪切带形成的机制，得出上述形态学上的结果，这里再简单地回顾一下第3章3.3节的一维方程。

$$
\begin{aligned}
&\rho v_t = s_y, && \text{动量}\\
&\rho c T_t = (k T_y)_y + \beta s \dot{\gamma}^p, && \text{能量}\\
&\dot{s} = \mu(v_y - \dot{\gamma}^p), && \text{弹性}\\
&\dot{\gamma}^p = f(s,\ \kappa,\ T), && \text{塑性流}\\
&\dot{\kappa} = \xi(s,\ \kappa,\ T), && \text{加工硬化}
\end{aligned}
\tag{5.1}
$$

这些方程的定性和定量的解，以及方程更多的性质在本章和其后两章中将逐步展开，用以说明剪切带的重要解析特性。

5.1 齐次解和刚塑性材料的简化

均匀剪切是对当应变率是常量，应力、温度和加工硬化仅取决于时间而不是空间变量时方程(5.1) 解的命名。因绝热，即热来自塑性作用，并且在高温时材料倾向于软化，齐次解有一个最大值，在此之后应变增加而应力减小。作为不稳定性和变形局部化的背景和前奏，了解这点很重要，因为齐次解一般都有最初非常接近，然后因局部化行为而快速分化的特点。

因为弹性剪切模量远大于弹性屈服应力，通常是大于两个数量级，因此忽略弹性变形而将材料看成刚塑性不会产生大的误差，正如Wright和Walter(1989)所指出的一样。为了说明这一点，考虑材料的稳定均匀剪切，开始材料处于准静态，即弹性极限为 s/s_0，加工硬化的参考值为 κ/κ_0 和参考温度为 T_0。此时速度变化由 $v = \dot{\gamma}_0 y$ 给出($\dot{\gamma}_0$ 是一恒定的实用的应变率)，y 不依赖于其他状态变量 s、κ 和 T。令 $\beta = 1$，通过令

$$\tau = \dot{\gamma}_0 t, \quad \theta = \rho c(T - T_0)/s_0, \quad \sigma = s/s_0, \quad \lambda = \kappa/\kappa_0 \tag{5.2}$$

使方程组无量纲化，所以在无量纲形式中简化为

$$\begin{aligned} \theta_\tau &= \sigma \hat{f}(\sigma, \lambda, \theta) \\ \varepsilon \sigma_\tau &= 1 - \hat{f}(\sigma, \lambda, \theta) \\ \lambda_\tau &= \hat{\xi}(\sigma, \lambda, \theta) \end{aligned} \tag{5.3}$$

这里，$\varepsilon_0 = s_0/\mu$ 是一个很小的参量 $\varepsilon \ll 1$，且 $\hat{f}(\sigma, \lambda, \theta) = \dot{\gamma}_0^{-1} f(\sigma s_0, \lambda\kappa_0, T_0 + s_0\theta/\rho c)$ 和 $\hat{\xi}(\sigma, \lambda, \theta) = (\kappa_0 \dot{\gamma}_0)^{-1} \xi(\sigma s_0, \lambda\kappa_0, T_0 + s_0\theta/\rho c)$。在屈服起始点时，$\sigma(0) = \lambda(0) = 1$，$\theta(0) = 0$ 且没有塑性应变率，所以 $\hat{f}(1, 1, 0) = 0$。如果 $\beta \neq 1$，但仍是常量，它可以归到温度范围内，$\theta = \rho c(T - T_0)/\beta s_0$，这样方程(5.3)保持不变。

5.1.1 初始边界条件概述

方程组(5.3)表达了初始时间的一个典型边界条件(Bender 和 Orszag, 1978)。通过小参数 ε(i. e. , $\sigma = \sigma^0 + \varepsilon\sigma^1 + \cdots$)增加一个最低阶数的规则扰动导出方程组

$$\begin{aligned} \theta_\tau^0 &= \sigma^0 \hat{f}(\sigma^0, \lambda^0, \theta^0) \\ 0 &= 1 - \hat{f}(\sigma^0, \lambda^0, \theta^0) \\ \lambda_\tau^0 &= \hat{\xi}(\sigma^0, \lambda^0, \theta^0) \end{aligned} \tag{5.4}$$

式(5.4)的第二个方程的应力解作为其他两个变量的一个函数对应刚塑性材料(因为当$\mu \to \infty$ 时，$\varepsilon \to 0$)，可以表示为 $\sigma^0 = \hat{s}(\lambda^0, \theta^0)$。再将此结果代入其他两个方程，在最低阶得到两个一阶常微分方程(ODES)：

$$\begin{aligned} \frac{\mathrm{d}\theta_0^{\text{out}}}{\mathrm{d}\tau} &= \theta_\tau^0 = \hat{s}(\lambda^0, \theta^0)\hat{f}(\sigma^0, \lambda^0, \theta^0) = \hat{\hat{s}}(\lambda^0, \theta^0) \\ \frac{\mathrm{d}\lambda_0^{\text{out}}}{\mathrm{d}\tau} &= \lambda_\tau^0 = \hat{\xi}[\hat{s}(\lambda^0, \theta^0), \lambda^0, \theta^0] = \hat{\hat{\xi}}(\lambda^0, \theta^0) \end{aligned} \tag{5.5}$$

现在的体系要比原始体系低一个阶次，否则式(5.5)的解不能满足原来的三个初始条件，这样，它只能得出方程(5.3)的外部渐近解，正如新的解释所预测的一样。如此其初值必须与边界层的外部限制或待确定的内部解相一致。

通过独立变量的变换，$\eta = \tau/\varepsilon$，可以建立边界层方程，方程组(5.3)变为

$$\begin{aligned} \theta_\eta &= \varepsilon\sigma \hat{f}(\sigma, \lambda, \theta) \\ \sigma_\eta &= 1 - \hat{f}(\sigma, \lambda, \theta) \\ \lambda_\eta &= \varepsilon \hat{\xi}(\sigma, \lambda, \theta) \end{aligned} \tag{5.6}$$

在最低阶次，第一和第三两个方程有常量解 $\theta_0^{\text{in}} = 0$ 和 $\lambda_0^{\text{in}} = 1$，第二个方

程变为

$$\frac{d\sigma_0^{in}}{d\eta}=1-\hat{f}(\sigma_0^{in},1,0) \tag{5.7}$$

在应力的初值，即 $\sigma_0^{in}(0)=1$ 处，函数 $\hat{f}(1,1,0)=0$，所以 $d\sigma_0^{in}(0)/d\eta=1$，并且应力开始朝 $\bar{\bar{\sigma}}$ 快速增加(基本上是弹性的)，$\bar{\bar{\sigma}}$ 处 $\hat{f}(\bar{\bar{\sigma}},1,0)=1$，式(5.7)的右端项被消去。对于最低阶次，$\lambda_0^{in}$、$\theta_0^{in}$ 的近似值在大的 η 上仍是(1，0)，所以式(5.5)的初值是 $\lambda_0^{out}(0)=1$ 和 $\theta_0^{out}(0)=0$。这些值与应力外部解的内部约束相一致，$\hat{\hat{s}}(1,0)=\bar{\bar{\sigma}}$。实际结果是，在快速过渡后，应力、加工硬化和温度都表现出材料绝热变形过程中所有的特征。

5.1.2 初始边界层举例

可以用无加工硬化材料的一个简单例子来说明在均匀绝热剪切中的过渡弹性行为，假设塑性流变用 $s=\kappa_0[1-a(T-T_0)](1+b\dot{\gamma}^p)^m$ 表达，此处 κ_0 是初始流变应力，a 和 b 是常量，且应变率灵敏系数 m 是一个很小的数。利用由 $\varepsilon=\kappa_0/\mu$ 定义的一个小参量，由 $\tau=\dot{\gamma}_0 t$，$\sigma=s/\kappa_0$，$\theta=\rho c(T-T_0)/\kappa_0$，$\dot{\gamma}=\dot{\gamma}^p/\dot{\gamma}_0$ 定义的无量纲变量和由 $\alpha=\kappa_0 a/\rho c$ 和 $\beta=b\dot{\gamma}_0$ 定义的无量纲常量，符合(5.3)的方程组是

$$\begin{aligned}&\varepsilon\sigma_\tau=1-\dot{\gamma}, &&\sigma(1)=1\\ &\theta_\tau=\sigma\dot{\gamma}, &&\theta(0)=0\end{aligned} \tag{5.8}$$

此处

$$\dot{\gamma}=\frac{1}{\beta}\left(\frac{\sigma}{1-\alpha\theta}\right)^{1/m}-\frac{1}{\beta}$$

对零阶次外部解，根据式(5.8)的第一个方程，令 $\dot{\gamma}=1$，得到

$$\begin{aligned}&\sigma_0^{out}=(1+\beta)^m(1-\alpha\theta_0^{out})\\ &\frac{\partial\theta_0^{out}}{\partial\tau}=(1+\beta)^m(1-\alpha\theta_0^{out})\end{aligned} \tag{5.9}$$

具有如下的解

$$1-\alpha\theta_0^{out}=[1-\alpha\theta_0^{out}(0)]e^{-\alpha(1+\beta)^m\tau} \tag{5.10}$$

初值 $\theta_0^{out}(0)$ 必须来自内部解的外部约束，且根据一般情况可预测为0。利用式(5.8)中变量 $\tau=\varepsilon\eta$ 的变换，内部解的方程变成

$$\begin{aligned}&\frac{d\sigma_0^{in}}{d\eta}=1-\frac{1}{\beta}\left[\left(\frac{\sigma_0^{in}}{1-\alpha\theta_0^{in}}\right)^{1/m}-1\right]=\frac{1+\beta}{\beta}-\frac{(\sigma_0^{in})^{1/m}}{\beta};\ \sigma_0^{in}(0)=1\\ &\frac{d\theta_0^{in}}{d\eta}=0; \qquad\qquad \theta_0^{in}(0)=0\end{aligned} \tag{5.11}$$

其中式(5.11)的第二个方程的解 $\theta_0^{\text{in}}=0$ 已被代入式(5.11)中的第一个方程。更进一步的结果是 $\theta_0^{\text{out}}(0)=\theta_0^{\text{in}}(\infty)=0$，如果现在令 $y=\sigma_0^{\text{in}}/(1+\beta)^m$，则式(5.11)变成

$$\frac{\mathrm{d}y}{1-y^{1/m}}=\frac{(1+\beta)^{1-m}}{\beta}\mathrm{d}\eta \tag{5.12}$$

$$y(0)=(1+\beta)^{-m}\leqslant y\leqslant 1$$

为获得最好的精确度，方程(5.12)必须进行数值积分，但是由于 m 是很小的数，通过令 $y=1-z$，$1-(1+\beta)^{-m}=z(0)\geqslant z\geqslant 0$，可以得到一个近似解。

注意到如果 z 很小(实际上 $|z|\ll\sqrt{2m}$)，那么 $y^{1/m}=(1-z)^{1/m}=\mathrm{e}^{-z/m}[1-\mathcal{O}(z^2/2m)]$，所以式(5.12)可由

$$-\frac{\mathrm{e}^{z/m}\mathrm{d}(z/m)}{\mathrm{e}^{z/m}-1}=\frac{(1+\beta)^{1-m}}{\beta}\frac{\mathrm{d}\eta}{m} \tag{5.13}$$

来近似，它具有精确解 $\mathrm{e}^{z/m}-1=[\mathrm{e}^{z(0)/m}-1]\exp\{-\beta^{-1}(1+\beta)^{1-m}(\eta/m)\}$。再次利用与 y 和 z 有关的近似解后，该解变成

$$y=\frac{\sigma_0^{\text{in}}}{(1+\beta)^m}\approx\left\{1+\beta\exp\left[-\frac{(1+\beta)^{1-m}}{\beta}\frac{\eta}{m}\right]\right\}^{-m} \tag{5.14}$$

完整解由 $\sigma\sim\sigma^{\text{in}}+\sigma^{\text{out}}-\sigma^{\text{int}}$ 近似，第三项称为中间解，由 $\sigma^{\text{int}}=\sigma^{\text{in}}(\infty)=\sigma_0^{\text{out}}(0)$ 给出(Bender 和 Drszag，1978)。在有量纲项中，最低阶次应力和温度由

$$\frac{s/\kappa_0}{(1+b\dot{\gamma}_0)^m}\sim\left\{1+b\dot{\gamma}_0\exp\left[-\frac{(1+b\dot{\gamma}_0)^{1-m}}{b\dot{\gamma}_0}\frac{\mu}{\kappa_0}\frac{\dot{\gamma}_0 t}{m}\right]\right\}^{-m}+$$

$$\exp\left[-\frac{a\kappa_0}{\rho c}(1+b\dot{\gamma}_0)^m\dot{\gamma}_0 t\right]-1 \tag{5.15}$$

$$a(T-T_0)\sim 1-\exp\left[-\frac{a\kappa_0}{\rho c}(1+b\dot{\gamma}_0)^m\dot{\gamma}_0 t\right]$$

来近似。以从内向外扩展的典型方式，式(5.15)的第一式中最后两项在 $t=0$ 时互相抵消，当 $t\to\infty$ 时，第一项和第三项抵消。特别注意无量纲项，$a\kappa_0(1+b\dot{\gamma}_0)^m/\rho c\equiv(\rho c)^{-1}(\partial s/\partial T)$，在分析绝热剪切带时，这种结合反复出现，通常(但不是总是)在参考温度考核。

图 5.1 给出了程序计算出的确切解和式(5.15)在 $\alpha=0.1$，$\beta=10^7$，$\varepsilon=0.01$ 且 $m=0.02$，$0\leqslant\tau\leqslant 0.1$ 的渐近解的比较。确切解和渐近解是很难清楚区分的，它们清楚地显示出了由主要弹性行为到完全塑性行为的快速转变。由于它的表达式清楚，渐近解还显示出转变行为如何随着无量纲参量进行的预期变化。

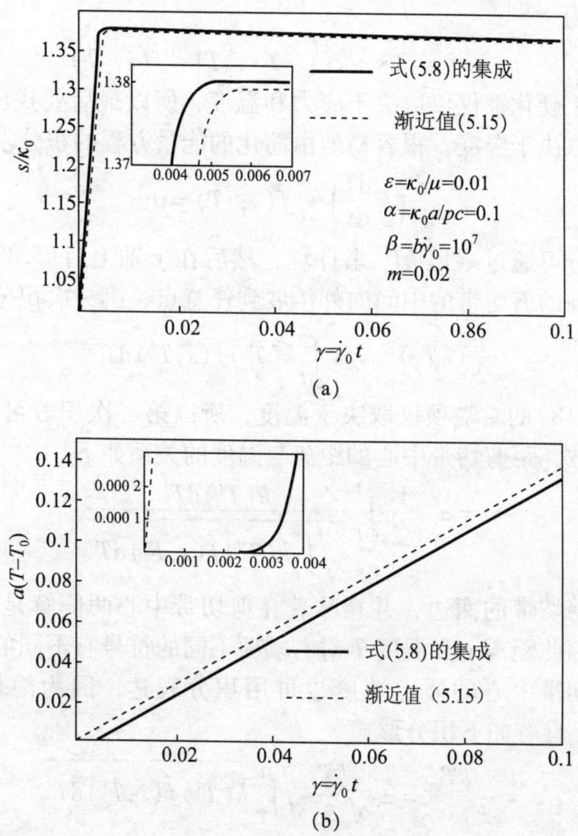

图 5.1 在纯剪切时，由完全弹性的响应迅速地向完全塑性的响应转变。图(a)和图(b)分别给出了根据常微分方程(ODEs)和渐近估计得到的应力和温度。图(a)中的插图为曲线拐点处响应曲线的放大图，图(b)中的插图为温度初始上升的放大图。

5.2 稳 定 解

方程组(5.1)还可以得到稳定解，此时所有场(速度、应力、温度和加工硬化)仅取决于空间坐标而不取决于时间。解可以从简化的守恒和本构方程的积分中获得，如 Wright(1987b)、Bai 和 Dodd(1992)给出的一样。首先应注意的是，由于式(5.1)的最后一个方程在稳定解条件下，加工硬化必须是饱和的，所以 $\kappa_t=0=\xi(s, \kappa, T)$。在 ξ 逆运算后，加工硬化参数可表达为应力与温度的一个函数：$\kappa=\hat{\kappa}(s, T)$。此外，如果速度与时间无关，动量守恒要求应力必须同独立于时间一样独立于 y 坐标，因此它是常量 $s=\bar{s}$，由于应力是常量，弹性应变率消去，根据式(5.1)的第三个方程，总应变率与塑性应变率相

同，它可表示为

$$v_y = \dot{\gamma}^p = f[\bar{s},\ \hat{\kappa}(\bar{s},\ T),\ T] = \hat{f}(\bar{s},\ T) \tag{5.16}$$

速度和加工硬化都仅仅取决于应力和温度，所以最后要找出温度的分布。如果热传导仅取决于温度，很容易地由简化的能量方程的积分求解

$$\frac{\mathrm{d}}{\mathrm{d}y}\left(k\frac{\mathrm{d}T}{\mathrm{d}y}\right) + \bar{s}\hat{f}(\bar{s},\ T) = 0 \tag{5.17}$$

第一次积分可通过乘以 kT_y 来计算，然后在 y 轴上对(5.17)积分。如果积分从温度最高的剪切带的中间向外扩展到任意点，第一次积分可表示为

$$\frac{1}{2}(kT_y)^2 = \bar{s}\int_T^{T_c} k(T')\hat{f}(\bar{s},T')\mathrm{d}T' \tag{5.18}$$

因为式(5.18)的右端项仅取决于温度，所以第二次积分可以建立 y 方向的温度分布函数，距剪切带中心的距离与温度的关系如下

$$y = \pm\frac{1}{\sqrt{2\bar{s}}}\int_T^{T_c}\frac{k(T')\mathrm{d}T'}{\sqrt{\int_T^{T_c}k(T'')\hat{f}(\bar{s},T'')\mathrm{d}T''}} \tag{5.19}$$

正负号指剪切带的两边，并意味着在剪切带中心两侧解是对称的，被积函数是正的，因此距离 y 和温度 T 对右端项不同的符号有不同的单调关系。

相对于剪切带中心的质点速度也可用积分表达，因为简化的能量方程 $(kT_y)_y + \bar{s}v_y = 0$ 具有如下积分形式

$$v = -\frac{kT_y}{\bar{s}} = \pm\sqrt{\frac{2}{\bar{s}}}\sqrt{\int_T^{T_c}k(T')\hat{f}(\bar{s},T')\mathrm{d}T'} \tag{5.20}$$

正负号仍指剪切带的两边，并意味着速度的反对称分布，它随两边的温度而单调变化。

方程(5.19)和方程(5.20)都表示速度随着 y 自始至终从剪切带一边到另一边单调增加。

方程(5.18)、方程(5.19)和方程(5.20) 描述了以产生最高温度的剪切带中心为基准的一维剪切解的结构。注意，这些解形成一个双参量族，因为它们取决于中心温度 T_c 和应力 $\bar{s}$ 的分布。同样的，在边界处应指定速度或温度的值，而不是其他两个参量中的一个。很明显，对 $\bar{s}$ 和 T_c 的每一个选择温度和速度都有一个适当的分布范围，但对选择其他参量得到适当的解却不明显。举例来说，假设将宽度为 $2H$ 的窄带两边的温度定义为 T_0，这样，令式(5.19)的左端项等同于 H，积分的下限等于 T_0，这样方程只表示 $\bar{s}$ 和 T_c 之间的关系。对每一对满足这一关系的($\bar{s}$, T_c)存在一个可由式(5.20)计算出来的适当的边界值。这样成对的参数($\bar{s}$, $\bar{v}$)就表示了在宽度为 $2H$ 的窄带内的一个稳定剪切解的应力和边界速度，并且指定了边界温度 T_0。然而，并不清楚任意选择一个参量能否求出另一个参量，或者能求出但不能判断它是否是稳定

的。通常认为应力与速度 $\bar{v}$ 是一一对应的，事实上，关系并不是单一的。一个给定的应力可以对应于 0、1 或多个速度值。这类问题已由 Chen(1988)，Chen、Douglas 和 Malek-Madani(1989)，Maddocks 和 Malek-Madani(1992)以及 Fleming、Olmstead 和 Davis(2000)验证过。

尽管积分是精确而普遍的，但其当前形式下它们并不是特别地有用。它们最大的用途不是解一个固定边界值问题，如前一自然段中描述的，而是把一个剪切带描述成在剪切运动内部的一个边界层。这种情况下，粗略地说，应力 $\bar{s}$、外部温度 T_0 和驱动速度 $\bar{v}$ 都已给出，但宽度 H 没有给出。除任意温度外，指定应力和速度似乎是多余的，但是方程(5.20)表明，如果这样，由于积分的单调性，往往存在中间最高温度的唯一对应值，那么式(5.19)对所有场变量产生唯一空间分布。在下一章中，依据方程(5.19)和方程(5.20)将给出把剪切带看成边界层的通用渐近结果。

5.3　类型变换、规整化和类型嵌入变换

通常认为导致极端局部化的材料行为具有解析表达式，这样运动方程经历一个类型的变换。在标定坐标系中，对二阶偏微分方程在三维情况下，动态设置的一般双曲线首项导数的符号是(−1，+1，+1，+1)，分别对应于一个时间坐标和三个空间坐标。当存在一个类型变换时，导数的系数以空间二阶导数的符号从+1变为−1的方式变化。在一般情况下，符号变成混合类型(−1，−1，+1，+1)。通常原始问题仅出现在平衡中，然后指定区域中的符号从(+1，+1，+1)变到(−1，+1，+1)，或从椭圆到双曲线变化。在一维情况下，本书的动力学公式是从(−1，+1)变化到(−1，−1)，或空间和时间体系中表现为双曲线到椭圆的变化。那么适合于双曲线的初值问题，对改变类型之后变成椭圆的情况就不再适合，在类型变换后解的进一步演化可能会引起奇异性。

事实上，数学异常值往往表示一个实际的物理过程，其表现就是一个剧烈的高度局域化的变形。那么，该异常可以仅仅表示模型中所包含的不充分的物理特征。如果是这种情况，而不是所有区域都有严重的局域化，适当地增加物理学结果将消除该异常值。这在数学语言上，称为方程已经规整化，这就是绝热剪切带的确切表达。如果忽略热传导和应变率敏感度，并且如果热软化作用在材料中占主导，那么结果方程可以被看成经历了一个类型变换。

例如，Wright(1987a)曾讲述过，设想一个刚塑性材料，它不传热，它对应变率不敏感，将所有塑性功转化成热，其加工硬化率与塑性作用速率成比例，可以得到

$$
\begin{aligned}
\rho v_t &= s_y, & &\text{动量}\\
\rho c T_t &= s\dot{\gamma}^p, & &\text{能量}\\
v_y &= \dot{\gamma}^p, & &\text{弹性}\\
s &= f(\kappa,\ T), & &\text{塑性流}\\
\kappa_t &= M(\kappa,\ T)s\dot{\gamma}^p, & &\text{加工硬化}
\end{aligned}
\tag{5.21}
$$

联合第二个和第五个方程导出一个普通的常微分方程(ODE)

$$\frac{\mathrm{d}\kappa}{\mathrm{d}T} = \rho c M(\kappa,\ T) \tag{5.22}$$

将式(5.22)的解 $\kappa = \hat{\kappa}(T)$ 代入流变定律，得到应力可表达为仅是温度的函数 $s = f[\hat{\kappa}(T),\ T] = \hat{S}(T)$。流变应力一般随加工硬化参量的增加而增加，却随温度的升高而减小。因此，可预知得出的流变应力在 $T = T_m$，即$(\mathrm{d}\hat{S}/\mathrm{d}T) = (\partial f/\partial\kappa)(\mathrm{d}\hat{\kappa}/\mathrm{d}T) + (\partial f/\partial T) = 0$ 处有一最大值。在最大值后，$\hat{S}(T)$的斜率变为负，温度的空间－时间分布可由一个偏微分方程(PDE)求出，该 PDE 可由动量守恒 $s_{yy} = \rho v_{yt}$的微分得出，然后在适当的时候插入得到的应力

$$\frac{\partial^2 \hat{S}(T)}{\partial y^2} = \rho\frac{\partial}{\partial t}\left[\frac{\rho c \partial T/\partial t}{\hat{S}(T)}\right]$$

或

$$\frac{\mathrm{d}\hat{S}}{\mathrm{d}T}\frac{\partial^2 T}{\partial y^2} - \frac{\rho^2 c}{\hat{S}}\frac{\partial^2 T}{\partial t^2} + \frac{\mathrm{d}^2\hat{S}}{\mathrm{d}T^2}\left(\frac{\partial T}{\partial y}\right)^2 + \frac{\rho^2 c}{\hat{S}^2}\frac{\mathrm{d}\hat{S}}{\mathrm{d}T}\left(\frac{\partial T}{\partial t}\right)^2 = 0 \tag{5.23}$$

流变应力为正，但是其斜率 $\mathrm{d}\hat{S}/\mathrm{d}T$ 可能为正或为负。在最大流变应力处斜率改变符号，方程类型由双曲线变为椭圆，希望通过进一步研究得到唯一解。

如果它包含比二阶导数更高次的项，方程(5.23)将被规整化。其特征是解不再趋向于单一而继续无限地扩展。这些项的系数虽然很小，但仍对规整化方程有影响。用示意形式表示，方程可以有两部分

$$\varepsilon\mathcal{M}(z) + \mathcal{N}(z) = 0 \tag{5.24}$$

z 是从属变量的集合，$\mathcal{N}(\cdot)$是与式(5.23)一样的非线性操作“变换类型”，$\mathcal{M}(\cdot)$是具有比$\mathcal{N}(\cdot)$更高阶导数的规整化操作，ε 是一个很小的参数(或参量)，具有明确的物理意义。极限状态下小参数消失，式(5.24)简化为类似于式(5.23)类型转换的方程，但是对任意有限的 ε，方程是规整化的且解演变为不确定的。由于方程第一项的异常扰动，规整化解可期望仅表现强烈的局部化而不是明显的异常。

其过程大致如下：在解不是很快变化的区域，由于小的参量 ε，式(5.24)中第一项与第二项将变得不再重要。但是，当大梯度发生时，如在向异常的发展中，小参量和大梯度的结果将使第一项与第二项相当，以至达到一个平衡状态且发生规整化。

具有如此特征的方程被 Varley（在私人信件）称为“具有插入式变化类型的方程”。描述绝热剪切带形成的方程是此类特征的一个很好的例子。

5.4　典型的数值结果

本章余下的部分用来回顾来自研究绝热剪切带的一些基本特征的论文中的数值结果。1987年以前的许多研究给出了数值结果，如实地遵循局部化过程，直到因网格不足而导致分辨率消失的一个点。Merzer(1982)的一篇论文可能是首先说明应力塌陷的开始的，但是网格分辨率不足以表征形成剪切带的完整过程。不过他的确解释了“实质上的剪切带弱化与高应变区域变窄的联系”(P336)，这可用来说明剪切带完整形成阶段的开始。此后，利用不同的粘塑性模型，Wright 和 Batra(1985)得到了同样的结果，他们解释此为“剪切带具有明显特征的最快速变化的阶段”(P211)。

根据爱因斯坦的箴言，“任何事情应尽可能用简单的方法完成，直到不能再简化”。利用粘塑性的最小模型，Wright 和 Walter(1987)最先理解绝热剪切带从起始、接近于均匀化状态到最终完全局部化以及缓慢变化状态的过程。尽管该模型非常简单，但揭示了几乎所有局部化过程特征的基本性质。此外，当有关无量纲变化时，也显示了其他局部化的主要特征。

在等温变形中，假设材料是完全刚塑性的，随温度线性地软化，且所有塑性作用都转化为热($\beta=1$)。利用这些假设，方程组(5.1)简化为

$$\begin{aligned}
&\rho v_t = s_y, && \text{动量}\\
&\rho c\theta_t = k\theta_{yy} + s v_y, && \text{能量}\\
&s = \kappa(1-a\theta)(1+bv_y)^m, && \text{流变定律}
\end{aligned} \tag{5.25}$$

材料参数ρ、c、k、κ、a、b、m都认为是常量，θ是与任意参考温度有关的温度。

对利用 Kolsky 扭转杆来模拟的实验，认为在厚度为$2H$的厚平板的上下表面的速度是等值且反向的(以保持名义上的应变率$\dot{\gamma}_0$)，认为同时假定边界是孤立的。为了考察计量截面中间的任一不完整性，假设初始温度接近于常量，但是在厚平板中心有细微的均衡增加。初始应力由$s=\kappa(1+b\dot{\gamma}_0)^m$给出，且认为初始应变率与流变定律一致，所以$v_y\approx\dot{\gamma}_0$。在计算中采用的实际的数值并不重要，但选来用于表示一种典型的钢。

解由线性方法确定，也就是说，在第一次用有限元的标准方法在y方向上离散方程后，耦合的一阶常微分方程(ODEs)能用任何非线性 ODEs 的标准法解出。但是，为了得到必要的空间分辨率，在对数坐标中要进行大小差不多的网格的划分。在原著中可找到具体的描述。

图5.2、图5.3和图5.4表示了温度、应变率和应力的典型解平面。相互独立的变量的坐标(空间和时间)已经无量纲化，所以$Y=y/H$，$\gamma_0=\dot{\gamma}_0 t$。类似地，

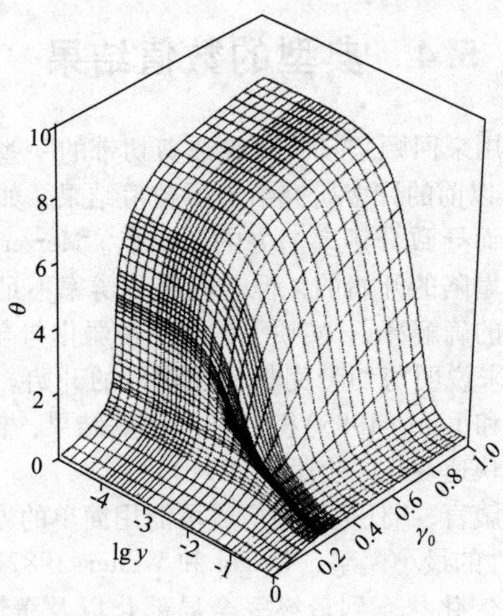

图 5.2 简单剪切试样的无量纲温度曲面，$\theta = \dot{\rho} c(T - T_0)/\kappa_0$。当完全局部化发生时，温度有一个快速上升过程。注意，其对数长度坐标从剪切带中心测量得到。与图 5.3 比较图形的宽度。（摘自 Wright 和 Walter，1987，得到 Elsevier Science 的许可。）

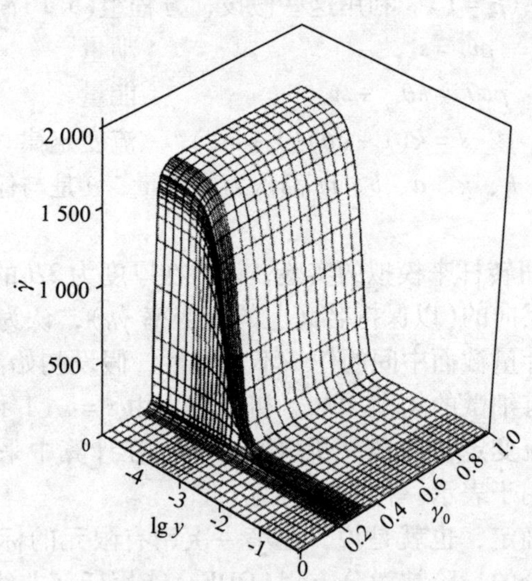

图 5.3 简单剪切试样的无量纲应变率曲面，$\dot{\gamma} = v_y/\dot{\gamma}_0$。当完全局部化发生时，应变率有一个快速的上升过程。注意，其对数长度坐标从剪切带中心测量得到。与图 5.2 比较其图形的宽度。（摘自 Wright 和 Walter，1987，得到 Elsevier Science 的许可。）

三个响应函数已被无量纲量 $\Theta=\rho c\theta/\kappa$，$\dot{\gamma}=v_y/\dot{\gamma}_0$ 和 $\tau=s/k$ 代替。在这些表达式中，$\dot{\gamma}_0$ 是厚平板的名义剪切应变率。

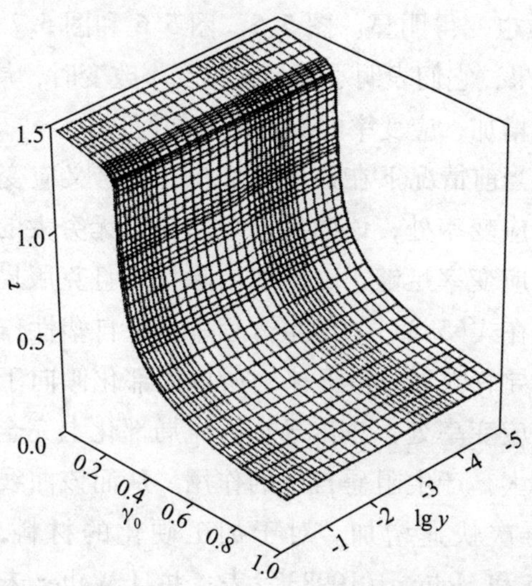

图 5.4 简单剪切试样的无量纲应力曲面，$\tau=s/\kappa_0$。当完全局部化发生时，应力有一个急剧下降的过程。注意空间一致性。（摘自 Wright 和 Walter，1987，得到 Elsevier Science 的许可。）

在温度图 5.2 中，初始扰动在开始时沿着空间坐标可以观察到，它占据小于厚平板的 1/3。尽管应变率也有一个初始扰动，但它在图 5.3 上是看不见的，最初扰动缓慢发展，但是当名义剪切应变达到 0.27 或大致此程度时，应变率会以接近于 1 700 倍的速度发生跳跃，且中心的无量纲温度从 0.1 升高到大约 8.0，增加超过 80 倍。同时，应力以 3 或 4 倍的速度下降，见图 5.4。在初始温度大约 15 ℃的钢（热容接近于 0.5×10^3 J/(kg · ℃)，密度接近于 8×10^3 kg/m^3，静态剪切强度 0.6 GPa）中加入矢量项，应变率以 5.0×10^2 s^{-1}开始，在大约 20 μs 内跳跃至 8.5×10^5 s^{-1}。

经过一定长时间，剪切带内的温度升高约 1 200 ℃，而剪切应力从大约 3/4 GPa 降至小于 1/4 GPa。

这些是戏剧性的变化。局域化的其他特性在图 5.2、图 5.3 和图 5.4 这 3 个图中也可清晰地看到，明显局部化之后，温度和应变率的清晰曲线是温度和在剧烈变化地局部化之后发生的应变率的清晰曲线。尽管热影响区仅占厚平板不到 10% 的厚度，但仍然比应变率影响区高一个数量级。此外，应变率很快形成一个稳定状态，但是温度缓慢持续地增加，其范围变宽。从定性的角度来讲，所有这些性质都是剪切带形成的典型特征。

在物理或运动学参量发生变化时，与上述性质同样具有戏剧性变化的局部剪切的其他性质也变得明显。图 5.5、图 5.6 和图 5.7 也是引用 Wright 和 Walter(1987)的结果，它们表明了当名义应变率改变时，局部化如何延缓，剧烈局部化时间如何增加，应变率的最终形态如何变化。

图 5.5 说明了当前情况下在快速局部化处，名义应变是名义应变率的一个函数。在较低的应变率处，该曲线出现趋向于无穷大的现象。这是有限热传导的结果，如果应变率足够小，它能消除扰动且克服局部化的倾向。随着名义速率的增加，在式(5.25)的能量方程中，来自塑性作用的热量变得非常迅速而不能由热传导有效地分散开来，所以局部化倾向于发生在越来越小的名义应变处。在高应变率处，热传导在阻碍局部化上完全无效，但是，惯性阻力最终变得足够大，产生阻碍自己的作用。从而该曲线有一最小值，且随后局部名义应变再次快速增加。对于加工硬化的材料，类似的结果已由 Klepaczko、Lipinski 和 Molinari(1998)发表，并且 Walter 未公开发表的研究也证实了此结果，正如 Wright(1994)报道的一样。

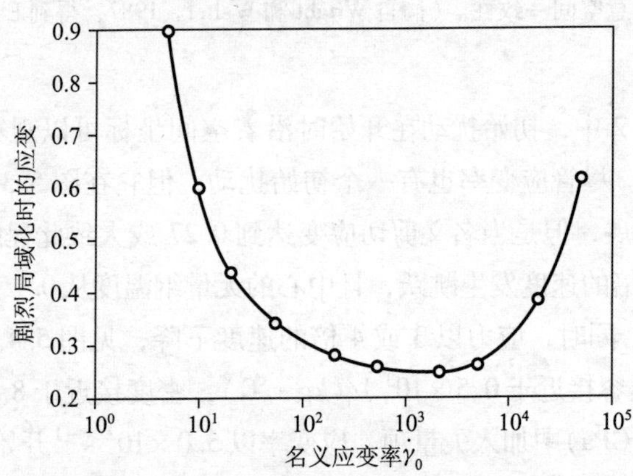

图 5.5 不同外加应变率时，在给定的温度扰动下剧烈局部化区域的应变。在低应变率下，热传导延缓了局部化；高应变率下，惯性延缓了局部化。图中圆点表示计算的点，钢试样的标定长度为 2.5 mm。(摘自 Wright 和 Walter，1987，得到 Elsevier Science 的许可。)

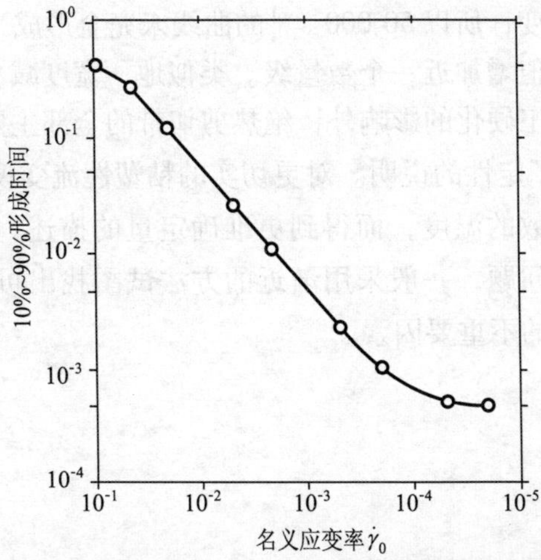

图 5.6 简单剪切试样的剧烈局部化的形成时间。无量纲热扩散系数 $k=\bar{k}/\bar{\rho}c\dot{\gamma}_0h^2$ 随外加应变率 $\dot{\gamma}_0$ 的增大而减小，以致递减的形成时间。（摘自 Wright 和 Walter，1987，得到 Elsevier Science 的许可。）

图 5.6 表示了随着名义应变率的增加，急剧局部化出现的时间如何降低。图 5.7 表示了在完全形成的剪切带中，应变率对时间滞后的曲线（统一横截面

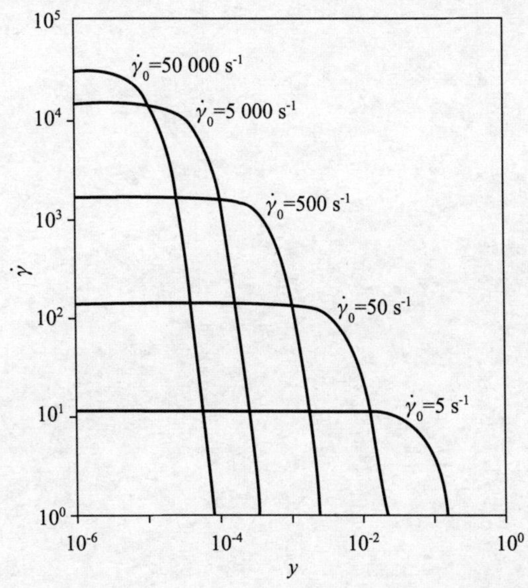

图 5.7 当剪切带完全形成时，应变率的后继时间曲线，表明外加应变率从 5 s^{-1} 变化到 50 000 s^{-1}。（摘自 Wright 和 Walter，1987，得到 Elsevier Science 的许可。）

都取相同的名义应变，所以 50 000 s^{-1}的曲线未完全形成）。应变率每增加 10 倍，最大应变率的值增加近一个数量级。类似地，宽度减小近一个数量级。

事实上，除加工硬化的影响外，绝热剪切带的全部主要特征在图 5.2 ~ 图 5.7 中至少都得到了定性的说明。对更切实的粘塑性流变模型是加入热弹性影响和依赖于不同系数的温度，而得到更准确定量的描述。在后两章中举出并分析了各种不同的问题，一般采用渐近的方法试图找出可能的比例定律，并忽略局域化过程中的不重要因素。

6

一维问题第二部分：扰动的线性化和增长

由于用来描述一维剪切和绝热剪切带组织的方程组是完全耦合且高度非线性的，不易于分析本构关系，以及边界和初始条件对它行为的影响。当然，数值解是有用的，但是因为一次只产生一个特殊情况，需要巨大数量的参数化研究才能包括可能的全部行为。即使如此，建立精确的模型或通用的简单关系，用来有效描述它们在全部复杂性中的可能行为也非常困难。由于这个原因，找出系列的近似解、线性化方程的解、渐近解，或特殊情况的精确解就很有用。在有了部分结果后，一般的预期的结果将开始出现。此外，由于特殊解已求出，参量的成组特征将不断出现，这样它们将具有特别的重要性。

在工程应用中，用由最简单方法得到的公式来表征响应的主要特征总是很有用的。对绝热剪切带而言，这包括测量变形模式的各种特征，如宽度、间距、强度和位置或其他形态学特征。它们还可以包括动力学特征，如时间、完全局部化形态转变的速率或剪切带扩展的各种特征。虽然在原理上，这些公式是存在的，且具有明确的关系式，但是通过实验或者计算机模拟得到的要更好。在其余的情况中，可以利用典型的特殊问题下的解来组合成精确的代数解。在它们最有用的形式中，这些公式仅取决于已经确定的物理性质(密度、初始屈服强度、热容和热传导率等)和物理尺寸或运动学参量(标距长度、名义应变率等)。

这些特征性公式往往取决于性质的无量纲组合或比例参数，这些公式本身可称为比例定律。在本章和随后的章节中，重点是建立绝热剪切带合适的比例参数和比例定律。

在本章，线性扰动方程将用来检测来自齐次解的小偏差行为。线性方程不仅比非线性方程容易求解，它们通常还揭示了物理、运动和长度参数重要的无量纲组合。线性方程的解还可以用于确定完全非线性方程解的最初模式。

6.1 齐次解的扰动：线性方程

在上一章中介绍了齐次解(仅取决于时间的应力、温度和应变率的解)的概念。测定这些解的稳定性的一个标准方法是在齐次解中引入小的扰动，来线性化齐次解的方程组，最后检测扰动随时间的变化。概略地说，如果任意一小的扰动都倾向于随时间快速衰减，那么齐次解是稳定的；但是如果扰动倾向于随时间快速增长，那么齐次解是不稳定的。事实上，扰动充当了检测稳定性的探测器。然而，正如我们所见到的，分析和说明扰动的行为并不能完全直接进行，往往还需要一些技巧。

6.1.1 冻结系数

如果齐次解自身实际上独立于空间和时间，与静压载荷下的弹性圆柱的情况一样，那么扰动方程会利用常量系数的均匀的(或周期的)边界条件建立一个线性方程组。将任何扰动表达为一个具有与时间相关系数的傅立叶级数通常是合理的，该系数是时间的简单幂函数。此处找出指数的形式等同于找出多项式的根。如果这些根中任一个具有正实部，相应的傅立叶组成部分将随时间以指数方式增加。这样含有傅立叶分量的任意扰动将以指数形式增加，且可认为是不稳定的。

当齐次解取决于时间时，上面的简单描述并不严格地适用。如果线性方程中的系数不是常量，解通常不仅是一个时间的简单指数，所以就不能根据多项式方程的根来判定稳定性。不过，这种方法也往往应用于与时间系数冻结的任意时刻，原因是假设系数的变化率相比于指数时间的变化率很小。尽管冻结系数的观点是直观上的需求，但在普通微分方程理论中很少给出其合理的根据，更多的是探索一种方法。

事实上，已经有给出数值上的反例来说明冻结系数的近似值会给出完全错误的稳定性含义。下面的例子，Hale(1998)在其关于普通微分方程(ODEs)的书中引用过，来自 Markus 和 Yamabe(1960)

$$\begin{bmatrix}\dot{x}\\ \dot{y}\end{bmatrix}=\begin{bmatrix}-1+3/2\cos^2 t & -1-3/2\cos t\sin t\\ -1-3/2\cos t\sin t & -1+3/2\sin^2 t\end{bmatrix}\begin{bmatrix}x\\ y\end{bmatrix} \tag{6.1}$$

如果矩阵中的系数在任何值是冻结的，即 $t=t_0$，且假设解具有 $x=x_0\mathrm{e}^{\lambda t}$，$y=y_0\mathrm{e}^{\lambda t}$形式，那么无论 t_0 是何值，λ 必须满足 $\lambda^2+\frac{1}{2}\lambda+\frac{1}{2}=0$。特征方程的根是 $\lambda_{1,2}=\frac{1}{4}[-1\pm \mathrm{i}\sqrt{7}]$。特别地，两根都具有负实部，说明解随时间衰减。事实上，根据直接计算，可以看出一个解已由

$$x=-\mathrm{e}^{t/2}\cos t,\ y=\mathrm{e}^{t/2}\sin t \tag{6.2}$$

明确地给出，它随时间以指数形式增长。因此，冻结系数的假设在此情况下给出了错误的结果。

随后将会看到，如果在剪切带基本方程中存在加工硬化，在引入扰动后，线性化的方程一般快速地表现出一个在时间上的边界层，所以再一次表明，瞬间响应不预示长时间响应。在其他情况下，冻结系数的方法可以给出正确的结果，但是没有普遍性的理论说明它在何时适用。作为一种实践方法，由冻结系数得到的近似值都是可利用的，但也是非常冒险的。Clifton(1980)和Bai(1982)早期的著作都采用了该方法并得到了许多看似合理的结论。

6.1.2 扰动的初始边界值问题

一个改进的方法是提出一个明确的初始边界值问题来保持该系数的时间相关性，并尽可能以一般形式解决该问题。这是 Wright(1992)采用的方法，此处将描述一些具体的细节问题。因此，设想一个厚度为 $2H$ 的厚平板，其上下表面以等值反向的速度 $\pm v$ 剪切，所以平均或名义应变率是 $\dot{\gamma}_0 = v/H$。两个表面是完全一样的，所以两个边界没有温度的差别。这意味着可用分离式霍普金森扭转杆来近似实验。再重复一次，对刚塑性物质的方程是

$$
\begin{aligned}
\bar{s}_{\bar{y}} &= \bar{\rho}\bar{v}_{\bar{t}}, && \text{动量}\\
\bar{\rho}c\bar{\theta}_{\bar{t}} &= \bar{k}\bar{\theta}_{\bar{y}\bar{y}} + \bar{s}\bar{v}_{\bar{y}}, && \text{能量}\\
\bar{\kappa}_{\bar{t}} &= \bar{M}(\bar{\kappa},\ \bar{\theta})\bar{s}\bar{v}_{\bar{y}}, && \text{加工硬化}\\
\bar{s} &= \bar{F}(\bar{\kappa},\ \bar{\theta},\ \bar{v}_{\bar{y}}) && \text{流变定律}
\end{aligned}
\tag{6.3}
$$

边界条件是 $\bar{v}(\pm H,\ \bar{t}) = \pm V$，$\bar{\theta}_{\bar{y}}(\pm H,\ \bar{t}) = 0$，字母上的横线表示有量纲量将被无量纲量代替。假设塑性作用完全转化为热，且加工硬化率与塑性功成比例，同式(4.10)一样，用到了相对温度，即 $\bar{\theta} = T - T_0$。均匀剪切的初始条件是 $\bar{v}_{\bar{y}} = \dot{\gamma}_0$，$\bar{\theta} = 0$，$\bar{\kappa} = \kappa_0$，且 $s_0 = \bar{F}(\kappa_0,\ 0,\ \dot{\gamma}_0)$。流变应力 F 和塑性模量 $\bar{M}$ 具有以下性质：$\bar{F} > 0$ 意味着正的流变应力，$\bar{F}_{\bar{\kappa}} > 0$ 意味着加工硬化，$\bar{F}_{\bar{\theta}} < 0$意味着热软化，$\bar{F}_{\bar{\gamma}} > 0$ 意味着应变率硬化，$\bar{M} \geqslant 0$ 意味着加工硬化。

为了简单而直接地无量纲化这些方程，令

$$
\begin{aligned}
& y = \bar{y}/H, t = \dot{\gamma}_0\bar{t}, v = \bar{v}/H\dot{\gamma}_0,\\
& s = \bar{s}/s_0, \kappa = \bar{\kappa}/\kappa_0, \theta = \bar{\rho}c\bar{\theta}/s_0, v_y = \bar{v}_{\bar{y}}/\dot{\gamma}_0,\\
& M(\kappa,\theta) = (s_0/\kappa_0)\bar{M}(\kappa_0\kappa, s_0\theta/\bar{\rho}c), F(\kappa,\theta,v_y) = s_0^{-1}\bar{F}(\kappa_0\kappa, s_0\theta/\bar{\rho}c, \dot{\gamma}_0 v_y),\\
& \rho = \bar{\rho}\dot{\gamma}_0{}^2H^2/s_0, \kappa = \bar{\kappa}/\bar{\rho}\dot{\gamma}_0H^2
\end{aligned}
\tag{6.4}
$$

所得方程组似乎与式(4.3)相同，但是字母上面没有横线。

$$
\begin{aligned}
s_y &= \rho v_t, && \text{动量}\\
\theta_t &= k\theta_{yy} + s v_y, && \text{能量}\\
\kappa_t &= M(\kappa,\ \theta) s v_y, && \text{加工硬化}
\end{aligned}
\tag{6.5}
$$

$$s = F(\kappa,\ \theta,\ v_y), \qquad \text{流变定律}$$

为了得到一系列数量级的性质，再次考虑扭转实验中使用的高强度钢。尺寸和物理性质的典型值是 $H \approx 10^{-3}$ m，$\dot{\gamma}_0 \approx 10^3\ \mathrm{s}^{-1}$，$s_0 \approx 8 \times 10^8$ Pa，$\bar{\rho} \approx 8\ 000\ \mathrm{kg/m^3}$，$c \approx 500$ J/(kg · K) 和 $\bar{k} \approx 50$ W/mK。利用这些值得 $\rho \approx 10^{-5}$，$k \approx 10^{-2}$，且温度和速度为 $s_0/\bar{\rho}c \approx 200$ ℃，$v = H\dot{\gamma}_0 \approx 1$ m/s。非量纲密度如此小，以至于动量方程的右边项可设为0。这些简化方程组的解可被限定为准静态。回顾第5章中描述过的数值模拟结果，即使存在剧烈的时间变化，应力也只有细小的空间变化，造成这种性质的原因现在已经明朗了。但是如果边界速度 v 是增加的，无量纲密度 ρ 会变得非常大，以至于准静态近似值不再适用。如果不是所有塑性功转化为热，$\beta = \mathrm{const} < 1$［见方程(3.57)及其后的讨论］，通过令 $\theta = \rho c(T - T_0)/\beta s_0$，则它能被比例项合并，因此便于计算由材料的物理性能变化引起的对标量的影响。

流变方程特有的另外两个重要物理参量是热敏度和应变率灵敏度，被定义为

$$\begin{aligned} a &= -\frac{\partial F}{\partial \theta} = -\frac{1}{\bar{\rho}c}\frac{\partial \bar{F}}{\partial \bar{\theta}}, \qquad \text{热敏感性} \\ m &= \frac{\partial \ln F}{\partial \ln v_y} = \frac{\partial \ln \bar{F}}{\partial \ln \bar{v}_{\bar{y}}}, \qquad \text{应变率敏感性} \end{aligned} \tag{6.6}$$

在室温下，金属的典型值是 $a = \mathcal{O}(10^{-1})$ 和 $m = \mathcal{O}(10^{-2})$。

假设常应变率 γ_0 的起始条件接近于常量，并有平均温度 T_0、强度 k_0 和应力 $s_0 = \bar{F}(\kappa_0,\ 0,\ \dot{\gamma}_0)$。由于无量纲温度以与平均温度的偏差为基础，其起始平均数必须消去，即 $\int_{-1}^{+1}\theta_0(y)\,\mathrm{d}y = 0$。类似地，无量纲强度的起始平均值必须为1，即 $\int_{-1}^{+1}\kappa_0(y)\,\mathrm{d}y = 0$，起始值由 $\theta_0(y) = \theta(y,\ 0)$ 给出，等等。

在准静态近似($\rho \ll 1$)时，用 $s_y = 0$ 替换动量方程，考察扰动 $\tilde{s}$、$\tilde{\theta}$、$\tilde{\kappa}$ 和 $\tilde{v}$ 的行为，与齐次解 $S(t)$、$\Theta(t)$、$k(t)$ 和 y 相比较，可以认为它们很小。

$$\begin{aligned} s &= S(t) + \tilde{s}(t) \\ \theta &= \Theta(t) + \tilde{\theta}(y,t) \\ \kappa &= K(t) + \tilde{\kappa}(y,t) \\ v &= y + \tilde{v}(y,t) \end{aligned} \tag{6.7}$$

所有函数的起始和边界条件是

$$
\begin{aligned}
&S(0) = 1, \quad \Theta(0) = 0, \quad K(0) = 1, \\
&\tilde{\theta}_0(y) = \tilde{\theta}(y,0) = \theta_0(y), \quad \tilde{\kappa}_0(y) = \tilde{\kappa}(y,0) = \kappa_0(y) - 1, \\
&\tilde{v}(0,t) = \tilde{v}(1,t) = 0, \tilde{\theta}_y(0,t) = \tilde{\theta}(1,t) = 0
\end{aligned}
\tag{6.8}
$$

函数 $\theta_0(y)$ 和 $\kappa_0(y)$ 是分别具有平均值为 0 和 1 的任意函数，所以 $\int_{-1}^{+1}\bar{\theta}_0(y)\mathrm{d}y = \int_{-1}^{+1}\tilde{\kappa}_0(y)\mathrm{d}y = 0$。$\tilde{v}(y,\ 0)$的起始值必须是给定的，以便与方程(6.10)中给出的扰动流变定律一致。

根据定义，齐次解必须满足式(6.5)的准静态形式

$$
\begin{aligned}
\Theta &= S \\
\dot{K} &= M(K,\Theta)S \\
S &= F(K,\Theta,1)
\end{aligned}
\tag{6.9}
$$

由于 $S>0$，所以平均温度增加，并且由于 M 为非负，加工硬化参数不能减小。反之，扰动必须满足

$$
\begin{aligned}
&\tilde{s}_y = 0, && \text{动量} \\
&\tilde{\theta}_t = k\tilde{\theta}_{yy} + S\tilde{v}_y + \tilde{s}, && \text{能量} \\
&\tilde{\kappa}_t = (M_\kappa\tilde{\kappa} + M_\theta\tilde{\theta})S + M(\tilde{s} + S\tilde{v}_y), && \text{加工硬化} \\
&\tilde{s} = F_\kappa\tilde{\kappa} + F_\theta\tilde{\theta} + F_{\dot{\gamma}}\tilde{v}_y, && \text{流变定律}
\end{aligned}
\tag{6.10}
$$

这里的符号如 $M_\kappa = \partial M/\partial\kappa$ 等表示相对应的微分。所有大写字母的函数根据齐次解计算，并且所有时间的函数如 $S(t)$ 和 $M[K(t),\ \Theta(t)]$ 等都是如此。其结果是，尽管方程组(6.10)是线性的，除第一个方程外的所有方程都有与时间相关的系数，所以必须小心对待，正如在方程组(6.1)和(6.2)中通过例子所给出的含义一样。

以下引入一个很有用的新相关变量

$$
\tilde{\lambda} = \tilde{\kappa} - M(t)\tilde{\theta} \tag{6.11}
$$

它是扰动的一个复合表示，注意当 $\tilde{\kappa}<0$ 且 $\tilde{\theta}>0$ 时，$\tilde{\lambda}<0$。也就是说，强度的降低或者温度的增加会使 λ 为负。根据定义，$\tilde{\kappa}$ 和 $\tilde{\theta}$ 的初始平均值为零，$\tilde{\lambda}$ 的初始平均值也将为零。借助方程组(6.9)和(6.10)，$\tilde{\lambda}$ 显然满足

$$
\tilde{\lambda}_t = M_\kappa S\tilde{\lambda} - kM\tilde{\theta}_{yy} \tag{6.12}
$$

利用式(6.8) 中的边界条件，由式(6.12) 导出 $\mathrm{d}/\mathrm{d}t\int_{-1}^{+1}\tilde{\lambda}\mathrm{d}y = \boldsymbol{M}_\kappa S\int_{-1}^{+1}\bar{\lambda}\mathrm{d}y$，它具有如下解

$$
\int_{-1}^{+1}\tilde{\lambda}(y,t)\mathrm{d}y = \left[\int_{-1}^{+1}\tilde{\lambda}_0(y)\mathrm{d}y\right]\exp\left\{\int_0^t M_\kappa S\mathrm{d}t\right\} = 0 \tag{6.13}
$$

由于 $\tilde{\lambda}$ 的初始平均值为零，其平均数在任何时候都为零。

由于 $\tilde{s}$ 多取决于 t 而不是 y，由均分扰动能量方程和扰动定律导出

$$\frac{\mathrm{d}}{\mathrm{d}t}\int_{-1}^{+1}\tilde{\theta}\mathrm{d}y = 2\tilde{s} = 2(F_{\kappa}M + F_{\theta})\int_{-1}^{+1}\tilde{\theta}\mathrm{d}y \tag{6.14}$$

其中利用了 $\tilde{\lambda}$ 的定义、$\tilde{v}$ 的边界条件和方程(6.13)，结果期望值仍为零。

$$\int_{-1}^{+1}\tilde{\theta}(y,t)\mathrm{d}y = 0 \tag{6.15}$$

式(6.15)最主要的结果是

$$\tilde{s} = 0 \tag{6.16}$$

它直接来自式(6.14)，但此外，根据 $\tilde{\lambda}$ 的定义，$\tilde{\kappa}$ 的平均值对所有齐次项在任何时候都必须为零，结果是，应力、温度、强度和应变率的扰动空间上的平均值都必须为零。

在进一步论述前，让我们先简要回顾齐次方程组，该方程组表明前两式联合可得到 $\mathrm{d}K/\mathrm{d}\Theta = M(K,\ \Theta)$ 具有 $K = \hat{K}(\Theta)$ 的解。那么式(6.9)的第三式可写为 $S = F[\hat{K}(\Theta),\ \Theta,\ 1] = \hat{S}(\Theta)$。反复出现的组合项 $F_{\kappa}M + F_{\theta}$ 具有 $\mathrm{d}\hat{S}/\mathrm{d}\Theta = F_{\kappa} + F_{\theta}$ 的含义，这来自齐次解。最后，如在像主要应变率范围内经常被实验性证实一样，如果与应变率相关的流变应力服从一个指数关系，那么简化的流变应力可写为 $s = F(\kappa,\ \theta,\ \dot{\gamma}) = \hat{F}(\kappa,\ \theta)\dot{\gamma}^m$。在这种情况下，应变率敏感度由 $m = \partial\ln s/\partial\ln\dot{\gamma} = (\dot{\gamma}/F)\partial F/\partial\dot{\gamma}$ 给出，并且根据无量纲应变率是 $\dot{\gamma}=1$ 处的齐次解计算出来。用同样的方法，对具有加工硬化和服从式(6.5)流变定律的大多数材料的齐次应变率灵敏度可以写为

$$m(\Theta) = \frac{F_{\dot{\gamma}}[\hat{K}(\Theta),\Theta,1]}{F[\hat{K}(\Theta),\Theta,1]} = \frac{F_{\dot{\gamma}}(t)}{\hat{S}(t)} \tag{6.17}$$

利用这些新定义，再次引用能量方程(6.10)和方程(6.12)，在准静态情况下的扰动可定义为一对线性偏微分方程

$$\begin{aligned}\tilde{\theta}_t &= k\tilde{\theta}_{yy} - \frac{\hat{S}_{\theta}}{m}\tilde{\theta} - \frac{F_{\kappa}}{m}\tilde{\lambda}\\ \tilde{\lambda}_t &= M_{\kappa}\hat{S}\tilde{\lambda} - kM\tilde{\theta}_{yy}\end{aligned} \tag{6.18}$$

边界条件仍与式(6.8)中描述的一样。

6.2 特殊情况有限区间的准静态解

通过考察一系列复杂性逐渐增加的特殊情况，可以得到式(6.18)解的主要特征。

6.2.1 具有有限热传导率的理想塑性

假设不存在加工硬化，则 $M\equiv 0$，此外假设初始强度是常量，则 $\tilde{\kappa}_0(y)=0$。此情况下，有量纲的流变定律是 $\bar{s}=\kappa_0\hat{F}(\bar{\theta},\ \dot{\bar{\gamma}})$，$\kappa_0$ 是初始准静态剪切强度。根据式(6.9)，很显然，$\Theta(t)$是一个增函数，因为往往假设 $F_\Theta<0$，所以 $\hat{S}(t)$是一个正的减函数，式(6.18)的第二个方程的解即是

$$\tilde{\lambda}(y,t)=\tilde{\lambda}(y,0)=\tilde{\kappa}(y,0)-M(0)\tilde{\theta}(y,0)\equiv 0 \tag{6.19}$$

但是应注意，即使 $\tilde{\kappa}_0=0$，式(6.19)并不意味着 $\tilde{\theta}_0=0$，因为此情况下$M(0)=0$。

简化的能量方程变成一个与时间相关的扩散方程

$$\tilde{\theta}_t=k\tilde{\theta}_{yy}-(\hat{S}_\theta/m)\tilde{\theta} \tag{6.20}$$

它具有如下解

$$\begin{gathered}\tilde{\theta}=\psi\exp\left\{-\int_0^t\frac{\hat{S}_\theta}{m}\mathrm{d}t\right\}\\ \psi_t=k\psi_{yy}\\ \psi(y,0)=\tilde{\theta}_0(y)\\ \psi_y(0,t)=\psi_y(1,t)=0\end{gathered} \tag{6.21}$$

简单扩散函数 ψ 的行为是均匀地衰减到它的平均值,其平均值恒等于零。例如,如果初始温度分布关于 y 对称,那么 ψ 可用一个余弦级数来表示,$\psi=\sum_1^\infty\theta_n\mathrm{e}^{-k(n\pi)^2t}\cos n\pi y$,$\theta_n$ 是初始温度扰动的傅立叶分量。

与扩散衰减相反，式(6.21)中的指数因子可以改写成一个具有更多信息的形式来说明它促进增长。因为在积分中的各项涉及齐次解项，式(6.9)中允许时间 t 由温度来代替，因为 $\mathrm{d}t=\mathrm{d}\theta/\hat{S}$，则该指数变成

$$\exp\left\{-\int_0^t\frac{\hat{S}_\theta}{m}\mathrm{d}t\right\}=\exp\left\{-\int_0^{\Theta(t)}\frac{\hat{S}_\theta}{m\hat{S}}\mathrm{d}\theta\right\} \tag{6.22}$$

如果 m 是常数，那么指数的值是 $\hat{S}^{-/m}$。由于热软化，$\hat{S}$ 是一个从 1 减小的函数，并且 $m\ll 1$，所以式(6.21)中指数系数以快速地有效扩大来抵消扩散。以一简单例子来说，假设 $\hat{S}=\mathrm{e}^{-a\Theta}$，那么容易看出 $a\Theta=\ln(1+at)$，$\hat{S}=1/(1+at)$，且式(6.22)的解是$(1+at)^{1/m}$。图 6.1 显示了 Θ 作为独立变量的结果，而不是用 t。

实际情况是，因为扰动解仅对初始阶段(小名义应变，因为 $t=\dot{\gamma}_0\bar{t}=\gamma$)有意义，所以指数可通过用 $\hat{S}_\theta$ 和 m 的初始值的替换来进行估计。这样

$$\exp\left\{-\int_0^t\frac{\hat{S}_\theta}{m}\mathrm{d}t\right\}\sim\mathrm{e}^{at/m}=\exp\left\{\frac{s_0\bar{a}}{\bar{\rho}cm}y\right\} \tag{6.23}$$

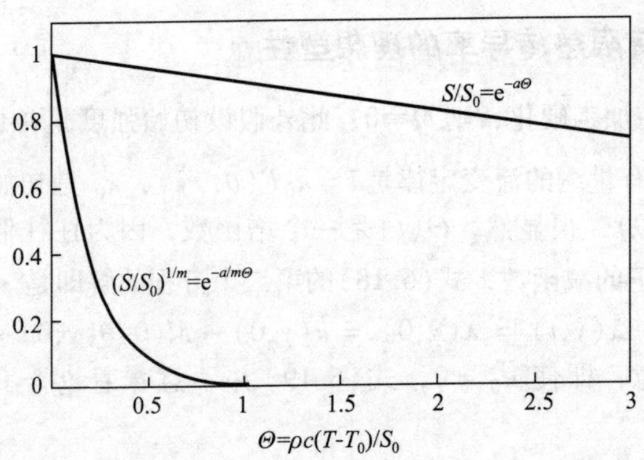

图 6.1 应变率敏感性和热软化对扰动的扩大有强烈影响，上边的曲线表明热软化的影响，下边的曲线是方程(6.21)中放大因子的倒数。

对线性软化 $\hat{S}=1-a\Theta$，指数 $e^{at/m}$ 是精确的，当式(6.23)式与 ψ 的傅立叶形式结合时，很明显那些 $a/m<k(n\pi)^2$ 的傅立叶分量将衰减，而 $a/m>k(n\pi)^2$ 的傅立叶分量最初将趋于增加。显然，所有的高阶项衰减，仅有限数目的最低阶项可以长大。特别地，如果 $a/m<\kappa\pi^2$，没有傅立叶分量能够开始增长。在量纲项中，这说明对于没有加工硬化的材料中的有限带隙内的稳定剪切过程，如果有

$$-\frac{\partial}{\partial\theta}\hat{F}(0,\dot{\gamma}_0) < \frac{\bar{k}m\pi^2}{\kappa_0\dot{\gamma}_0H^2} \tag{6.24}$$

就没有绝热剪切带能够形成。

Wright 和 Walter(1987) 首次给出这个公式。注意，当代入有量纲项时，密度和热容都从不等式中消失。为了说明式(6.24)对客观材料具有的一定意义，可以在方程中插入数量级数。例如，对一个典型的高强度材料，不等式左边项的值估计为 $\mathcal{O}(10^{-3})℃^{-1}$(在大约 $10^3℃$时，材料强度的切线分量从 κ_0 变为0)、$\hat{k}=\mathcal{O}(10^2)\,\mathrm{W/m℃}$、$m=\mathcal{O}(10^{-2})$、$\kappa_0=\mathcal{O}(10^9)\,\mathrm{Pa}$ 和 $H=\mathcal{O}(10^{-3})\,\mathrm{m}$，那么应变率大于 $\dot{\gamma}_0=\mathcal{O}(10)\,\mathrm{s}^{-1}$，将趋向于产生绝热剪切带。根据不同材料在物理性能和尺寸上的变化，容易看出产生剪切带的最小应变率受到5个或者更多因素的影响。此外，剪切带似乎往往在相对低的应变率时形成。

上述公式清楚地指出，热导率和应变率灵敏度能够保持材料的性能，而热软化和强化的作用则相反，高的名义应变率和大的标距长度也不利于保持材料性能。最后，预计剪切带在每秒仅几十的应变率条件下开始形成。

6.2.2 没有热传导的加工硬化：早期响应

此情况下的变形是绝热的，但存在加工硬化。温度仍是均匀地增加，而绝热流变应力首先明显地增加，达到一个最大值，最后单调减小。方程(6.18)变为

$$\tilde{\theta}_t = -\frac{\hat{S}_\theta}{m}\tilde{\theta} - \frac{F_\kappa}{m}\tilde{\lambda} \tag{6.25}$$

$$\tilde{\lambda} = M_\kappa S\tilde{\lambda}$$

第二个方程不与第一个方程耦合，直接可解出

$$\tilde{\lambda}(y,t) = \{\tilde{\kappa}_0(y) - M(0)\tilde{\theta}_0(y)\}\exp\left\{\int_0^t M_\kappa(t')S(t')\mathrm{d}t'\right\} \tag{6.26}$$

由于 $\tilde{\lambda}$ 现在已知，第一个方程可以直接积分

$$\tilde{\theta}(y,t) = \mathrm{e}^{-\int_0^1 (S_\theta/m)\mathrm{d}t'}\left\{\tilde{\theta}_0(y) - \int_0^t \frac{F_\kappa}{m}\tilde{\lambda}(y,t')\mathrm{e}^{\int_0^{t'}(S_\theta/m)\mathrm{d}t''}\mathrm{d}t'\right\} \tag{6.27}$$

通过进一步的分析,可得到方程组(6.26) 和(6.27) 的含义。如果加工硬化模量 M 是独立于温度而仅取决于 κ 的变量,如方程(4.10) 中的一样,根据式(6.4) 在无量纲项中 $M(\kappa) = (ns_0/\gamma_0\kappa_0)\kappa^{-1/n}$,那么式(6.26) 中的指数可直接计算。此情况下,根据式(6.9),齐次解在时间上的积分可由 κ 代替,因为 $S\mathrm{d}t = \mathrm{d}\kappa/M$。这样,$\mathrm{e}^{\int_0^t M_\kappa(t')S(t')\mathrm{d}t'} = M(t)/M(0)$,所以

$$\tilde{\lambda}(y,t) = \frac{M(t)}{M(0)}\tilde{\lambda}(y,0) = \frac{M(t)\tilde{\kappa}_0(y)}{M(0)} - M(t)\tilde{\theta}_0(y) \tag{6.28}$$

如果式(6.4)用来推导塑性模量，如前所述，则 $M(0) = ns_0/\gamma_0\kappa_0$ 和 $M(t)/M(0) = \kappa^{-1/n}$。由于随着加工硬化的发展，$\kappa$ 从 1 开始增加，n 通常是 1 或更小；而塑性模量从其初值减小。此外，因为塑性模量是正的，复合缺陷并不能改变符号。这样，在没有热传导的情况下，如果初始值为正(负)，那么仍保持正(负)。

如果应变率敏感度是常量,方程(6.27) 还可进一步化简合并。与式(6.22)一样,$\exp\{-\int_0^t(\hat{S}_\theta/m)\mathrm{d}t'\} = \hat{S}^{-1/m}$。不过在此情况下,$\hat{S}$ 从1 开始增加,所以指数快速减小,而不是先前的增加,方程(6.27) 现在可写为

$$\tilde{\theta}(y,t) = \tilde{\theta}(y,0)\hat{S}^{-1/m}(t) - \frac{\tilde{\lambda}(y,0)}{mM(0)}\int_0^t F_\kappa M\left[\frac{\hat{S}(t')}{\hat{S}(t)}\right]^{1/m}\mathrm{d}t' \tag{6.29}$$

积分的渐近演变(Jeffreys,1962;Bender 和 Orszag,1978) 提供更进一步的化简。回顾这个典型的情况,均匀应力先增加,然后达到一个最大值,最后减小,如图 6.2 所示。在曲线的上升部分,有 $0 \leqslant t' \leqslant t \leqslant t_m$,因而 $\hat{S}(t')/\hat{S}(t) < 1$,大

的指数 $1/m$ 扩大了这一比值。从而，在积分的上限，应力的比率是 1，且远离积分上限时，$[\hat{S}(t')/\hat{S}(t)]^{1/m}$ 快速地趋近于 0，如图中所示。结果是仅靠近上限的积分值在积分中起主导作用，这个结果已由积分变量的变换加以定量说明。这样，通过令 $e^{-z} = \hat{S}(t')/\hat{S}(t)$，定义 z 为 t' 的函数，所以当 $t' = 0$ 时，有 $z = z(0) = \ln\hat{S}(t)>0$；当 $t'=t$ 时，有 $z=0$。利用这个新变量，积分恰好变为 $\int_{z(0)}^{0} e^{-z/m} F_\kappa M(dt'/dz)dz$。

积分区间中，指数在 $z=0$ 处具有最大值，并且由于 m 很小，指数快速地变化。但是，如果带有指数的项仅是相对缓慢地变化，那么它们可以在 $z=0$ 处以泰勒级数展开，积分可以逐项地直接得出。展开后，积分变为

$$\int_{z_0}^{0} e^{-z/m}(a_0 + a_1 z + \cdots)dz = -ma_0(1 - e^{-z_0/m}) + a_1 m[z_0 e^{-z_0/m} - m(1 - e^{-z_0/m})] + \mathcal{O}(m^3) \quad (6.30)$$

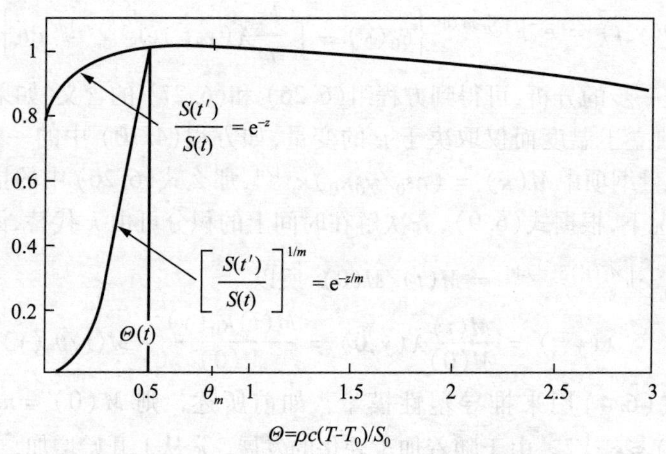

图 6.2 上边的曲线是均匀响应，在方程(6.29)中的积分上限处进行无量纲化。如下边的曲线所示，当指数取较大值时，该方程括号内的应力比值是一个快速变化的函数。渐近近似即利用了这种情况。

由于 $z_0 e^{-z_0/m}$ 具有最大值 me^{-1}，第二项是 $\mathcal{O}(m^2)$，并且级数在小参量 m 内是渐近的，首项系数 a_0 仅仅是在 $t'=t$ 时 $F_\kappa M(dt'/dz)$ 的计算值。

导数 dt'/dz 通过 z 的定义求导得到。这样，根据 $\hat{S}(t')=\hat{S}(t)e^{-z}$，得到 $\hat{S}_\Theta(d\Theta/dt')(dt'/dz) = -\hat{S}(t)e^{-z}$，其左边通常是在 t' 计算的。然而，根据齐次解，有 $d\Theta/dt'=\hat{S}(t')$，所以当微分表达式是在 $t'=t(z=0)$ 计算时，我们发现 $dt'/dz = -1/\hat{S}_\Theta(t)$。这样，$\mathcal{O}(1)$ 项在式(6.29)的渐近解是

$$\tilde{\theta}(y,t) \sim \tilde{\theta}_0(y)\hat{S}^{-1/m}(t) - \tilde{\lambda}_0(y)\frac{M(t)F_\kappa(t)}{M(0)\hat{S}_\Theta(t)}[1-\hat{S}^{-1/m}(t)] + \mathcal{O}(m) \tag{6.31}$$

根据式(6.11)中 λ 的定义，并结合式(6.31)，强度的扰动是

$$\tilde{\kappa}(y,t) \sim \tilde{\kappa}_0(y)\frac{M(t)}{M(0)} - M(t)\left[\tilde{\theta}_0(y) + \tilde{\lambda}(y,t)\frac{F_\kappa(t)}{\hat{S}_\Theta(t)}\right][1-\hat{S}^{-1/m}(t)] + \mathcal{O}(m) \tag{6.32}$$

至此，在代数上扰动应变速率遵循式(6.10)中的扰动的流变定律、对 $\tilde{\kappa}$ 和 $\tilde{\theta}$ 的说明和以前的结果 $\tilde{s}=0$。

$$\tilde{v}_y = -\frac{1}{m}\hat{S}^{-(1+m)/m}(t)\left[F_\theta(t)\tilde{\theta}_0(y) + \frac{M(t)}{M(0)}F_\kappa(t)\tilde{\kappa}_0(y)\right] + \mathcal{O}(1) \tag{6.33}$$

值得注意的是，式(6.31)、式(6.32)和式(6.33)包含一个起始边界层，显示出边界层后的一个简化结构，并指示扰动的一般增长，即使均匀应力仍在上升。

首先，因为 $\hat{S}^{-1/m}$ 是一个从 1 开始然后快速地衰减到 0 的函数，所以在 $t=0$ 时，存在一个边界层，仅在 $\hat{S}^{-1/m}$ 的总系数在 $t=0$ 消失时，边界层才消失。根据定义，考虑到 $\hat{S}_\Theta = F_\kappa M + F_\theta$ 和 $\tilde{\lambda} = \tilde{\kappa} - M\tilde{\theta}$ 时，对上边的三个方程而言，边界层消失的条件是 $\hat{S}_\Theta(0)\tilde{\theta}_0(y) + F_\kappa(0)\tilde{\lambda}_0(y) = 0$，也可表示为

$$F_\kappa(0)\tilde{\kappa}_0(y) + F_\theta(0)\tilde{\theta}_0(y) = 0 \tag{6.34}$$

在考虑到式(6.10)中的流变定律和 $\tilde{s}=0$ 后，方程(6.34)也意味着 $\tilde{v}_y(y,0)=0$。这表明式(6.33)中没有被详细地算出的 $\mathcal{O}(1)$ 项，实际上必须在 $t=0$ 处消除。换句话说，就是边界层后应变率扰动必须很小。

其次，注意在边界层后，解趋向于简化解

$$\begin{aligned} \tilde{\theta}(y,t) &\sim -\tilde{\lambda}(y,t)\frac{F_\kappa(t)}{\hat{S}_\Theta(t)} + \mathcal{O}(m) \\ \tilde{\kappa}(y,t) &\sim \tilde{\lambda}(y,t)\frac{F_\theta(t)}{\hat{S}_\Theta(t)} + \mathcal{O}(m) \\ \tilde{v}(y,t) &\sim \mathcal{O}(1) \end{aligned} \tag{6.35}$$

其中 $\tilde{\lambda}$ 由式(6.28)给出，应变率内的 $\mathcal{O}(1)$ 项在 $t=0$ 处消失。注意，假设 $m \ll 1$，温度的后边界层解能由式(6.25)直接给出。任何情况下，通过变换可以看到，方程(6.35)完全与 $\tilde{\lambda} = \tilde{\kappa} - M\tilde{\theta}$ 的定义相符。同样，通过交叉相乘和前两个表达式，可以看到，边界层之后的结构与初始结构相同，它们完全消

除了边界层；在 m 为指数的项内

$$F_{\kappa}(t)\tilde{\kappa}(y,t)+F_{\theta}(t)\tilde{\theta}(y,t)=\mathcal{O}(m) \tag{6.36}$$

事实上，因为系统对时间具有二阶精度，即使是简化了的方程组(6.18)，仍然有两个独立解，但仅有一个解有用，即边界层后留下来的那一个。

最后应注意，某一点复合缺陷 $\tilde{\lambda}$ 在开始时是负的(即 $\tilde{\kappa}_0<0$ 和/或 $\tilde{\theta}_0>0$)。方程(6.35)说明，因为热软化 $F_{\theta}<0$，强度和温度的扰动在边界层后都是正的。这说明相对于均匀情况，在剪切带中心的材料，将同时存在加工硬化和温度的增加过程，与邻近点的差别在此过程的早期开始形成。相反地，在 $\tilde{\lambda}_0>0$ 的点($\tilde{\kappa}_0>0$ 或 $\tilde{\theta}_0<0$)，强度和温度的扰动在初始边界层之后变为负的。

在均匀的应力-应变曲线的上升部分，这看似是合理的：就判断均匀响应的部分是否稳定而言，断定在扰动解中的初始快速形成边界层是毫无意义的。事实上，方程(6.35)说明在边界层之后，当平均斜率 $\hat{S}_{\theta}$ 减小至0，预计温度扰动和强度扰动都增加。但是实际上，当在应力峰值处 $\hat{S}_{\theta}\to 0$ 时，它们并不趋近于无穷。相反，渐近展开式在靠近峰值时失效，这就需要在下一节做出进一步的阐述。

事实上，正如将在第7章所介绍的，在 $\hat{S}_{\theta}=0$ 之前，强度扰动倾向于增加，而温度扰动实际上倾向于减小。

6.2.3　无热传导的加工硬化：均匀应力峰值附近的响应

利用与上述关于塑性模量 M 和应变率灵敏度 m 相关联的假设，方程(6.28)对复合扰动 $\tilde{\lambda}=\tilde{\kappa}-M(t)\tilde{\theta}$ 在接近均匀应力峰值处仍然有效。由于初始边界值可以被忽略，但是对温度而言，仅仅需要方程(6.29)的积分部分。用 t_m 表示最大均匀应力出现的时间，接近 t_m 的解的渐近表达式可通过先变换积分变量到 z 来建立，现在由 $\mathrm{e}^{-z^2}=\hat{S}(t')/\hat{S}(t_m)$ 定义。根据此定义，$z(t)$ 存在两个分支，对应于峰值应力两边的时间。在峰值的左边区间 $z(0)\geqslant z\geqslant 0$ 对应于 $0\leqslant t'\leqslant t'_m$，在峰值的右边 $0\leqslant z\leqslant z(t)$ 对应于 $t_m\leqslant t'\leqslant t$。图6.3显示了应力相对于峰值应力的响应和大指数 $1/m$ 的影响。积分变为

$$\tilde{\theta}(y,t)\sim-\frac{\tilde{\lambda}_0(y)}{mM(0)}\left\{\int_{z(0)}^{z(t_m)}+\int_{z(t_m)}^{z(t)}\mathrm{e}^{-z^2/m}\left[\frac{\hat{S}(t_m)}{\hat{S}(t)}\right]^{1/m}F_{\kappa}M\frac{\mathrm{d}t'}{\mathrm{d}z}\mathrm{d}z\right\} \tag{6.37}$$

积分现已分化成两部分，问题变成直接考虑 z 的两个分支。除了一个如上述展开式一样的快速变化部分，积分还有一个缓慢变化的部分，它可以展开为一个泰勒级数以便逐项积分。展开式的第一项变为

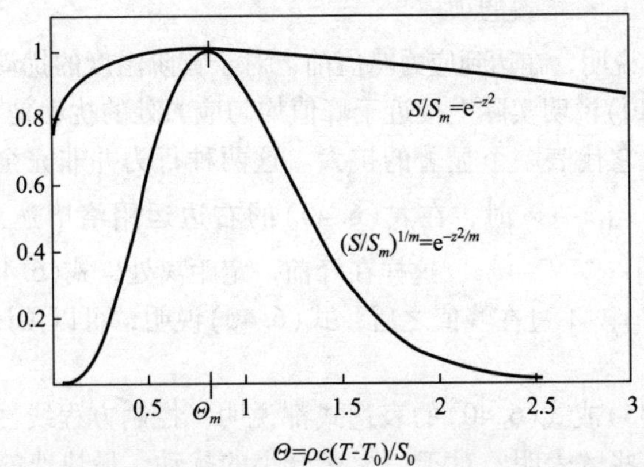

图 6.3　上边的曲线是在峰值应力处进行无量纲化的均匀响应。如下边的曲线所示，方程(6.37)中括号内的应力比率当指数较大时是一个快速变化的函数，其峰值处斜率为零。渐近近似即利用了这种情况。

$$\tilde{\theta}(y,t) \sim -\frac{\tilde{\lambda}_0(y)}{mM(0)}\left[\frac{\hat{S}(t_m)}{\hat{S}(t)}\right]^{1/m}(F_\kappa M)_m\left\{\left(\frac{dt'}{dz}\right)_{m^-}\int_{z(0)}^{0}e^{-z^2/m}dz + \left(\frac{dt'}{dz}\right)_{m\mp}\int_0^z e^{-z^2/m}dz\right\} \tag{6.38}$$

第一个积分代表峰值的左边，第二个积分代表峰值的邻近区域，式中的“-”表示左而“+”表示右。由于第一个积分的下限实际上是无限的，积分的值为$(-1)\sqrt{m\pi}/2$。类似地，第二个积分的值是$(\sqrt{m\pi}/2)\,\mathrm{erf}(z/\sqrt{m})$。如前，导数 dt'/dz 的值可根据定义对 z 进行微分得到，但是必须要注意在 $z(t)$ 合适的分支上计算它。一旦微分给出 $\hat{S}_\theta(dt'/dz)=-2z$，但是由于在 $z=0$ 时两侧都消失，这就有必要进行二次微分，$\hat{S}_{\theta\theta}\hat{S}(dt'/dz)^2+\hat{S}_\theta(d^2t'/dz^2)=-2$。因为$\hat{S}_\theta(t_m)=0$，第二项在应力峰值处消失，得到

$$\left(\frac{dt'}{dz}\right)_{m\mp} = \mp\sqrt{\frac{-2}{(\hat{S}_{\theta\theta}\hat{S})_m}} \tag{6.39}$$

“-”代表峰值的左边，“+”代表其右边。

在应力峰值处，曲线 $\hat{S}(\theta)$ 是下凹的，所以 $\hat{S}_{\theta\theta}$ 是负的，且式(6.39)的右边是一个实数。联立方程(6.38)和(6.39)得到

$$\tilde{\theta}(y,t) \sim -\frac{\lambda_0(y)}{mM(0)}\{F_\kappa M\}_m\left\{\frac{-2}{\hat{S}\hat{S}_{\theta\theta}}\right\}_m^{1/2}\frac{\sqrt{m\pi}}{2}\left[1\mp \mathrm{erf}(z/m^{1/2})\right]e^{z^2/m} \tag{6.40}$$

括号中的项将在均匀应力的峰值处计算，减(加)号代表峰值应力前(后)

的时间。

方程(6.35)说明，在达到应力峰值前，对于首阶温度的扰动仅仅是 $\mathcal{O}(1)$。然而，方程(6.40)说明实际上接近于峰值均匀应力处的扰动是 $\mathcal{O}(m^{-1/2})$，因为 m 远小于 1，它代表一个显著的扩大。这两种行为并非完全不一致，因为很容易地说明，当 $z\to\infty$ 时，在式(6.40)的右边运用洛毕达法则得到 $\sqrt{m\pi}[1-\mathrm{erf}(z/\sqrt{m})]/\mathrm{e}^{-z^2/m}\to mz$。这样在峰前一定距离处，式(6.40)也变为 m 的一阶无穷小 $\mathcal{O}(1)$。不过在峰值之后，式(6.40)说明，可以预计扰动会快速地增加。

无论式(6.35)或式(6.40)的表达式都说明：控制方程线性化的增加是不充分的，但是这些解表明，对于一个充分小的扰动，最快速的增长发生在峰值应力后。但是在均匀应力峰值前，一个足够大的扰动可能会引起局部化。根据式(6.40)考察均匀应力峰值处的完全渐近解是很有益的。

$$
\begin{aligned}
\tilde{\lambda}(y,t_m) &= \tilde{\lambda}_0(y)\frac{M(t_m)}{M(0)}+\mathcal{O}(m)\\
\tilde{\theta}(y,t_m) &\sim -\sqrt{\frac{\pi}{2m}}\frac{\tilde{\lambda}(y,t_m)F_\kappa(t_m)}{\sqrt{-\hat{S}(t_m)\hat{S}_{\theta\theta}(t_m)}}+\mathcal{O}(\sqrt{m})\\
\tilde{\kappa}(y,t_m) &\sim \tilde{\lambda}(y,t_m)\left[-\sqrt{\frac{\pi}{2m}}\frac{F_\kappa(t_m)M(t_m)}{\sqrt{-\hat{S}(t_m)\hat{S}_{\theta\theta}(t_m)}}+1+\mathcal{O}(\sqrt{m})\right]\\
\tilde{v}_y(y,t_m) &\sim -\frac{\tilde{\lambda}(y,t_m)F_\kappa(t_m)}{m\tilde{S}(t_m)}+\mathcal{O}(1)
\end{aligned}
\tag{6.41}
$$

式(6.41)的第一式说明复合扰动在最低阶时并不改变符号。这样，塑性弱于平均值或者温度高于平均值(即 $\tilde{\kappa}_0<0$ 或 $\tilde{\theta}_0>0$)的初始点的 $\tilde{\lambda}_0<0$，然后，它们会比在峰值应力处 $\mathcal{O}(m^{-1/2})$ 的平均值温度更高、加工硬化更明显，这些点还将应变率增加到 $\mathcal{O}(m^{-1})$。这些量中的任何一个都有可能很大，因此不能用来辨别控制方程组的线性化，结果表明局域化已经发生。

6.2.4 有限热传导和加工硬化

用与上述两种情况同样的步骤不能计算出这种情况，不过能够估计出热传导的一些主要影响。如果 m 很小，式(6.18)的第一式仍代表初始边界层，在其末端将保留式(6.35)的第一式，即 $\tilde{\theta}=-(F_\kappa/\hat{S}_\theta)\tilde{\lambda}$。然而，现在不是要满足式(6.25)的第二个方程，而是要在边界层之后，由如下扩散方程求出 $\tilde{\lambda}$

$$
\tilde{\lambda}_t = k\frac{MF_\kappa}{\hat{S}_\theta}\tilde{\lambda}_{yy}+M_\kappa\hat{S}\tilde{\lambda}
\tag{6.42}
$$

像以前一样，m 和 M 有相同的限制，则解具有如下形式

$$\tilde{\lambda}(y,t) = \frac{M(t)}{M(0)}\tilde{\mu}(y,t),\quad \tilde{\mu}(y,0) = \tilde{\lambda}_0(y) \tag{6.43}$$

式中

$$\tilde{\mu}_\tau = k\tilde{\mu}_{yy}$$

$$\tau = \int_0^t \frac{MF_\kappa}{\hat{S}_\theta}\mathrm{d}t'$$

这里不仅扰动参数由 M 的演化表达，而且因为 $MF_\kappa/\hat{S}_\theta = 1 + (-F_\theta/\hat{S}_\theta) > 1$，当 $\hat{S}_\theta \to 0$ 时趋近于∞，扩散使它在加速时间范围内更平坦。在接近峰值应力时，这个近似值不能保留，但是它简单地说明热扩散倾向于消除扰动。

对傅立叶分量，使用 Wentzel-Kramers-Brillonin(WKB)方法(见 Bender 和 Orszag，1978)进行更精确的分析，可以证实这些结果(Wright，1992)。在峰值应力前后的区域，分量可表达为两个独立线性解的线性组合

$$\tilde{\theta}_p \sim \begin{cases} \dfrac{F_\kappa M}{\chi_p}\exp\left\{-\alpha_p^2\displaystyle\int^t \frac{F_\kappa M}{\chi_\rho}\mathrm{d}t'\right\} \\ \mathrm{e}^{-\alpha_p^2 t}S^{-1/m}\exp\left\{\alpha_p^2\displaystyle\int^t \frac{F_\kappa M}{\chi_p}\mathrm{d}t'\right\} \end{cases} \tag{6.44}$$

对 $p = 1, 2, \cdots$，有 $\alpha_p = \sqrt{\kappa}p\pi$ 和 $\chi_p(t) = \hat{S}_\theta(t) + m\alpha_p^2 + m(\mathrm{d}/\mathrm{d}t)/(\ln F_\kappa M)$。式(6.44)的第一式对应式(6.43)，第二式对应初始边界层。在均匀应力到达最大值继而开始减小后，$\chi_p(t)$会经过$\mathcal{O}$后变为负值。与前面的相同，在这些$\mathcal{O}$值附近要求更精确的分析。温度解中，在$\chi_p(t)$零值附近，傅立叶分量的行为基本上与 Whittaker，函数的一样。改变符号后，在级数中最低阶傅立叶分量开始依次以指数增加，且开始于 $p = 1$ 处的第一项。热传导的效果推迟每一傅立叶分量的有效峰值。此外，尽管均匀响应的斜率变成了负值，但它仍然是有限的，这样，由于 α_p^2 随整数 p 的平方增加，仅有限数目的傅立叶分量会开始增加。

正如 Wright(1992)未完成的工作那样，对 $m = \mathrm{const}$ 和 $M_\theta = 0$，已经计算出上述三种情况，而这些解能够被广义化以消除以上两个条件的限制。因此，响应的一般特征未发生变化。

6.2.5　准静态解的讨论

图 6.4 ~ 图 6.8 显示了包含加工硬化和热传导的线性扰动方程解中的边界层的情况。图 6.4 显示了两种情况下绝热应力的发展，较低的具有轻微的加工硬化，较高的具有强的加工硬化。在这两种情况下，峰值应力后的均匀反应相同，表现为缓慢地减小。此外，对于小的扰动，非线性反应也得到了表现。在峰值之后的某些时间，应力开始急剧减小。

注意，来自均匀曲线的偏移恰好开始于峰值应力后，在这两种情况中，都用刻度线表示出。

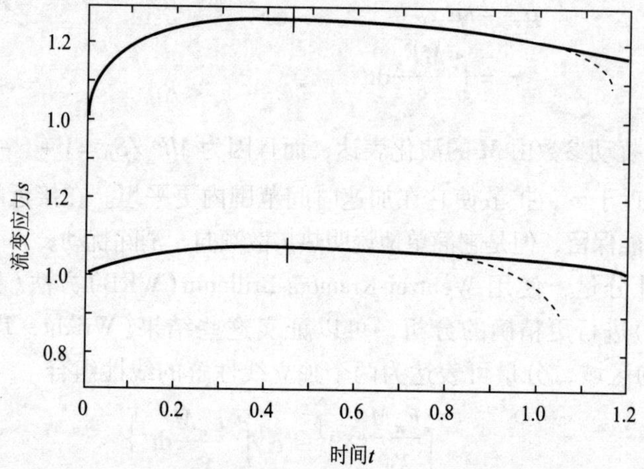

图 6.4 两种材料的均匀响应曲线，两种材料分别具有强和弱的加工硬化。峰值应力已标出，虚线代表由典型的小扰动引起的应力塌陷。（摘自 Wright，1992，得到 Elsevier Science 的许可。）

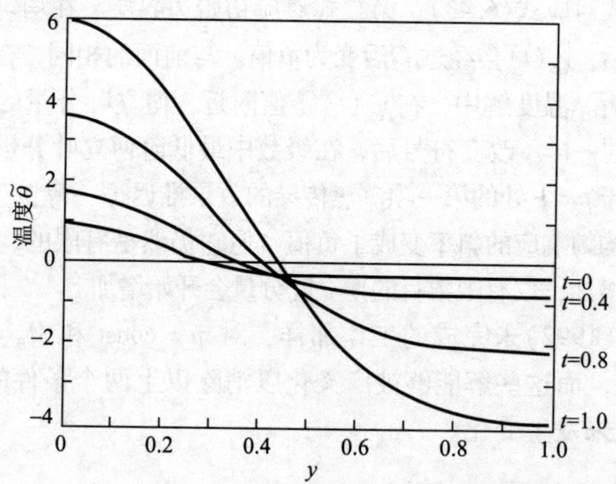

图 6.5 对图 6.4 中弱加工硬化的情况，根据线性方程得到的温度变化扰动的横截面，将 $y=0$ 处的初始振幅归一化，得 $\tilde{\theta}(0,\ 0)=1$。很明显地，与温度的均匀增长相关曲线的加速增长。（摘自 Wright，1992，得到 Elsevier Science 的许可。）

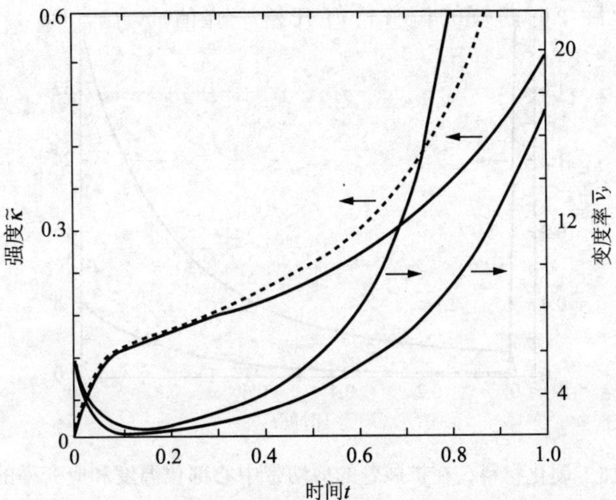

图 6.6　对弱加工硬化的材料在扩展着的剪切带中心处，强度扰动和应变率扰动的增长。强度的初始扰动为 0，温度的初始扰动与图 6.5 中的相同。实线对应线性方程，虚线对应非线性方程。同时，应注意初始边界层与方程(6.31)～(6.33)中通过渐近法得出的预测相同。峰值应力大约是 0.44。（摘自 Wright，1992，得到 Elsevier Science 的许可。）

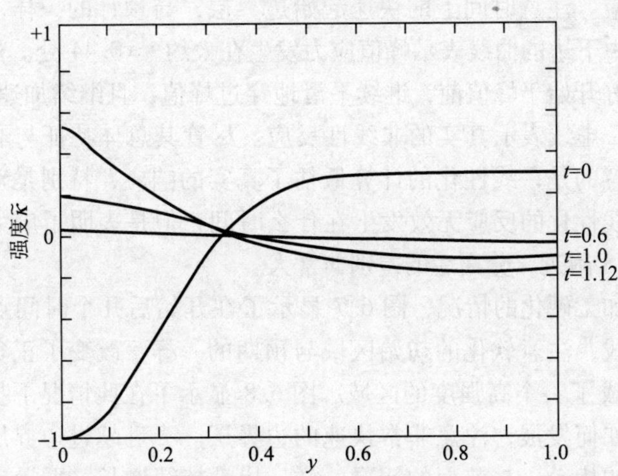

图 6.7　对图 6.4 中强加工硬化的情况，由线性方程得到的逐渐变化着的强度扰动的横截面。参考图 6.4 中上方的曲线可以看出，尽管应力没有完全塌陷，完全局域化也没有发生在 $t=1.12$ 处，初始弱区域却变成了强区域。（摘自 Wright，1992，得到 Elsevier Science 的许可。）

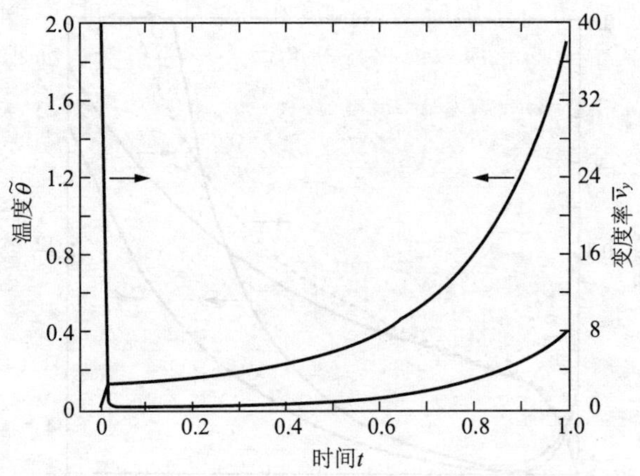

图 6.8 对强加工硬化材料，在扩展着的剪切带中心部位温度和应变率的变化。相同条件下，初始边界层的出现相比弱加工硬化材料迅速得多。（摘自 Wright，1992，得到 Elsevier Science 的许可。）

对弱加工硬化的情况，图 6.5 显示了在开始后的几个时间点，纯温度扰动的变化曲线。图 6.6 显示了在扰动中心的加工硬化和应变率如何对同样的情况做出反应。注意时间上的快速起始边界层，与预计的一样，随后加速生长。图 6.4 中下边的曲线表示峰值应力发生在大约 $t=0.44$ 处。然而图 6.6 显示的增长恰好开始于峰值前，继续平滑地穿过峰值，且继续加速。为了比较，在图 6.6 中，虚线表示真实的非线性反应。尽管其总体特征与非线性反应一样，但要注意的是，线性化的计算低估了真实的响应，特别是对应变率。这虽然看不出线性化的反应无效发生在什么时间，但是表明了应力分离开始的时间在 $t=0.8$ 附近，分离后的差别非常大。

对于强加工硬化的情况，图 6.7 显示了在开始后几个时间点的纯强度扰动的变化曲线，注意软化的初始区域与预期的一样，改变了正负符号，在计算的后期变成了一个高强度的区域。图 6.8 显示了在此情况下扰动中心的温度和应变率如何发展，注意非常快速的边界层。一旦越过边界层，仍有缓慢却加速增长的扰动。与前面的情况一样，扰动持续增长，平滑地通过峰值应力的时刻。尽管图 6.4 显示了应力在 $t=1.0$ 附近从均匀反应中分化出来，根据非线性的情况预测，线性变化的温度和应变率在该时间之前表现出显著地生长。不过，仍看不出线性化反应失效发生的具体时间。

6.2.6 比例定律和比例参数

方程(6.10)中的扰动流变定律可用来推导一种可能形式的比例定律，它在失效点把比例扰动与比例应变或温度相联系。基本的观点由 H. Ockendon (1990)提出，基于实际的观察：当扰动的应变率的最大值变得与外加的均匀应变率相当后，线性化的方程不能再作为完全非线性系统的合理近似。也就是说，当 $\bar{v}_y = 1$，或根据式(6.10)，当 t 满足

$$\tilde{v}_y = -\frac{F_\kappa}{F_{\dot{\gamma}}}\tilde{\kappa} - \frac{F_\theta}{F_{\dot{\gamma}}}\tilde{\theta} = 1 \tag{6.45}$$

时，线性化失效。从严格意义上讲，此标准不能决定"失效的时间"，但它的确给出了数量级上的估计，且它可以孤立关键的比例因子。

例如,假设具有线性热软化的理想塑性材料(各向同性的)的流变定律由 $F = (1 - a\theta)v_y^m$ 给出。利用齐次解 $v_y = 1$,有 $F_\kappa = 0, F_\theta = -a, F_{\dot{\gamma}} = mF$, $\hat{S}(\Theta) = 1 - a\Theta = \exp(-at)$ 和 $\exp\{-\int_0^t (\hat{S}_\theta/m)\,\mathrm{d}t'\} = \mathrm{e}^{at/m}$,结果是,利用式(6.21)及 $y = 0$,由式(6.45)推出

$$\frac{a}{m}\frac{\tilde{\theta}(0,t)}{1 - a\Theta(t)} = \frac{a}{m}\frac{\mathrm{e}^{at/m}}{\mathrm{e}^{-at}}\sum_1^\infty \theta_n \mathrm{e}^{-k(n\pi)^2 t} = 1 \tag{6.46}$$

仅利用傅立叶级数的第一项，方程(6.46)确定了一个近似的"临界时间"

$$t_{\mathrm{cr}} \approx \frac{1}{[(1+m)/m]a - k\pi^2}\ln\frac{m}{a\theta_1} \tag{6.47}$$

由 H. Ockendon(1990) 首次进行了注解。

当在有量纲条件下表达时，在确定 $t_{\mathrm{cr}} = \gamma_{\mathrm{cr}}$之后，式(6.47)变为

$$\gamma_{\mathrm{cr}} \approx \left(\frac{\bar{a}s_0}{m\bar{\rho}c}\right)^{-1}\left(1 + m - \frac{\bar{k}\pi^2}{\bar{a}s_0\dot{\gamma}_0 H^2}\right)^{-1}\ln\frac{m}{\bar{a}\theta_1} \tag{6.48}$$

因为临界应变反比于比率 $a/m = \bar{a}s_0/m\bar{\rho}c$，此处，$s_0 = \kappa_0(b\dot{\gamma}_0)^m$ 可称为理想塑性材料对绝热剪切的"敏感系数"。这个基本的敏感系数由热传导(相对于热软化的速率)来修正，在低应变率下，它将延缓临界应变，如图 5.5 中的参量计算一样。不过，在高的应变率下，热传导的影响反而变得很小。"非理想敏感系数"可能与式(6.47)中 θ_1 的系数相关联。在有量纲的项中，对理想塑性材料，就是通过 $\bar{a}/m$ 关联起来的。

类似地，方程(6.45)可改写为

$$-\frac{\hat{S}_\theta}{F_{\dot{\gamma}}}\tilde{\theta} - \frac{F_\kappa}{F_{\dot{\gamma}}}\tilde{\lambda} = 1 \tag{6.49}$$

的形式。如果忽略热传导，它可用来给出加工硬化材料物质的比例因子。在峰值均匀应力附近，$\hat{S}_\theta = (\hat{S}_{\theta\theta})_m(\theta - \theta_m)$，所以利用式(6.28)和式(6.40)，方程(6.49)变为

$$-\frac{\{\hat{S}_{\theta\theta}\}(\theta-\theta_m)}{m\hat{S}}\left\{-\frac{\dot{\lambda}F_\kappa}{m}\right\}\left\{\frac{-2}{\hat{S}\hat{S}_{\theta\theta}}\right\}^{1/2}\frac{\sqrt{m\pi}}{2}[1\mp\mathrm{erf}(z/m^{1/2})]\mathrm{e}^{z^2/m}-\frac{F_\kappa\tilde{\lambda}}{m\hat{S}}=1 \quad (6.50)$$

同上，括号中的项将在均匀应力的峰值处得到。这个方程非常复杂而不能简明地解释，但它可以通过指定关键的比例变量来进行简化。最后，扰动的测量由

$$\beta = -\{F_\kappa\tilde{\lambda}/m\hat{S}\} \quad (6.51)$$

给出,用 $\eta = z/\sqrt{m}$ 定义距均匀应力的峰值的距离,同时使用确定的概念 $m\hat{S} = F_{\dot{\gamma}}$ 和 $\eta^2 = z^2/m = -\int_{t_m}^{t}(\hat{S}_\theta\hat{S}/F_{\dot{\gamma}})\mathrm{d}t$,它可由下式近似

$$\eta^2 \approx -\frac{1}{2}\left\{\frac{\hat{S}_{\theta\theta}}{F_{\dot{\gamma}}}\right\}(\Theta-\Theta_m)^2 \approx -\frac{1}{2}\left\{\frac{\hat{S}^2\hat{S}_{\theta\theta}}{F_{\dot{\gamma}}}\right\}(\gamma-\gamma_m)^2$$
$$= -\frac{1}{2}\left\{\frac{\hat{S}\hat{S}_{\theta\theta}}{m}\right\}(\gamma-\gamma_m)^2 \quad (6.52)$$

那么对越过均匀应力峰值的时间点，方程(6.50)可写为

$$\eta\mathrm{e}^{\eta^2}(1+\mathrm{erf}\eta) = (1-\beta)/(\sqrt{\pi}\beta) \quad (6.53)$$

由于在得到式(6.53)中所做的近似的特性，在均匀应力峰值附近或 $\eta=0$ 附近一定是最精确的。任何情况下都说明：局域化发生在一个仅取决于标定复合扰动的数量级的标定时间（在均匀温度或应变条件下测定），也就是说

$$\eta = f(\beta) \quad (6.54)$$

注意：由式(6.51)给出的扰动的强度，与由式(6.41)的第四个方程给出的应变率的无量纲扰动一样。

由于完全非线性问题的复杂性，方程(6.54)清楚地表明：如果用适当的物理方法确定比例因子，那么局域化将发生在均匀应力峰值之后的名义应变率的增加处，均匀应力峰值仅取决于初始复合扰动的最大负值，即 $\tilde{\lambda}_0=\tilde{\kappa}_0-M(0)\tilde{\theta}_0$。局域化点也可以表达为时间或温度的增量。此外，如果标定扰动大于1，即 $\beta>1$，那么局域化事实上会发生在均匀应力峰值之前。

可以容易地从数值上对这些预测的特征进行测定，正如 Wright(1994)所做的，具有以应变幂指数增加的加工硬化、以温度指数增加的热软化和以应变率指数增加的硬化的简单的材料模型一样。利用多种物理性能和应用性能验证了12种不同的情况，然而只有当利用适当的标度因子绘图时，结果才能恰好聚集在曲线

$$\eta = \pi^{-1/2}\ln\beta^{-1} \quad (6.55)$$

的下面，而不是沿着由式(6.55)所得的曲线，如图6.9所示。很容易地计算出由式(6.53)和式(6.55)给出的曲线，在均匀应力的峰值 $\beta=1$ 处是相切的。

这样，与预期的一样，式(6.53)仅在峰值附近显示出较好的近似，但事实上从线性理论得到的标度表现相当好。它还充分地证明，初始复合扰动(而不是独立扰动)应小于0.035(Wright，1994)。

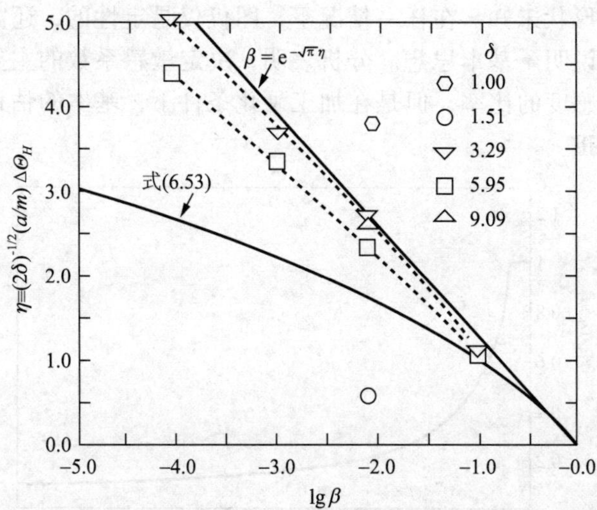

图6.9　下方的曲线给出了由线性方程得出的适当标定的缺陷和塌陷温度(应力塌陷处，均匀应力处于峰值状态下的均匀温度)的关系。完全非线性方程的数值实验表明，塌陷发生的时间比上方曲线的稍早，上方曲线是下方曲线在原点处的切线。参数 $\delta=n/m(1+n)$ 对结果仅有很小的影响。(摘自 Wright，1992，得到 Elsevier Science 的许可。)

有量纲项的方程(6.55)变为

$$\gamma_{cr}-\gamma_m=\sqrt{\frac{2mn}{(1+n)\pi}\frac{\bar{\rho}c}{\bar{a}S_m}}\ln\frac{m/\bar{a}}{\theta_0-(\gamma_0/n\bar{\rho}c)\bar{\kappa}_0}\tag{6.56}$$

现在比较方程(6.55)和无热传导的方程(6.48)，它们两个具有明显的相似性：应变率敏感度对热敏感度的比率在两种情况下都起重要的作用，但是在加工硬化条件下，应变率敏感因子对加工硬化指数的比值修正了对数前的因子。

对敏感系数的粗略估计可通过令对数项为1(实际上选择中等强度的标定扰动，$\beta=e^{-1}$)，然后用 $(m/a)\sqrt{n/m}$ 逼近首项乘数来得到。那么因为峰值应力处的应变往往具有近似值 n/a(Wright，1992)，在加工硬化情况下的临界应变可估计为 $\gamma_{cr}\approx(n/a)+(m/a)\sqrt{n/m}$，对应于理想塑性情况下的 $\gamma_{cr}=m/a$。联立这两个估计值，导出 $\gamma_{cr}\approx(m/a)\max\{1,(n/m+\sqrt{n/m})\}$。定义敏感系数为临界应变的估计值的倒数，有

$$\frac{\chi_{SB}}{a/m}=\min\left\{1,\frac{1}{(n/m)+\sqrt{n/m}}\right\}\tag{6.57}$$

方程(6.57)由 Wright(1992)第一次给出，并绘成图 6.10。在参数 n/m 取较低值时，敏感系数基本上与理想塑性材料的相同，但是对加工硬化相对强于速率硬化的材料，敏感系数会变低。在两个极端条件中间还存在一个过渡区域，但是其形状未知。在任一情况下，图仅仅是定性的，还需要更精确的估计，但是图说明了基本思想。分析表明，决定敏感系数的主要因素是热敏度与应变率敏感度的比率，但是在加工硬化条件下，基本的估计必须由单一参数的函数修正。

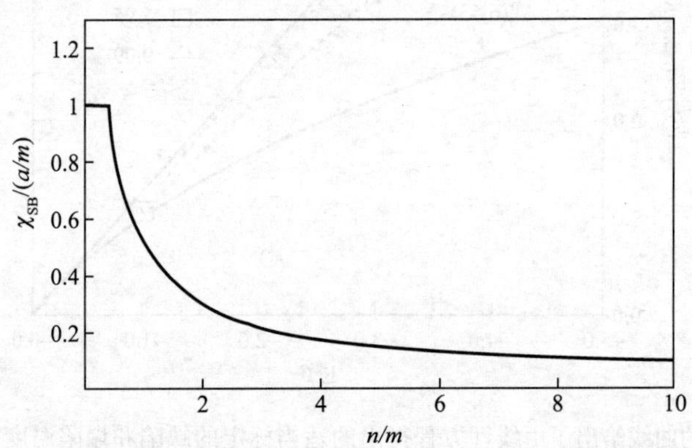

图 6.10 由方程(6.57)得出的剪切带形成敏感性χ_{SB}，正比于：无量纲热敏感系数对应变率系数的比与一个关于加工硬化指数对应变率敏感性之比的减函数的乘积。从量纲的角度看，$\chi_{SB}=\frac{1}{\rho c}\frac{\partial s}{\partial\theta}/\frac{\partial\ln s}{\partial\ln\dot{\gamma}}f(n/m)$，其中$f(\cdot)$即图示函数。

在关于金属成形文献中(Semiatin 和 Jonas，1984)，参数 α 被定义为加工软化斜率与应变率敏感系数的比

$$\alpha=\frac{|\mathrm{d}\bar{s}/\mathrm{d}\varepsilon|}{m\bar{s}} \tag{6.58}$$

此处运用了一般化的流变应力和应变。不过，因为在绝热情况下，$\bar{s}\mathrm{d}\varepsilon=\rho c\mathrm{d}T$，并且 $a\equiv-\bar{s}_T/\rho c$，它们的参数 α 与本书用的比率 a/m 相同，只是在使用它们时有一些细微的差别。

Molinari 和 Clifton(1987)也预测了取决于局部化处应变扰动尺寸的对数关系。Duffy 和 Chi(1992)仔细地准备了具有已知壁厚缺陷的扭转试样，并测量了局部化处的应变，如图 6.11 所示。他们的结果符合 Molinari 和 Clifton 的预测，但带有超出理论范围的额外的滞后。Duffy 和 Chi 对热传导的影响未做考虑，但是如果确定的理论曲线与方程(6.48)中给定的附加因子$[1+m-(\bar{k}\pi^2/\bar{a}s_0\dot{\gamma}_0H^2)]^{-1}$相乘，那么利用对物理常数的合理估计 $\bar{k}=48$ W/mK，$\bar{a}=$

1/900 K^{-1}，$s_0=0.5$ GPa，$\dot{\gamma}_0=1\ 500\ s^{-1}$，$H=1.25$ mm 和 $m=0.03$，修正因子大约是 3/2，并且数据恰好处在修正过的理论曲线上面。因为没有得到适合于加工硬化材料的项，此处修正因子的运用在性质上有些特殊。

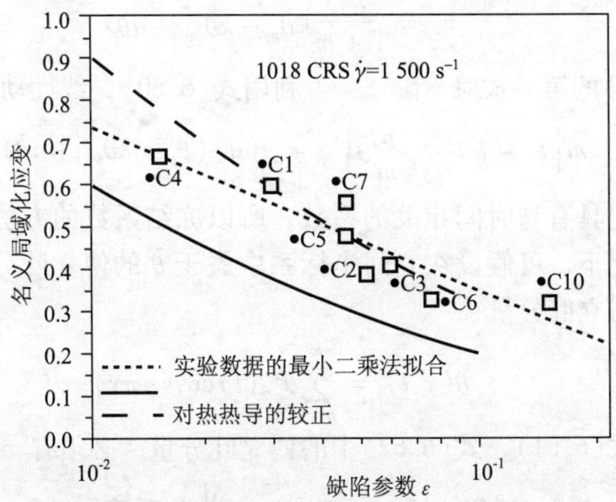

图 6.11　局部应变随着缺陷的增加而减少，下方的曲线和数据点摘自 Duffy 和 Chi（1992，得到 Elsevier Science 的许可）。虚线是根据方程（6.48）对有限热导率理论曲线的修正。

6.3　无限范围：带间距和模式

图 5.5 表明在理想刚塑性材料中临界应变随名义应变率的增加而变化。曲线呈 U 形，在低应变率或无限应变率处，趋近于无穷，并且在中间处具有单一极小值。数值实验已说明，具有加工硬化的材料也出现类似的 U 形曲线（Klepaczko、Lipinski 和 Molinari，1988；Wright（1994）引用的未公开的 Walter（1987）的工作）。

在低应变率时，热传导延缓局域化；在高应变率下，惯性延缓局域化。扰动分析可用来估计在有限区域内的最小值的位置，分析的轻微改变也能用来估计在无限的范围内的剪切带形核的可能的最小间距。

根据 Wright 和 Ockendon（1996）的工作，假设材料随温度线性热软化，随应变率硬化，根据指数定律，即 $s=(1-a\theta)v_y^m$，在无量纲形式中，齐次解是 $\hat{S}=1-a\Theta=e^{-at}$ 和 $V=y$，所以包括惯性的扰动方程变为

$$\begin{aligned} s_y &= \rho v_t \\ \tilde{\theta}_t - k\tilde{\theta}_{yy} &+ \tilde{s} + e^{-at}\tilde{v}_y \\ \tilde{s} &= me^{-at}\tilde{v}_y - a\tilde{\theta} \end{aligned} \tag{6.59}$$

最后两个方程可以依据温度的扰动求出应力和应变率的扰动

$$\tilde{s} = \frac{m}{1+m}\left(\tilde{\theta}_t - k\tilde{\theta}_{yy} - \frac{a}{m}\tilde{\theta}\right)$$
$$\tilde{v}_y = \frac{e^{at}}{1+m}(\tilde{\theta}_t - k\tilde{\theta}_{yy} + a\tilde{\theta}) \tag{6.60}$$

当式(6.59)的第一式对 y 微分，再利用式(6.60)，线性动量守恒变为

$$m\left[\tilde{\theta}_t - k\tilde{\theta}_{yy} - \frac{a}{m}\tilde{\theta}\right]_{yy} = \rho\left[e^{at}(\tilde{\theta}_t - k\tilde{\theta}_{yy} + a\tilde{\theta})\right]_t \tag{6.61}$$

扰动方程仍具有与时间相关的系数，所以冻结系数的方法必然是不可靠的。此特殊情况下，可假设在空间坐标系中关于 $\tilde{\theta}$ 的傅立叶分解，它将具有与时间相关的傅立叶分量

$$\tilde{\theta}(y,t) = \sum_{n=1}^{\infty} F_n(t)\cos(n\pi y) \tag{6.62}$$

为了满足式(6.61)、式(6.62)中的傅立叶分量，必须有

$$-m(n\pi)^2\left[\dot{F}_n + k(n\pi)^2F_n - (a/m)F_n\right] = \rho\frac{d}{dt}\left\{e^{at}\left[\dot{F}_n + k(n\pi)^2F_n + aF_n\right]\right\} \tag{6.63}$$

通过令 $F_n = u_n w_n$，方程(6.63)可以简化，这里 u_n 用来在 w_n 方程中消除 $\dot{u}_n$。整理后，有

$$u_n = \exp\left\{-at - \frac{1}{2}k(n\pi)^2t - \frac{1}{2}\frac{m}{\rho a}(n\pi)^2(1-e^{-at})\right\}$$
$$\ddot{w}_n - \left(\frac{n^2\pi^2}{2\rho}\right)^2\left[(k\rho - me^{-at})^2 + \frac{4a\rho}{n^2\pi^2}\left(1+\frac{m}{2}\right)e^{-at}\right]w_n = 0 \tag{6.64}$$

此形式下，式(6.64)的第二个方程是 WKB 分析的标准形式，此处 $n^2\pi^2/2\rho$ 作为一个较大的参数(Bender 和 Orszag，1978)。

随时间增加的标准 WKB 解可写为

$$w_n = A_n^{-1/4}\exp\left\{\frac{n^2\pi^2}{2\rho}\int A_n^{1/2}dt\right\}$$
$$A_n = (me^{-at} - k\rho)^2 + \frac{4a\rho}{n^2\pi^2}\left(1+\frac{m}{2}\right)e^{-at} \tag{6.65}$$

式(6.65)中的积分可通过令 $x = e^{-at}$ 并利用积分表精确计算出，但是结果太复杂而不能进行简单的解释。早期，线性方程被认为是最精确的，正如式(6.60)的第二个方程中计算的一样。应变率的第 n 阶傅立叶分量的表达式，经过变换后可简化为

$$\dot{\gamma}_n \approx \varepsilon_n\frac{a}{m}e^{\alpha_n t} \tag{6.66}$$

指数中的系数由

$$\alpha_n = n^2\pi^2 \frac{m}{2\rho}\left\{\left[\left(1-\frac{k\rho}{m}\right)^2 + \frac{4+2m}{n^2\pi^2}\frac{a\rho}{m^2}\right]^{1/2} - 1 - \frac{k\rho}{m} + \frac{1}{n^2\pi^2}\frac{a\rho}{m}\right\} \tag{6.67}$$

给出，温度的 n 阶傅立叶分量的初始值是 ε_n。尽管式(6.66)具有与在冻结系数方法中所假设的相同的指数形式，但在早期它被作为近似值是有效的。式(6.67)中的最后一项来自 WKB 近似中的 $A_n^{-1/4}$ 项。

现在各种比例定律采用最大化式(6.67)的方法，这与傅立叶展开的次数 n、特征长度范围 H 或采用的应变率 $\dot{\gamma}_0$ 相关。傅立叶分量的次数在式(6.67)中已直接说明，而长度尺度被归入参数(ρ, k)，尽管乘积 ρk 与 H 无关。正如通过参考式(6.4)和式(6.6)中的定义和根据 $s_0=\bar{F}(\kappa_0, 0, \dot{\gamma}_0)$所看到的那样，外加的应变率插入参数($\rho$, k, a)中。例如，在目前的情况下，得到 $s_0=\kappa_0(b\dot{\gamma}_0)^m$。

设计一个实验，能够用于估算剪切带可能出现的最大数量。就像 Kolsky 扭杆实验一样，设计适当的长度，这个长度正好只有一个剪切带出现。相反，如果长度范围过大，会有多个剪切带形核，这能够用于估算剪切带产生的可能的最小间距。这两个问题可同时考虑，因为傅立叶数和长度范围通过 $\rho/n^2\pi^2$ 项出现在 $H/n\pi$ 项中。

如果长度范围是固定的(比如，在测试试样中的标定部分)，那么剪切带预期的最大数目会使式(6.67)中的生长率 α_n 最大化。相反地，用 $n=1$ 确定最长波长，考虑到 H，式(6.67)中 α_n 的最大值将取长大最快的半波长。此处用到的基本观点是剪切带不会横向传播，而是在材料的某个固定的平面上传播。事实上，形核的最小间距和能够长期存在的剪切带的最小数目是两个相互独立的问题。如果多个扰动形核靠得非常近，主要的一个会在剪切带完全成形之前将较弱的那个吸收进自己的结构，这与 Bai(1989)计算的结果一致。但是如果剪切带的形核距离足够远，它们迟早能够在初始形核的位置上独立长成剪切带，这与 Kwon 和 Batra(1988)的结果一样。本章进行的线性分析仅适用于初始成核之后的生长开始阶段，不过，它仍能确定剪切带形貌最早期的、粗略的特征。因此，如果它们之间的距离比初始阶段生长最快的波长还宽，可以认为两个独立的剪切带形核很有可能形成彼此独立的剪切带。

通过采用不同的参量，可以使分析简化。为此，令

$$\xi \equiv \frac{k\rho}{m} = \frac{\bar{k}\dot{\gamma}_0}{mcs_0}, \quad \eta \equiv \frac{1}{2}\frac{(2+m)}{n^2\pi^2}\frac{a\rho}{m^2} = \frac{1}{2}\frac{(2+m)}{m^2}\frac{\bar{a}\dot{\gamma}_0{}^2}{c}\left(\frac{H}{n\pi}\right)^2 \tag{6.68}$$

可知比率 $H/n\pi$ 可作为 η 项的独立变量，现在方程(6.67)变为

$$\alpha_n = \frac{(2+m)}{4}\frac{a}{m}\left\{\frac{[(1-\xi)^2+4\eta]^{1/2}}{\eta}-\frac{1+\xi}{\eta}\right\}+\frac{a}{2} \tag{6.69}$$

由 $d\alpha_n/d\eta=0$ 导出代数条件 $\eta^2-4\xi\eta-\xi(1-\xi)^2=0$，这样得到精确解 $\eta=\xi^{1/2}(1+\xi^{1/2})^2$，对 n 或 H 的最大值，具有相同的关系。

例如，在计量长度 $L=2H$ 内，预测形核的剪切带的最大数目时，忽略二阶项，得到

$$n=\frac{L}{2\pi}\left[\frac{\dot{\gamma}_0^3\bar{a}^2s_0}{m^3\bar{k}c}\right]^{1/4} \tag{6.70}$$

当然，一般情况下，式(6.70)不会产生一个完全准确的数，但它会近似告诉实验者从一个具体的实验设计中能得到什么结果。例如，如果 $\dot{\gamma}_0=10^3\ s^{-1}$，$\bar{a}=8\times10^{-4}℃^{-1}$，$s_0=0.8$ GPa，$m=0.02$，$\bar{k}=50$ W/m℃，$c=500$ J/(kg · ℃)(这是一种强度钢的近似值)，并且计量长度 $L=1$ mm，结果是 $n=0.2$。这告诉实验的设计者形成一个剪切带是很困难的，除非增加计量长度或名义应变率。当然，外加应变率大于形成一个剪切带所要求的最小值。根据式(6.23)的讨论，临界值在 $a/m=k\pi^2$ 时出现，小于这个值时，没有剪切带能够形成。在量纲项中，临界应变率是 $\dot{\gamma}_0=4\pi^2m\bar{k}/\bar{a}L^2s_0$，或者利用上面例子中的数据，得出 $\dot{\gamma}_0\approx62\ s^{-1}$。设计速率为 1 000 s^{-1}的点大概在 U 形曲线最小值的左侧，热传导能够强烈地延缓剪切带的形成。这一点将在下面进一步验证。

在可以形成许多剪切带的大试样中，式(6.69)中的最大值可被解释为给出了剪切带成核之间预计的最小间距。此结果由 Wright 和 Ockendon(1996)给出，即

$$L=2\pi\left[\frac{m^3\bar{k}c}{\dot{\gamma}_0^3\bar{a}^2s_0}\right]^{1/4} \tag{6.71}$$

利用与前面相同的数据，剪切带形核间的最小间距大约是 5.0 mm。在 30 000 s^{-1}的名义应变率下，估计间距大约是 0.4 mm。

其他作者也采用了不同方法来估算剪切带之间形核的间距。Grady 和 Kipp (1987)认为剪切带的局部化导致附近区域的卸载并由此向外扩散，以及其他附近区域的局部淬火。在与速率无关的材料中，通过比较局域化时间和扩散卸载的时间，同时为了避免相互影响，估计剪切带之间的形核间距至少是

$$L=2\left(\frac{9\bar{k}c}{\dot{\gamma}_0^3\bar{a}^2\kappa_0}\right)^{1/4} \tag{6.72}$$

κ_0 是材料的静态强度。不考虑数值因素和应变率敏感度，用静态强度与动态强度相比，这两种估算方法的形式非常相似。图 6.12 对比了式(6.71)和式(6.72)，式 (6.72)的估算值是式(6.71)估计值的 5 ~ 10 倍。

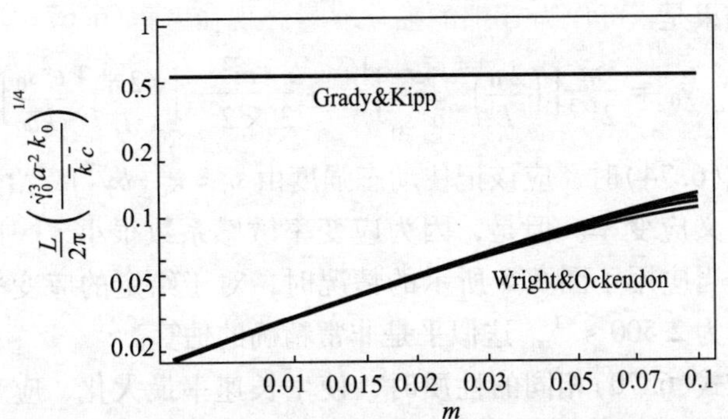

图 6.12　由 Grady、Kipp（1987）和 Wright、Ockendon（1996）预测的剪切带最小间距之间的比较。（摘自 Wright 和 Ockendon，1996，得到 Elsevier Science 的许可。）

还有由 Molinari（1997）采用的另外一种方法。通过齐次解的线性化和冻结系数的方法，他进一步提出，不仅应该考虑初始瞬间生长的最大速率，而且也应该找出齐次解在所有时间点的绝对最大生长速率。对于理想塑性材料内的线性软化情况，他得出

$$L = 2\pi\left[\frac{m^3\bar{k}c(1-\bar{a}\bar{\theta})}{\dot{\gamma}_0^3\bar{a}^2 s_0}\right]^{1/4} \tag{6.73}$$

除了附加的温度因素外，其他尺度是类似的，温度因素使得估算值小于式（6.71）。Molinari（1997）还将他的方法应用于加工硬化的材料，但是由于其复杂性，仅给出了数值结果。

尽管冻结系数的方法对无加工硬化的线性热软化的简单情况有效，但与近似表达式（6.66）一样，很难理解当线性方程具有边界层时它将如何起作用，如在式（6.31）、式（6.32）和式（6.33）中那样。考虑初始时间之外的时间点上的生长速率是有必要的，然而，直到塑性热和热软化导致的大的名义应变发生时，弱扰动才会产生实质上的名义应变。然而，由于这些估算根本没有考虑扰动的强度，所以也许只能用于生长的初始速度。在每一种情况下，所有估算都认同的最重要的一点是：重要的长度尺度与$(\bar{k}c/\dot{\gamma}_0^3\bar{a}^2 s_0)^{1/4}$成正比，这里的 s_0 是静态或动态强度的大概的估算值。

Wright 和 Ockendon（1996）还用方程（6.67）及名义应变率 $\dot{\gamma}_0$ 来估算 U 形曲线的最小值，如图 5.5 中的那样。理由基本与上面的相同，也就是最小值应该发生在使基本波长生长最快的应变率处，即找出使 $\mathrm{d}\alpha_1/\mathrm{d}\dot{\gamma}_0=0$ 的 $\dot{\gamma}_0$。实际上，涉及比以前更多的数学过程，因为应变率比以长度量度加入表达式的方式更复杂。此外，为了在结果的代数表达式中解出主导平衡的项，需要考察三项。最终表达式是三次的，它可通过 Cartan 法则解出。在忽略较小量后，

量纲形式的结果是

$$\dot{\gamma}_0 = \frac{m}{2^{1/3}}\left[\left(\frac{2\pi}{L}\right)^4 \frac{\bar{k}c}{\bar{a}^2 s_0}\right]^{1/3} + \frac{m^2}{3\times 2^{2/3}}\left[\left(\frac{2\pi}{L}\right)^2 \frac{c^2 s_0}{\bar{k}\bar{a}}\right]^{1/3} \tag{6.74}$$

在运用式(6.74)时，应该记住动态强度由 $s_0 = \kappa_0(b\dot{\gamma}_0)^m$ 给出，因此，它包含未知的名义应变率。但是，因为应变率敏感系数很小，一次迭代就会产生很好的解。当应用于图 5.5 所示的情况时，对于给定的应变率，估计最小临界应变大约为 2 500 s^{-1}，这似乎是非常精确的估算。

当使用与式(6.70)相同的性质时，使生长速率最大化、应变最小化的应变率，在极端局域化下是 $\dot{\gamma}_0 \approx 11\ 600\ s^{-1}$。这样，应变率 $\dot{\gamma}_0 = 1\ 000\ s^{-1}$ 对应于 $n = 0.2$，与先前假设的一样，的确处于应变率最小值的左侧。在任何情况下，根据这些计算值，实验人员都会预计热传导将强烈地影响实验结果。

第二个例子是，假设 $\bar{a} = 1\ 500^{-1}℃^{-1}$、$s_0 = 0.4$ GPa、$m = 0.05$、$\bar{k} = 20$ W/m℃、$c = 520$ J/(kg · ℃)。这些是 Ti 的近似值，在表中找到的和由 Bai 和 Dodd(1992)给出的相应数据一样。根据式(6.74)，对 $L = 1.25$ mm 的一个半计量长度产生局域化最小应变的应变率大约是 $\dot{\gamma}_0 = 44.2\times 10^3\ s^{-1}$。如果设计的应变率是 1 500 s^{-1}，那么傅立叶分量的预期值与上面的相同，仍是 $n \approx 0.2$。因为设计点在 U 形曲线最小值左边非常远处，所以即使热传导率远小于上述值的一半，此时预计的热传导的影响还是比上面的例子大得多。

最后需要说明，方程(6.70)指出，对一个固定应变率，增加计量长度将会增大剪切带的最大数目，推荐计量长度为 1.0。与此同时，方程(6.74)指出，增加计量长度将会减小快速局域化发生的应变率。在实验中，为了减小热传导的影响，外加应变率应尽可能接近于大多数快速局域化的速率。但是计量长度越大，越难在实验中达到平衡。

6.4 结 束 语

由于本章中的许多结论取决于相当谨慎的数学结论，所以非常有必要来回顾此方法，并用文字重申重要的结果，目的是用来考核高速率剪切的粘塑性固体的稳定性，其中应变软化来源于塑性功的热效应。事实上，我们已经考察了一个更受限制的问题，即均匀剪切的稳定性，而不是一般运动的稳定性，采用了标准数学方法，即考察在方程体系中的一个小扰动的行为，对体系中的方程关于完全非线性方程组的齐次解进行了线性化。这些线性方程往往具有依赖时间的系数，因为决定它们的基本的非线性解是不稳定的，它只取决于时间本身。因而，解一般并不具有时间的简单指数形式，正如有时所假设的一样。

解释线性方程解的行为必须非常小心，因为固有时间依赖于系数。尽管冻结系数的方法经常被采用，而且取得了一定的成功，但其可靠性仍未知。文献中的反例表明该方法对一些方程系统会给出完全错误的结果，这样的例子在方程(6.1)和(6.2)中引用过。像本章6.2.2节中不同性质的例子一样，它表明对线性加工硬化系统会及时形成一个强初始边界层。在边界层中的初始行为，无法说明更长时间内的体系的真实响应。事实上，尽管最初应变率中的扰动极快地趋近于0，但是在边界层中出现以后，根据方程(6.35)和(6.41)的最后一式估算，它会稳定地生长。

对具有或不具有热传导、加工硬化的一系列特殊情况的测试表明，前者影响整体，后者影响局部稳定。6.2.5节中讨论的数值模拟表明，非线性方程的定性行为能通过线性系统的渐近解表达出来。此外，近似解揭示了热敏度、应变率敏感度以及它们的比率在确定材料失稳的定性特征时的重要性。它们还揭示了一个适当标定的、复合的扰动仅对初始层以外的解有影响。此外，对于小扰动，有效扰动是标定扰动分量的总和。

根据线性方程组，如果应力的扰动必须恒消失，仍可能对发生剧烈局域化和真实应力塌陷的临界应变做出估算。在6.2.6节中，这已通过寻找应变率内扰动与名义应变率相等的点完成。当然，以这种方法找出的值不精确，但它的确指出，当二者选取适当的标度时，在初始扰动和临界应变之间应存在一个简单的关系。此外，缺陷和应变的比例因子由分析来确定。临界应变的比例因子与绝热剪切的敏感系数有关，但标定缺陷在确定实际的临界应变中也有重要作用。包含热传导的理想塑性实验揭示了一个乘积因子，如方程(6.48)中所示，当应变率小于几千每秒时，它可用来定量地计算热传导的延缓作用。

当扰动的应变率等于外加的应变率时，加工硬化材料的标定缺陷与临界应变之间的关系式也可通过确定线性化解中的时间来求出。此情况下，该方法得出最接近于均匀峰值应力的方程(6.53)。数值实验表明另一关系，即方程(6.55)，它类似于理想塑性材料的方程，对稍微偏离峰值应力的点给出了较好的估算。实际上，在均匀峰值应力处，由线性化理论和数值实验给出的关系是相切的。

最后，在6.3节中，确定了生长率之后，揭示了一些重要特征和模式，比如剪切带之间的最小形核间距、在Kolsky扭转实验中使临界应变最小化的外加应变率，还有在实验中仅形成一个剪切带的最大长度。

7

一维问题第三部分：非线性解

在上一章中，用准静态方程组比用完全动态方程组要简单。只要无量纲密度不是太大，在材料的有限区域内，这些情况更适用于测定剪切带的形成。此外，假设这些方程用于一薄壁管 Kolsky 扭转杆实验，其中相对壁厚是$\ell(y)$，其平均值为 1。修正后的方程组变为：

$$
\begin{aligned}
(\ell s)_y &= 0, && \text{动量}\\
\ell\theta_t &= k(\ell\theta_y)_y + \ell s\dot{\gamma}, && \text{能量}\\
\kappa_t &= M(\kappa,\theta)s\dot{\gamma}, && \text{加工硬化}\\
s &= F(\kappa,\theta,\dot{\gamma}), && \text{流变规则}
\end{aligned}
\tag{7.1}
$$

这里 $\dot{\gamma}=v_y$ 是无量纲应变率，无量纲密度由 $\rho=\bar{\rho}(\dot{\gamma}_0H)^2/s_0$ 给出。根据 $\bar{\rho}\approx10^4\ \mathrm{kg/m^3}$，$\dot{\gamma}_0H\approx3\ \mathrm{m/s}$ 和 $s_0\approx1\ \mathrm{GPa}$，得到 $\rho\approx10^{-4}$，所以惯性项相对非常小，且可以忽略。

7.1 绝热情况：$k=0$

在没有热传导参与的情况下，非线性方程组(7.1)的解已由 Molinari 和 Clifton(1987)及 Wright(1990a，1990b)给出。

7.1.1 应力边界条件

如果应力被限定在边界上，那么 $\ell s=f(t)$ 是一个已知函数。能量和加工硬化方程组联立可得 $\mathrm{d}\kappa=M(\kappa,\ \theta)\mathrm{d}\theta$。

利用初始条件 $\kappa=1+\delta\kappa(y)$，$\theta=\delta\theta(y)$，其中 $\delta\kappa$ 和 $\delta\theta$ 说明来自均匀初始条件的可能变化。常微分方程的解可写为 $\kappa=\hat{\kappa}(\theta;\ y)$。流变定律的逆函数可写为 $\dot{\gamma}=\Gamma(s,\ \kappa,\ \theta)$，或由于 ℓs 和 κ 是已知函数，可写为 $\dot{\gamma}=\Gamma[f(t)/\ell(y),\ \hat{\kappa}(\theta;\ y),\ \theta]=\hat{\Gamma}(\theta,\ t;\ y)$。若能量方程取非自治常微分方程的形式，而且以 y 作为参数，则

$$\ell(\gamma)\frac{\mathrm{d}\theta}{\mathrm{d}t}=f(t)\hat{\Gamma}(\theta,t;\gamma) \tag{7.2}$$

初始条件是 $\theta(0,\ \gamma)=\delta\theta(\gamma)$。

如果外加载荷是一常量，在无量纲化后，$\ell(\gamma)s_0(\gamma)=1$，常微分方程(ODE)是自洽的，且可写为 $\mathrm{d}\theta/\hat{\Gamma}(\theta,\ \gamma)=\mathrm{d}t/\ell(\gamma)$，积分后可以得到由Molinari 和 Clifton(1987)给出的解

$$\ell(\gamma)\int_{\theta_0(\gamma)}^{\theta(\gamma,t)}\frac{\mathrm{d}\xi}{\hat{\Gamma}(\xi;\gamma)}=t \tag{7.3}$$

它以隐式给出 $\theta(\gamma,\ t)$的解。

7.1.2　速度边界条件(Wright, 1990 a, 1990 b)

如果速度限定在边界上，并且流变定律具有指数定律的形式：$s=F(\kappa,\theta)v_y^m$，那么式(7.1)的隐式解可简化为求一系列插值积分。与上面一样，加工硬化可以以温度的函数形式表达，$\kappa=\hat{\kappa}(\theta)$，这里对 γ 的依赖性已排除。利用定义 $G(\theta)=F[\hat{\kappa}(\theta),\ \theta]$，流变定律具有如下形式

$$s=G(\theta)v_y^m \tag{7.4}$$

在均匀变形期间，无量纲应变率由 $v_y=1$ 给出，所以函数 $G(\theta)$表示应力的均匀绝热反应。由于加工硬化，G 最初增加；但是由于热软化，它达到一个最大值后开始减小。能量方程可改写为

$$\begin{aligned}\frac{\mathrm{d}\theta}{\mathrm{d}t}&=s\dot{\gamma}=s(s/G)^{1/m}=s^{(1+m)/m}G^{-1/m}(\theta)\\&=(\ell s)^{(1+m)/m}G^{-1/m}\ell^{-(1+m)/m}\end{aligned} \tag{7.5}$$

因为乘积 ℓs 仅取决于时间，根据式(7.1)的第一个方程，一个新的准态时间 T 可由

$$\frac{\mathrm{d}T}{\mathrm{d}t}=(\ell s)^{(1+m)/m},T(0)=0 \tag{7.6}$$

定义。

式(7.5)的简化式为

$$G^{1/m}(\theta)\mathrm{d}\theta=\ell^{-(1+m)/m}(\gamma)\mathrm{d}T \tag{7.7}$$

定义一个单调增加(因此也可逆)的函数 H

$$H(\theta)=\int_0^{\theta}G^{1/m}(\xi)\mathrm{d}\xi \tag{7.8}$$

注意，依赖于方程(7.7)的 γ 仅是参数，可以得出方程(7.7)的解为

$$H(\theta)=H[\theta_0(\gamma)]+T\ell^{-(1+m)/m} \tag{7.9}$$

方程(7.9)以隐式给出温度，作为空间坐标和准态时间的函数

$\theta=\hat{\theta}(y,\ T)$。应力可通过在整个区间上对应变率积分而建立，$\int_0^1 v_y \mathrm{d}y = 1 = \int_0^1 (s/G)^{1/m}\mathrm{d}y = (\ell s)^{1/m}\int_0^1 (\ell G)^{-1/m}\mathrm{d}y$ 或

$$(\ell s)^{-1/m} = \int_0^1 (\ell G)^{-1/m}\mathrm{d}y \tag{7.10}$$

最后，真实时间可通过对式(7.6) 积分而获得

$$t = \int_0^T (\ell s)^{-(1+m)/m}\mathrm{d}T = \int_0^T \left[\int_0^1 (\ell G)^{-1/m}\mathrm{d}y\right]^{1+m}\mathrm{d}T \tag{7.11}$$

一旦求出 $G(\theta)$，通过方程 (7.9)、(7.10)和(7.11)给出的一系列插值积分，得到隐式和参数式问题的完全解。

7.1.3 解的图形解释

这些方程具有简单的图解，以说明局域化如何发生。图 7.1 显示了典型的无加工硬化的材料的响应。软化函数 $g(\theta)$、指数化函数 $g^{1/m}(\theta)$ 和积分 $H(\theta)=\int_0^\theta g^{1/m}(\xi)\mathrm{d}\xi$ 都得到了解释。函数 g 缓慢减小，但因为幂 $1/m$ 远大于 1(对金属，m 的典型值小于 0.03)，指数化函数迅速地减小至 0。结果是，其积分从 0 快速增加而达到一个稳定状态。

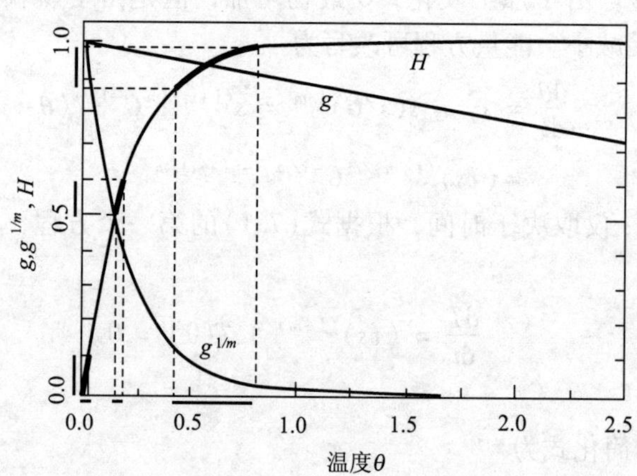

图 7.1 在无热传导的非加工硬化材料中，由温度扰动引起的局域化。图中有绝热软化曲线 g、指数曲线 $g^{1/m}$、指数曲线的积分 H。给定 $\ell=1$，相应的隐式解表明 $H[\theta(y,\ t)] = H[\theta_0(y)]+T(t)$。如图所示，随着时间的增加，响应的分布 H 在纵轴上向上变化，如图中粗线所示。虚线表明对应的温度范围。由于曲线 H 向右转，相应的温度区间大体上是变宽的。(摘自 Wright，1990a，得到 Elsevier Science 的许可。)

在有加工硬化的材料中，绝热反应的 $G(\theta)$，开始并不减小，而是先增加至一个最大值，然后缓慢地减小。现在指数化函数 $G^{1/m}(\theta)$ 有一个明显的最大值，如图 7.2 所示。在达到稳定状态前，积分 $H(\theta)$ 在 G 的最大值处有一个拐点(两个图中的所有曲线已被重新标度以便都有最大值 1)。

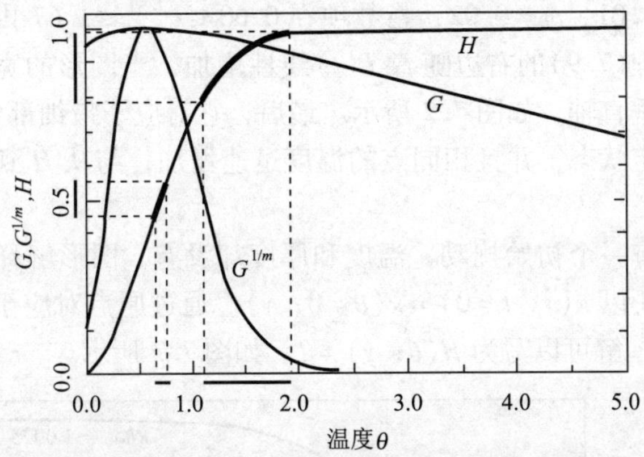

图 7.2　在无热传导的加工硬化材料中，由力学扰动引起的局域化。在同一温度下，绝热响应曲线和指数曲线都达到最大值，而后者的图像在此处较尖锐。积分响应曲线 H 随着温度的提高而上升，并逐渐缓和趋于一个极限。对于有限的力学扰动 $\ell(y)=1-\varepsilon(y)$，相应的隐式解为 $H[\theta(y,\ t)]=T(t)\ell^{\frac{-(1+m)}{m}}(y)$。如图所示，随着时间的增加，$H$ 的分布逐渐变宽，在纵轴上向上变化，如图中粗线所示。虚线表明对应的温度范围。由于曲线 H 向右转，相应的温度区间大体上是变宽的。(摘自 Wright，1990a，得到 Elsevier Science 的许可。)

现在假设剪切试样在其长度内具有相同的壁厚，因此相对壁厚恰好是 1，即 $\ell(y)\equiv 1$；但是初始温度不均匀，即 $\theta(y,\ 0)=\theta_0(y)$，其中 θ_0 是偶函数。这一初始扰动归入另一扰动 $H[\theta_0(y)]$ 中。对理想塑性情况，这两个初始函数的范围通过原点附近的黑线显示于图 7.1 中。因为式(7.6)的右边项是正的，所以随着时间的增加，准态时间 $T(t)$ 也增加。式(7.9)用 $\ell=1$ 可得到解是 $H(\theta)=H(\theta_0)+T$，说明对每一个位置 y，函数 H 通过数量 T 简单地沿着垂直轴移动，如 0.5 和 1.0 间黑色的垂直线所示。因为曲线 $H(\theta)$ 转向右边，H 的变换将温度映射回沿水平轴的一个扩大的区域。最后，当 H 的峰值达到稳定状态时，峰值温度变得非常大，此时最小温度仍适用。较高温度的扩大对应于局域化。

对存在于加工硬化材料中的某一个温度扰动的图解是类似的，除非温度扰动在扩张前先限定。发生这种情况是因为 H 曲线先弯曲向上，然后经过一个拐点再转向右边，并达到稳定状态。尽管它没有显示，但通过想象将图7.2

倒置，初始分布 H 无偏差地滑过纵轴，可容易地说明这一过程。

对力学的非理想情况，进行图解有些困难。根据方程(7.9)，没有温度扰动，有 $H[\theta_0(y)]=H(0)=0$，且隐式解恰好是 $H(\theta)=T\ell^{-(1+m)/m}$。$\ell$ 上的指数有小的分母，所以即使厚度的小的减小，也具有较大的影响。例如，如果 $0.99\leqslant\ell(y)\leqslant1.01$，$m=0.02$，指数项在 $0.60\leqslant\ell^{-51}\leqslant1.67$ 内变化。随着时间的增加，方程(7.9)的右边随着 $T(t)$ 线性增加，当图形的宽度扩大时，图形的中点移向垂直轴，如图 7.2 所示。最后，它对应于最细部位的图形顶端，移向上面的稳定状态，并且相同点的温度迅速增加，与从 H 到 θ 的倒置图所示一样。

如果强度有一个初始扰动，温度和厚度却没有，图形解释的第三个变化也是必要的，所以 $\kappa(y,\ t=0)=\hat{\kappa}(\theta=0;\ y)$。通过原点对应于 y 的每一个值的 H 曲线集合，解可以写为 $H(\theta;\ y)=T$。如图 7.3 所示。

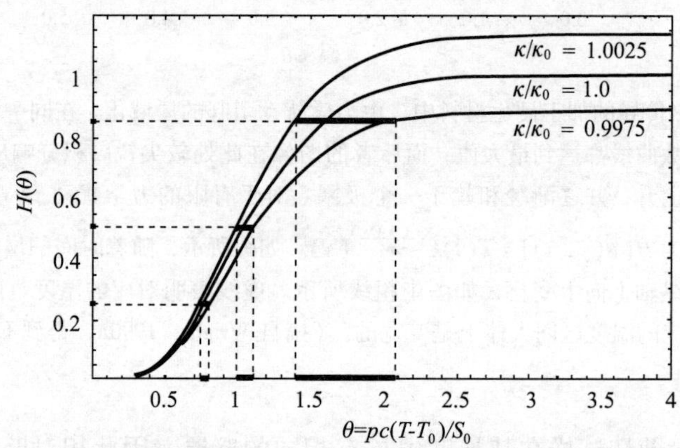

图 7.3　在无热传导的加工硬化材料中，由材料强度扰动引起的局部化。材料中的每个点均有其相应的积分响应曲线 $H(\theta;\ y)$。由于弱的应变率敏感性，强度变化仅为 ±0.25%，对响应曲线就有大的影响。在这种情况下，隐式解可写为 $H[\theta(y,\ t);\ y]=T(t)$，因此 H 的分布是单一的点，并随温度而增加。点画线表明对应的温度范围，通过一系列 H 曲线的集合得出。由于曲线 H 向右转，对应的温度区间大体上是变宽的。

当所有点具有相同的温度时，原点对应于初始动量。随着 T 增加，材料内每一个点具有相同的 H 值；但是当不同的 H 曲线开始彼此分开时，所对应的温度将开始出现扩展。最终，随着最低的 H 曲线转向水平，相应的温度会迅速地增加且从邻近点分开。

在上述每一种情况中都忽略了热传导。其结果是，解仅仅能够扩展到剪切带中心的极限温度和应变率的奇异点出现时，这在图 7.1、图 7.2 和图 7.3

中可以看出。根据方程(7.9)，由于准态时间 T 随着真实时间 t 单调增加，扰动 $H(\theta)$ 转向垂直轴，直到其上端部到达曲线的渐近极限，在那一点它不能进一步转化，数值解变得奇异。只要热传导消失，不论应变率取何值，这都将发生。

尽管有三种不同的图形解释，但是可通过这种方式来标度三种类型的扰动温度、强度和厚度：其中一个的弱扰动与其他两个的弱扰动是无区别的。这在第6章中已有说明，它表明，复合扰动 $\tilde{\lambda}_0(y)=\tilde{\kappa}_0(y)-M(0)\tilde{\theta}_0(y)$ 决定了解为线性，而不是由强度或温度的独立扰动确定。

此外，完全非线性化计算表明，剧烈局域化的时间取决于 $\tilde{\lambda}(0)$，而不是取决于其个别的部分，至少对1%～2%的小扰动是如此。

上述的定性讨论表明 H 函数的一个平坦区域，与由方程(7.8)定义的一样，倾向于局域化。对 m 的较小值，在适当的温度下，稳定状态会很好地发展。这符合该解释：一旦剧烈局域化形成，中心温度大致会达到熔化温度，但局域化之前的温度不必太高。实际上，最大的温度变化发生在向完全局域化的迅速转化期间。根据方程(5.2)，温度的量度是 $s_0/\rho c$。例如对一典型强度钢 $s_0=(5\sim8)\times10^8$ Pa，$\rho\approx8\times10^3$ kg/m^3，$c\approx0.5\times10^3$ J/(kg·K)，温度范围仅是125 ℃～200 ℃。局部化通常发生于无量纲温度0.5～1.0的范围内时，也就是发生在温度上升不超过温度标度的一个单位时。在局域化期间，温度可以升高一个数量级。不过即使如此，也会发生其他转变或相变，但是温度会保持在低于熔点的值。在典型的例子中，对一特定的材料，完整的加载和卸载周期会在几百微秒或更小的时间内发生。在这样的高速率下，如果要充分地说明变化的程度，模拟中可能会包括相变动力学，而不仅仅是转变温度。这样复杂的模型尚未加以详细研究。

7.2　有限热传导：$k\neq0$

有限热传导延缓了向局域化的转变并消除了局域化解的奇异性。在后面的叙述中可以看到，在完全形成的剪切带的核心处，热传导和来自塑性功的热量接近于平衡。热传导的增加使分析显著复杂化，但是一些近似结果仍然是合理的。

7.2.1　精确解

我们已经意识到，由 Wright(1990b)给出的这个解，是对包含有限热传导的剪切方程组的唯一已知精确解。虽然例子可能有些过于简单且有点退化，不过，它的确说明，应变软化本身不足以引起局域化。

对没有加工硬化的具体的刚塑性材料的剪切，考虑下面的方程组。该方程组是无量纲形式下的准静态加载

$$\begin{aligned} &s_y = 0, && \text{动量} \\ &\theta_t = k\theta_{yy} + s\dot{\gamma}, && \text{能量} \\ &s = (1 + a\theta/m)^{-m}\dot{\gamma}^m, && \text{流变定律} \end{aligned} \tag{7.12}$$

假设材料具有独立的边界，$\theta_y(0,t) = \theta_y(1,t) = 0$，那么，初始条件 $\theta(y,0) = \theta_0(y)$ 是任意的，除非平均初始温度 $\int_0^1 \theta_0(y)\mathrm{d}y = 0$。由于假设材料是刚塑性的，所以塑性应变率等于速度梯度 $\dot{\gamma} = v_y$。由于无量纲化，$v(1,t) = 1$，且应变率具有在单位积分区间1内的平均值 $\int_0^1 \dot{\gamma}\mathrm{d}y = \int_0^1 v_y \mathrm{d}y = 1$。当温度为0时，热软化的初始速率是 $\partial s/\partial\theta = -a$，这里 a 是一般的软化系数，是应变率敏感系数。最终，由于准静态的假设，应力仅取决于时间。因此，在替代式(7.12) 的第三个方程后，能量方程可改写为一个具有独立时间系数的线性偏微分方程 PDE：

$$(1 + a\theta/m)_t = k(1 + a\theta/m)_{yy} + (a/m)s^{\frac{(1+m)}{m}}(1 + a\theta/m) \tag{7.13}$$

现在将式(7.13)中的独立变量写作时间函数和满足简单离散方程的函数的乘积，即

$$\begin{aligned} 1 + a\theta/m &= f(t)\psi(y,t) \\ \psi_t &= k\psi_{yy} \end{aligned} \tag{7.14}$$

其中，$\psi(y,0) = 1 + (a/m)\theta_0(y)$，$\psi_y(0,t) = \psi_y(1,t) = 0$。

假设已经满足初始条件 $f(0) = 1$，ψ 的初始条件和边界条件保证 θ 的初始和边界条件能够满足，则能量方程(7.13)简化为

$$\dot{f} = (a/m)s^{(1+m)/m}f \tag{7.15}$$

式中，f 和 s 都仅仅是关于时间的函数，且都未知。然而，由于应变率的平均值是1，流变定律遵循 $\int_0^1 \dot{\gamma}\mathrm{d}y = 1 = s^{1/m}\int_0^1 (1 + a\theta/m)\mathrm{d}y$。此外，因为 ψ 满足一个具有隔热边界的扩散方程，所以 ψ 在所有时间点上的平均值是常量。这样，因为平均初始温度消失，所以 $\int_0^1 \psi\mathrm{d}y = \int_0^1 \psi(y,0)\mathrm{d}y$。最后，通过平均方程组 (7.14) 的第一个方程，可以得到 $\int_0^1 (1 + a\theta/m)\mathrm{d}y = f$，其结果是，$s$ 和 f 由 $1 = s^{1/m}f$ 进行关联，且方程(7.15) 变为

$$\dot{f} = (a/m)f^{-m} \tag{7.16}$$

方程(7.16)具有解 $f = \{1 + a[(1+m)/m]t\}^{1/(1+m)}$，问题的解是

$$s = \left(1 + \frac{1+m}{m}at\right)^{-m/(1+m)}$$

$$\theta = \frac{m}{a}\left[\left(1 + \frac{1+m}{m}at\right)^{1/(1+m)}\psi - 1\right] \tag{7.17}$$

$$\dot{\gamma} = \psi = 1 + \sum_{n=1}^{\infty}\psi_n e^{-k(n\pi)^2 t}\cos n\pi y$$

这个解也包括两种均匀条件，因为当 $\theta_0 \equiv 0$ 时，$\psi(y,\ t) = \psi(y,\ 0) = 1$，在非热传导情况中，$k = 0$。在所有情况下，应力以完全相同的方式缓慢地衰减，即使在没有热传导的情况中，也不存在任何局域化，但在这种情况下，应变率也不会衰减到均匀值。

7.2.2 无加工硬化的近似解

这个解由 Wright(1990a)给出。此情况下，假设无量纲流变定律为

$$s = g(\theta)\dot{\gamma}^m \tag{7.18}$$

在准静态情况下，s 仅取决于时间。像上述所做的那样，通过式

$$\frac{dT}{dt} = s^{(1+m)/m}, T(0) = 0$$
$$H(\theta) = \int_0^\theta g^{1/m}(\xi)d\xi \tag{7.19}$$

定义一个新的临时变量 T 和热变量 H，则能量方程化为

$$HT = 1 + k\frac{dt}{dT}\left(H_{yy} - \frac{H_{\theta\theta}}{H_\theta^2}H_y^2\right) \tag{7.20}$$

如果忽略圆括号中的第二项，方程可改写为 $(H-T)_t = k(H-T)_{yy}$，它的解是

$$H(\theta) = T + \psi(y,t)$$
$$\psi_t = k\psi_{yy}$$
$$\psi(y,0) = H[\theta_0(y)] \tag{7.21}$$
$$\psi_y(0,t) = \psi_y(1,t) = 0$$

温度 $\theta(y,\ t,\ T)$ 在式(7.21)中以隐含的形式给出。与上面一样，应力的表达式通过在单位区间上，对来自流变定律的应变率积分求出

$$\int_0^1 \dot{\gamma}dy = \int_0^1 v_y dy = 1 = s^{1/m}(t,T)\int_0^1 g^{-1/m}[\theta(y,t,T)]dy \tag{7.22}$$

最后，时间通过对非单调常微分方程(ODE)积分重新获得

$$\frac{dT}{dt} = s^{(1+m)/m}(t,T) = \left[\int_0^1 g^{-1/m}[\theta(y,t,T)]dy\right]^{-(1+m)}, T(0) = 0 \tag{7.23}$$

方程(7.21)、(7.22)和(7.23)以参量式和隐式给出了剪切带方程组

的解。它们可作为计算的依据，比如 Wright(1999a)所做的，用来给出整个重要范围内，剧烈局域化开始处，临界应变的精确估算值，如图 7.4 所示。由图可知，精确估算值在名义应变率 10^2 数量级得到。当名义应变率非常接近稳定极限并且显著大于 U 形曲线最小值处的速率时，近似值失效。对完全形成的剪切带，解并未给出有效的近似值，因为这些项在式(7.20)中已被忽略。

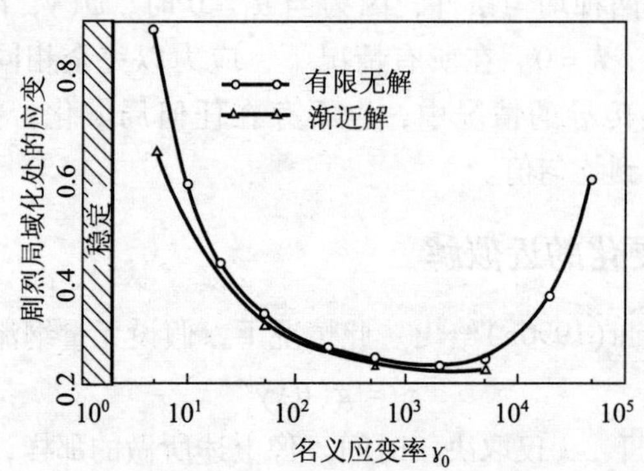

图 7.4 由方程(7.21)、(7.22)和(7.23)可有效地导出关于几十个名义应变率的U形曲线。在热传导产生绝对稳定性的下限附近和惯性变得重要的最小值右侧，上述近似估算失效。（摘自 Wright，1990a，得到 Elsevier Science 的许可。）

通过令热传导为 0，可有效地估计最小临界应变，表达式(6.67)给出了图 7.4 中 U 形曲线最小值处的名义应变率。

7.2.3 进一步的近似和定性说明

然而，近似解的最大用处在于定性地说明和作为进一步近似的依据，同样也在 Wright(1990a)的著作中做了讨论。例如，方程(7.21)与 $\ell=1$ 时的式(7.9)类似，图形解释也类似。在 $t=0$ 时，有 $\psi(\gamma,0)=H[\theta_0(\gamma)]$，所以两个解最初是一致的，正如它们所反映的一样。随着时间的增加，两种情况下，解 $H(\theta)$ 都以数量 T 转向垂直轴。一种情况下函数 $H[\theta_0(\gamma)]$ 仍保持固定，然而在另一种情况下它仅是某一简单扩散问题的初始条件。扩散有使 ψ 的范围变窄的效果，以便该范围的上端不像在非扩散情况那样快速地进入 H 曲线的稳定状态。明显的效果是延缓了最高和最低温度的快速分离。换句话说，由稳定状态促进的放大，被扩散部分抵消。

进一步的变化可由 H 的函数的近似给出。首先定义一个新的热变量 $z\equiv \ln g(\theta)$ 或 $g(\theta)=e^{-z}$。然后在 H 函数的定义上用 Laplace 方法来得到积分的渐近表达式

$$H = \int_0^\theta g^{1/m}(\xi)\mathrm{d}\xi = \int_0^z \mathrm{e}^{-z/m}\frac{\mathrm{d}\theta}{\mathrm{d}z'}\mathrm{d}z' \tag{7.24}$$

假设微分可写为一个幂级数 $\mathrm{d}\theta/\mathrm{d}z = a_0 + a_1 z + a_2 z^2 + \cdots$，那么系数可由微分 z 的定义求出，在 $z = 0$ 处计算得到

$$a_0 = \frac{\mathrm{d}\theta(0)}{\mathrm{d}z} = a^{-1}, a_1 = \frac{\mathrm{d}^2\theta(0)}{\mathrm{d}z^2} = a^{-1}\left[-1 + \frac{g''(0)}{a^2}\right] \tag{7.25}$$

其中，在 $\theta = 0$ 处，计算得到 $a = -\mathrm{d}g/\mathrm{d}\theta$。逐项计算式(7.24)，导出

$$\begin{aligned} H &= m(a_0 + a_1 m + 2a_2 m^2 + \cdots)(1 - \mathrm{e}^{-z/m}) - \\ & mz\mathrm{e}^{-z/m}(a_1 + 2ma_2 + \cdots) + mz^2\mathrm{e}^{-z/m}(a_2 + \cdots) + \mathcal{O}(z^n\mathrm{e}^{-z/m}) \end{aligned} \tag{7.26}$$

由于 m 很小，所以所有 $n \geqslant 1$ 的项，在 $mz^n\mathrm{e}^{-z/m}$ 中可以忽略不计。那么，对于 H 精确的近似，可以简单地表示为

$$H = (mC/a)(1 - g^{1/m}) \tag{7.27}$$

其中，C 是一个常量，所以 H 随 θ 的增加表现出合适的极限。如果 $g = \mathrm{e}^{-a\theta}$，表达式是精确的，且 $C = 1$。对 g 的其他选择，常量可以表达为 $C = 1 + \mathcal{O}(m)$。

H 的近似的微分是从定义并结合式(7.27)得出的

$$H'(\theta) \equiv g^{1/m}(\theta) = 1 - \frac{H}{mC/a}, H''(\theta) = -\frac{a}{mC}\left(1 - \frac{H}{mC/a}\right) \tag{7.28}$$

变量的简单的线性重新标定是

$$\hat{H} = \frac{H}{mC/a}, \quad \hat{T} = \frac{T}{mC/a}, \quad \hat{t} = \frac{t}{mC/a}, \quad \hat{k} = \frac{mC}{a}k \tag{7.29}$$

无论软化函数是什么，都能导出 $\hat{H}$ 的通用近似方程：

$$\hat{H}_{\hat{T}} = 1 + \hat{k}\frac{\mathrm{d}\hat{t}}{\mathrm{d}\hat{T}}\left[\hat{H}_{yy} - \frac{(\hat{H}_y)^2}{1 - \hat{H}}\right] \tag{7.30}$$

根据式(7.27)，明确了一个更精确的近似 $g^{-1/m} = (1 - \hat{H})^{-1}$，因此根据式(7.23)有

$$\frac{\mathrm{d}\hat{t}}{\mathrm{d}\hat{T}} = \left[\int_0^1 \frac{\mathrm{d}y}{1 - \hat{H}}\right]^{1+m}, \hat{t}(0) = 0 \tag{7.31}$$

H 的近似和重新标定的净结果是：当合适地标度时，图 7.4 中 U 形曲线的左侧（即热传导重要而惯性不重要的一侧），是固定的温度扰动下的临界应变的通用近似。也就是说，因为 $\hat{k}^{-1} = (mCk/a)^{-1} = (\kappa_0\bar{a}/m\bar{\rho}cC)(\bar{\rho}ch^2/\bar{k})\dot{\gamma}_0 = (\kappa_0\bar{a}h^2/m\bar{k}C)\dot{\gamma}_0$，所以它与名义应变率成比例。因此，临界应变等价于无量纲的临界时间，可写为

$$\gamma_{\mathrm{cr}} = \hat{t}_{\mathrm{cr}} = U(\hat{k}^{-1}; m) \tag{7.32}$$

对一给定扰动，这里的函数 U 代表具有线性二次比例轴的图 7.4 中曲线的左侧。换句话说，当标度适当时，只要具有相同的应变率敏感系数，对所有的材料，该图形是完全一样的。

上述的分析表明，影响局域化的主要材料特性是热软化的初始斜率，$a=-g_{\theta}(0)$和应变率灵敏系数 m。常量 C 对软化曲线的形状仅有很小的影响，对所有物质，C 都接近于 1。Walter(1992)的数值实验证实，初始软化速率是重要的而软化函数的其余部分是相对次要的。

初始斜率重要而随后的形状不重要，这一论断的物理学理由是，温度升高到局域化恰好开始的点时是相当温和的，所以软化函数的线性近似包含了大多数的影响。例如，假设$\hat{H}=0.99$，以便它仅有 1% 的稳定状态。那么根据式(7.27)，$g^{1/m}=0.01$ 或 $g=0.01^{m}$。由于 m 很小，g 实际上接近于 1，这就说明 $a\theta$ 接近于 0。m 在 0.01 ~ 0.03 之间，g 在 0.95 ~ 0.87 之间，如果 $g=\mathrm{e}^{-a\theta}$，那么乘积 $a\theta$ 近似地在 0.051 ~ 0.140 之间。对于高强度钢($\bar{\rho}\approx 7\,800\ \mathrm{kg/m^3}$，$c\approx 500\ \mathrm{J/(kg\cdot K)}$和$\kappa_0\approx 0.5$ GPa)，a 的合理值大约是0.1。根据这些值，相应于$\hat{H}=0.99$ 的温升在 55 ℃ ~165 ℃的范围内。这些达到剧烈局域化之前的温升相比那些达到典型的完全形成的剪切带的温升，仍然是非常小的(Hartley 等，1987)。注意，局域化初期的高温对应于大的应变率灵敏系数。

与上面提到的一样，固有的参数解可用来作为进一步近似的依据。例如，假设具有初始温度 $\theta_0=\varepsilon\cos\pi y$ 的软化函数是 $g=\mathrm{e}^{-a\theta}$，其中振幅很小，即 $\varepsilon\ll\frac{m}{a}$(或 $\bar{\theta}\ll 25$ ℃ ~ 40 ℃)。根据式(7.19)，$H(\theta_0)=\int_0^{\theta_0}\mathrm{e}^{-a\theta/m}\mathrm{d}\theta=(m/a)(1-\mathrm{e}^{-a\theta_0/m})\approx\varepsilon\cos\pi y$。重新标定后，方程(7.21)变为$\hat{H}=\hat{T}+(a\varepsilon/m)\mathrm{e}^{-\hat{\kappa}\pi^2\hat{t}}\cos\pi y$。方程(7.23)写成方程(7.31)的形式是

$$
\begin{aligned}
s^{-1/m}&=\int_0^1\frac{\mathrm{d}y}{1-\hat{H}}=\int_0^1\frac{\mathrm{d}y}{1-\hat{T}-\hat{\psi}}\\
&=\frac{1}{1-\hat{T}}\int_0^1\frac{\mathrm{d}y}{1-[(a\varepsilon/m)/(1-\hat{T})]\mathrm{e}^{-\hat{k}\pi^2\hat{t}}\cos\pi y}\\
&=[(1-\hat{T})^2-(a\varepsilon/m)^2\mathrm{e}^{-2\hat{k}\pi^2\hat{t}}]^{-1/2}
\end{aligned}
\tag{7.33}
$$

方程(7.23)现在变为

$$
\frac{\mathrm{d}\hat{t}}{\mathrm{d}\hat{T}}=[(1-\hat{T})^2-(a\varepsilon/m)^2\mathrm{e}^{-2\hat{k}\pi^2\hat{t}}]^{-(1+m)/2}
\tag{7.34}
$$

这是一个非独立的常微分方程(ODE)，一般它必须用数值解。然而在

$\hat{k} \to 0$（这意味着 $\dot{\gamma}_0$ 等于或大于图 7.4 中 U 形曲线的最小值）时，常微分方程（ODE）是独立的。如果 $m \ll 1$，以致它在指数中可以忽略，那么 $\hat{T}$ 的最大值是 $1-\frac{a\varepsilon}{m}$ 就非常清楚了，其中右端项变成奇异的。常微分方程（ODE）在该点可以解出，当 $\hat{T}$ 达到其极限时，$\hat{t}$ 的临界值出现

$$\gamma_{\mathrm{cr}} = t_{\mathrm{cr}} = \frac{m}{a}\ln\left\{\frac{1+\sqrt{1-(\varepsilon a/m^2)}}{\varepsilon a/m}\right\} \approx \frac{m}{a}\ln\frac{2}{\varepsilon a/m} \tag{7.35}$$

将这个结果与 $k=0$ 时的方程（6.46）比较。当前结果证实，前面由线性分析得到的比例基本上是正确的，仅仅丢失了对数项分子中的数值 2。

上述结果已用更一般的形式表达出（Wright，1990a），其中温度、强度、管壁厚度的扰动以及更为普遍的热软化定律都已加以考虑。假设壁厚、强度和温度具有如下变化

$$\begin{aligned} \ell &= 1-\delta\cos\pi y \\ \kappa &= 1-\lambda\cos\pi y \\ \theta_0 &= \varepsilon\cos\pi y \end{aligned} \tag{7.36}$$

当三种扰动都出现且都非常小时，近似临界应变是

$$\gamma_{\mathrm{cr}} = \frac{mC}{a}\ln\frac{2m}{a\varepsilon+(1+m)\delta+\lambda} \tag{7.37}$$

此处值得注意的重要的一点是，通过适当的比例，三个扰动彼此等同，也就是说，三者中任一个温度、厚度或强度的初始扰动，可准确预测并给出与另外两个等同扰动的结果。

7.3　多长度标度：完全形成的剪切带的结构和特殊情况下应力的演变

在绝热剪切带研究中反复出现的问题就是所谓的带的半宽。不用近似的标度变换来解决带宽问题，而用方程组的渐近解来揭示整个结构，至少在特殊情况下如此，然后才有可能理解更一般的情况。

在一个特殊的简单模型的数值解中，Wright 和 Walter（1987）注意到，当应力持续衰减时，应变率的后期图像趋向于稳定的状态。材料具有线性软化性和指数硬化的理想塑性，如下述无量纲方程组，它也曾被 Wright 和 Ockenden（1992）用来研究完全形成的剪切带。

$$\begin{aligned} s_y &= 0 \\ \theta_t &= k\theta_{yy} + s v_y,\ \theta_y(0,t) = \theta_y(1,t) = 0 \\ s &= (1-a\theta)v_y^m \end{aligned} \tag{7.38}$$

如果应变率不依赖于时间，一个使运算更简便的变量是 $u(y)$，它通过 $v_y = Au^{-1/m}$ 与应变率相联系。常量 A 代表在剪切带中间 $u(0)=1$ 处的应变率。根据方程组(7.38)的第三个方程，新变量与温度和应力有关：$u = A^m(1-a\theta)/s$。因为 u 与时间无关，应力仅取决于时间，所以量 $(1-a\theta)$ 由两个函数的乘积组成，其中一个仅由时间决定，另一个仅由空间决定。根据方程组(7.38)的第一和第二个方程

$$k\frac{u_{yy}}{u} - aA^{1+m}u^{-(1+m)/m} = \frac{\dot{s}}{s} = -\alpha \tag{7.39}$$

由于 u 仅取决于 y，s 仅取决于 t，它服从变量分离的一般规律，那么 α 是一常量。通过观察可知，由数值解可简化为一对常微分方程的问题

$$ku_{yy} + \alpha u - aA^{1+m}u^{-1/m} = 0,\quad u_y(0) = u_y(1) = 0,\quad \dot{s} + \alpha s = 0 \tag{7.40}$$

对应力的解是 $s = s_0 e^{-\alpha t}$，需要注意的是，给出 $(1-a\theta)$ 的时间变化很重要。振幅 A 和特征值 α 必须确定为解的一部分。

因为无量纲速率在 0 和 1 之间变化，所以有一个关于 u 的条件，即

$$\int_0^1 v_y \mathrm{d}y = 1 = A\int_0^1 u^{-1/m}\mathrm{d}y \tag{7.41}$$

联立式(7.40)的积分、式(7.41)和 u 的边界条件，导出另一条件

$$\int_0^1 u\mathrm{d}y = \frac{aA^m}{\alpha} \tag{7.42}$$

之后，方程(7.42)将用来估算 A。满足 $u(0)=1$，$u_y(0)=0$ 的式(7.40)的积分是

$$u_y^2 = \lambda(1-u^{-p}) - \nu(u^2-1) \tag{7.43}$$

其中，常量 λ、p 和 ν 由

$$\lambda = \frac{2am}{k(1-m)}A^{1+m},\ p = \frac{1-m}{m},\ \nu = \frac{\alpha}{k} \tag{7.44}$$

给出。因为 m 很小，而剪切带中心处应变率的增幅 A 很大，可以估得 $\lambda \gg 1$ 且 $p \gg 1$。为服从后面的验证，可以假设 $\nu = \mathcal{O}(1)$。与式(7.43)相应的相位图示于图 7.5 中。因为 $u>1$ 时，$u^{-p} \ll 1$，图形的右边是近似于半径为 $\sqrt{\lambda+\nu}$ 的圆。而当 $u\to 1$ 时，$\lambda(1-u^{-p})$ 项支配 $\nu(u^2-1)$，以致在 $u=1$ 处相位曲线骤降为 0。令 $u^{-p}\approx 0$，导出满足 $u_y(1,\ t)$ 的外部解，令 $u^2-1\approx 0$，导出满足 $u(0)=1$ 和 $u_y(0,\ t)=0$ 的近似的内部解，如下

$$u_o = \sqrt{\frac{\lambda+\nu}{\nu}}\cos\sqrt{\nu}(1-y)$$

$$u_i = 1 + \frac{2}{p}\ln\left(\cosh\frac{1}{2}p\sqrt{\lambda}y\right) \tag{7.45}$$

由此导出结论$\sqrt{\nu}\approx\frac{\pi}{2}$，所以应力衰减的速率是

$$\alpha = \frac{1}{4}\pi^2 k = \frac{\pi^2\bar{k}}{4\bar{\rho}c\dot{\gamma}_0 h^2} \tag{7.46}$$

读者可参考原著中更详细的说明。

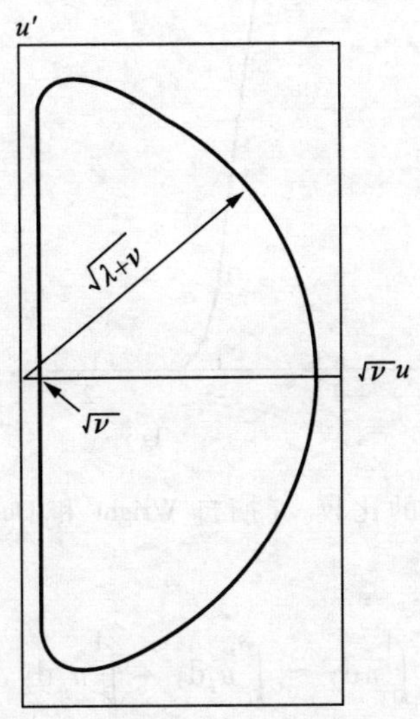

图 7.5 方程(7.43)的相位图。大多数曲线位于半径为$\sqrt{\lambda+\nu}$的圆的圆弧上，但当$u\to1$时，曲线骤降为0。（摘自 Wright 和 Ockendon，1992，得到 Elsevier Science 的许可。）

在式(7.45)中讨论内部解时，尺度范围是$\delta=2/p\sqrt{\lambda}$，由

$$\delta = \left[\frac{2mk}{(1-m)aA^{1+m}}\right]^{1/2} \tag{7.47}$$

给出。这是式(7.45)中的双曲余弦函数为1时的距离，因此，根据式(7.38)中u的定义，它位于应变率通过因子

$$\begin{aligned} A/v_y &= u_i^{1/m}(\delta) = \{1 + [2m/(1-m)]\ln(\cosh 1)\}^{1/m} \\ &\approx e^{[2/(1-m)]\ln(\cosh 1)} = (\cosh 1)^{2/(1-m)} \end{aligned} \tag{7.48}$$

小于最大速率时的位置。例如，对$m=0.02$，应变率以因子2.4减小至峰值的42%。图7.6将渐近解与有限元解比较，可以看出，在此水平下应变率下降非常快，以至于可以利用这一点很好地测量力学宽度。

为了解决该问题，用式(7.42)的归一化条件

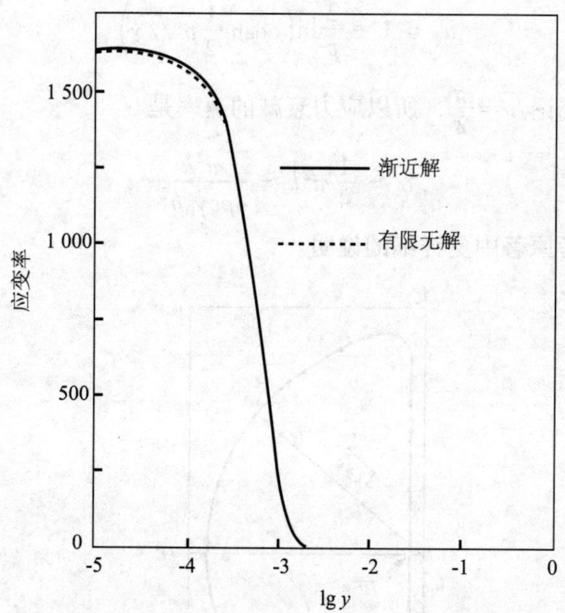

图7.6 渐近解和有限元解的比较。(摘自 Wright 和 Ockendon, 1992, 得到 Elsevier Science 的许可。)

$$\int_0^1 u\mathrm{d}y \approx \int_0^\delta u_i \mathrm{d}y + \int_\delta^1 u_o \mathrm{d}y$$

$$\approx \delta + \nu^{-1/2}\sqrt{1+(\lambda/\nu)}\left[\sin\sqrt{\nu}(1-\delta)\right] \approx \nu^{-1}\sqrt{\lambda} \tag{7.49}$$

根据方程(7.42),方程(7.49)的左端等价于$\frac{aA^m}{\alpha}$,右端项在利用式(7.44)的第三个方程后等价于$k\sqrt{\lambda}/\alpha$,因此有$A^m = k\sqrt{\lambda}/a$。最终,在运用式(7.44)的第一个方程后,发现应变率振幅的放大倍率因子是

$$A \approx \left(\frac{1-m}{2}\frac{a}{mk}\right)^{1/(1-m)} \tag{7.50}$$

比较式(7.50)与式(7.47)后,得$A\delta = 1$,这个结果简单而直接,但其全部意义并不清楚,还需要利用$\dot{\gamma}_{\max}/\dot{\gamma}_0 = A$和$\bar{\delta}/h = A^{-1}$将其放回到量纲项中

$$\frac{\dot{\gamma}_{\max}}{\dot{\gamma}_0}\frac{\bar{\delta}}{h} = 1 \text{ 或 } \delta\dot{\gamma}_{\max} = v_0 \tag{7.51}$$

其中,$\pm v_0$是适用于剪切带任一边的边界速度。方程(7.51)做出了重要说明:剪切带中最快速变化部位的特征长度尺度与剪切带中心的最大应变率的乘积,等于穿过剪切带速度差的1/2。

此外,当无量纲的比率$\frac{a}{k}$按照量纲来表达

$$\frac{a}{k}=\frac{\bar{a}\kappa_0(b\dot{\gamma}_0)^m}{\bar{\rho}c}\frac{\bar{\rho}c\gamma_0h^2}{\bar{k}}=\frac{\bar{a}\kappa_0b^m\dot{\gamma}_0{}^{1+m}h^2}{\bar{k}} \tag{7.52}$$

并再次运用关系式 $v_0=h\dot{\gamma}_0$ 时，最大应变率和从式(7.50)、式(7.47)得到的特征长度尺度可以用量纲形式表达为

$$\begin{aligned}\dot{\gamma}_{\max}&=\left(\frac{1-m}{m}\frac{\bar{a}\kappa_0b^m}{\bar{k}}\right)^{1/(1-m)}v_0{}^{2/(1-m)}\\ \bar{\delta}&=\left(\frac{1-m}{m}\frac{\bar{a}\kappa_0b^m}{\bar{k}}\right)^{-1/(1-m)}v_0{}^{-(1+m)/(1-m)}\end{aligned} \tag{7.53}$$

必须强调的是，以上给出的长度尺度仅仅适用于穿过剪切带的速度和应变率的快速变化，这一点从微分形式可明显看出。

因此，它是一个力学的长度尺度，指的是作为邻近材料热源的塑性变形区域，但当流线清晰可见时，它也可以在剪切带中清楚地看到，这一点随后将加以说明。

方程(7.53)表明，对这种简单的材料模型，剪切带内的最大应变率和剪切带的特征长度尺度只取决于剪切带边缘处的外加速度，而不是取决于名义应变率或长度尺度 h。对于给定的材料，最大速率大体上与驱动速度的平方成比例变化，而宽度随速率的倒数减小。最大速率随强度和热软化的速率增加，相反地，随应变率灵敏系数和热导率减小。这些材料性能对宽度的影响恰好与它们对最大速率的影响相反。式(7.75)用到的尺度截然不同，将此行为与式(7.75)所指出的进行比较。

例如，假定钢强度为0.5 GPa，软化速率为$\frac{1}{1\,200}\mathrm{K}^{-1}$，应变率灵敏系数为0.02，热导率为50 W/mK，驱动速度为±1 m/s，那么，根据式(7.53)，预测最大应变率是$6.4\times10^5\ \mathrm{s}^{-1}$(标定时间 b 定为10^4 s，但其确切值不太重要，因为指数 m 很小)。利用相同的数字，特征力学长度将是1.6 μm。通过比较，对于500 K的温升，根据 Bai、Dodd(1992) 和7.5节中的方程(7.75)，半宽是8.8 μm或这个数据的5.5倍。尽管500 K是剪切带内的一个典型温升，但是确切值随时间变化(在线性软化模型中，完全形成的剪切带的应变率是常数，但是温度持续地以缓慢指数的形式上升)。尽管此处所用的材料模型过于简单，但它的确说明了较大的热长度尺度和较小的力学尺度之间的关系。

7.4 一般情况下完全形成的剪切带的典型结构

在上一节中提到的完全形成的剪切带的结构是基于特殊情况——材料软化与温度呈线性关系，材料硬化与应变率呈指数关系。尽管温度和应力不

断增加，但是剪切带的力学结构是不变的，最内部的结构本质上是稳定的。Glimm、Plohr 和 Sharp(1993，1995)指出：剪切状态在任何已完全形成的剪切带的中心处本质上是稳定的，对于量纲形式的流变定律 $\bar{s}=\bar{\kappa}g(\bar{\theta})(b\bar{v}_{\bar{y}})^m$，其中 $\bar{\kappa}$ 是常量，剪切带具有简单的典型结构，这概括了上一节的结果。Wright 和 Ravichandran(1997)指出，假设仅加工硬化在剪切带的中心饱和，对于材料内的剪切带则保持相同的结构。本节剩余部分就用了他们的方法。

剪切带是一个一维结构，垂直于剪切带的变化远比平行于剪切带的变化快得多。此外，如果驱动条件仍保持稳定，垂直方向上梯度随时间的变化也会很小。在这些条件下，利用稳定方程组是合理的

$$\begin{gathered} S_y = 0 \\ (k\theta_y)_y + sv_y = 0 \end{gathered} \tag{7.54}$$

其中，y 指垂直于剪切带的方向，s 指沿着剪切带的质点速度 v 方向上的剪切力。式(7.54)和本节其余部分的方程都是量纲形式的，但是为了简化标记法，将上标下移。

守恒定律必须用定义应力、应变率和温度间的关系的本构方程来加以补充。这可以写成两种形式

$$\begin{gathered} v_y \equiv r = R(s,\theta) \\ s = S(r,\theta) \end{gathered} \tag{7.55}$$

假设 R 和 S 在第一个变量中是可逆的，因为加工硬化已被假设为完全饱和，所以加工硬化参数不再以任何本构关系的形式直接出现。此外，本构关系用来定义两个辅助特征函数，这两个函数与材料应变率敏感系数 m 和相对软化率 $\hat{a}$ 有关

$$\begin{gathered} m \equiv \frac{r}{S}\frac{\partial S}{\partial r} = \frac{R}{s}\frac{1}{\partial R/\partial s} \\ \hat{a} \equiv -\frac{1}{S}\frac{\partial S}{\partial \theta} = \frac{1}{s}\frac{\partial R/\partial \theta}{\partial R/\partial s} \end{gathered} \tag{7.56}$$

式中，m 和 $\hat{a}$ 的第一个形式看作是(r，θ)的函数，第二个形式看作是(s，θ)的函数。

方程组(7.54)可以用两种不同的方式积分。直接方式是

$$\begin{gathered} s = \text{const} \\ k\theta_y + sv = \text{const} \end{gathered} \tag{7.57}$$

考虑到应力是常量后，对稳定剪切用之前的结果

$$\frac{1}{2}(k\theta_y)^2 + s\int_{\theta_c}^{\theta} k(\theta)R(s,\theta)\,\mathrm{d}\theta = 0 \tag{7.58}$$

在式(7.58)中，符号 c 表示由于温度梯度和速度的对称性而消失的剪切带的中心。两种形式都是有用的。

对金属而言，应变率灵敏系数是一个很小的无量纲数，而且远小于1。这一事实将用来进行渐近估计，把式(7.58)中的积分化为标准形式。令 $\lambda(s, \theta_c)$为剪切带中心的应变率。然后用

$$R(s,\theta) = \lambda(s,\theta_c)\mathrm{e}^{-z/m_c} \tag{7.59}$$

来替换函数 $R(s, \theta)$，其中 λ 是剪切带中心的应变率，m_c 是一个小的参数，它的值可依据方便进行选择。

由于对任何剪切带，s 和 θ_c 都是常量，方程(7.59)仅代表从 θ 到 z 的变量变化，当 $\theta=\theta_c$ 时，$z=0$；当 $\theta<\theta_c$ 时，$z>0$。式(7.58)中的积分现在写为

$$I \equiv \int_{\theta_c}^{\theta} k(\theta)R(s,\theta)\mathrm{d}\theta = \lambda\int_0^z k(\theta)\mathrm{e}^{-z/m_c}\theta_z\mathrm{d}z \tag{7.60}$$

如果 k 是关于 θ 的缓慢变化的函数，并且 θ_z 是关于 z 的缓慢变化的函数，那么积分可以通过具有大的指数参数的有限积分的标准方法来近似地计算出(Jeffreys，1962)。此时假设两个函数都是适当意义上的“缓慢变化”，然后将它们以泰勒级数展开并逐项积分，导出的级数就是带有小参量 m_c 的渐近式

$$\begin{aligned} I \sim\ & m_c(\lambda k\theta_z)_c \times \\ & \left\{(1-\mathrm{e}^{-z/m_c}) + \left[\left(\frac{k_\theta\theta_z}{k}\right)_c + \left(\frac{\theta_{zz}}{\theta_z}\right)_c\right]\times\right. \\ & \left.\left[-z\mathrm{e}^{-z/m_c} + m_c(1-\mathrm{e}^{-z/m_c})\right] + \mathcal{O}(m_c^2)\right\} \end{aligned} \tag{7.61}$$

注意，由于 $z\mathrm{e}^{-z/m_c}$具有最大值 $m_c\mathrm{e}^{-1}$，方括号中的第二项仅仅是$\mathcal{O}(m_c)$。

假设式(7.61)中的误差项足够小，式(7.60)中的前一个积分可由 $I=m_c(\lambda K\theta_z)_c(1-\mathrm{e}^{-z/m_c})[1+\mathcal{O}(m_c)]$来近似。为了说明此表达式中的各项，首先通过微分方程(7.59)得到 $R_\theta\theta_z=\dfrac{-R}{m_c}$，然后根据函数 $\hat{a}$ 和 m 的定义以及 $R_\theta/R=\hat{a}/m$，结果如下

$$\theta_z = -\frac{m}{m_c}\frac{1}{\hat{a}} \tag{7.62}$$

仍未定义的参数 m_c 可用剪切带中心的应变率敏感系数来定义，与说明中所期望的一样。

因此，有$(\theta_z)_c=-\hat{a}_c^{-1}$。在 I 的最低阶表达式中运用此结果之后，代入式(7.58)，取其平方根，得到对温度梯度的适当的渐近表达式

$$k(\theta)\theta_y = \pm\sqrt{2s\left(\frac{\lambda km}{a}\right)_c}(1-\mathrm{e}^{-z/m_c})^{1/2}[1+\mathcal{O}(m_c)] \tag{7.63}$$

其中，指数代表局部应变率与由式(7.59)得到的最大应变率的比，取负号是由于 y 是正的。

方程(7.63)能以类似的方法对 y 进行积分。首先改写为

$$\int_0^z \frac{k(\theta)\theta_z \mathrm{d}z}{(1-\mathrm{e}^{-z/m_c})^{1/2}} = -\left(\frac{2sk\lambda m}{\hat{a}}\right)_c^{1/2} y[1+\mathcal{O}(m_c)] \tag{7.64}$$

左边的分母是奇异的，但是在下限可积。比较 $z=0$ 附近的奇异项可再一次说明 k 和 θ_z 是缓慢变化的，所以对低阶渐近性的说明是：它们可在下限处求值并从外部进行积分。那么，直接计算低阶积分

$$\int_0^z \frac{k(\theta)\theta_z \mathrm{d}z}{(1-\mathrm{e}^{-z/m_c})^{1/2}} = -2\left(\frac{km}{\hat{a}}\right)_c [\cosh^{-1}\mathrm{e}^{z/2m_c}][1+\mathcal{O}(m_c)] \tag{7.65}$$

最后两个方程联立得出

$$\cosh^{-1}\mathrm{e}^{z/2m_c} = \frac{y}{\left(\dfrac{2mk}{s\lambda\hat{a}}\right)_c^{1/2}[1+\mathcal{O}(m_c)]} \tag{7.66}$$

右边的分母定义了 y 坐标轴的特征长度尺度 δ

$$\delta = \left(\frac{2mk}{s\lambda\hat{a}}\right)_c^{1/2}[1+\mathcal{O}(m_c)] \tag{7.67}$$

转置式(7.66)，立即得出应变率、速度和温度的分布，应变率的积分和式(7.57)的积分为

$$\begin{gathered} v_y = \lambda\,\mathrm{sech}^2(y/\delta), v = \lambda\delta\tanh(y/\delta) \\ \theta = \theta_c - 2(m/\hat{a})_c \ln\cosh(y/\delta)[1+\mathcal{O}(m_c)] \end{gathered} \tag{7.68}$$

这是由 Glimn 等(1993)得到的与多重流变定律相同的结果。但是，假设式(7.61)中的误差项非常小，此处它是对一般的但完全饱和的流变定律而给出的，也就是说，$m_c\left[\left(\frac{k_\theta\theta_z}{k}\right)_c+\left(\frac{\theta_{zz}}{\theta_z}\right)_c\right]=o(1)$。这些将被作为两种条件写出

$$\begin{gathered} m_c(k_\theta\theta_z/k)_c = o(1) \Rightarrow (k_\theta/k)_c \ll (\hat{a}/m)_c = (R_\theta/R)_c \\ (m\theta_{zz}/\theta_z)_c = o(1) \Rightarrow -\left[\frac{\mathrm{d}}{\mathrm{d}\theta}\left(\frac{m}{\hat{a}}\right)\right]_c = o(1) \end{gathered} \tag{7.69}$$

可假设方程组(7.69)的第一个方程成立。它是一个相对温和的条件，因为 $\hat{a}$ 在$\mathcal{O}(10^{-3})$ ℃$^{-1}$的典型值和 m 在$\mathcal{O}(10^{-2})$的典型值，以及 $\hat{a}/m$ 的量纲值可预计是在$\mathcal{O}(10^{-10})$℃$^{-1}$附近。这样，如果每摄氏度热导率的变化远小于其当前值的10%，那么就满足了方程组(7.69)的第一个方程。

方程组(7.69)的第二个方程取决于流变定律，必须在个别情况下校验。不过，一旦经过校验，那么无论所有其他方面的流变定律的具体形式是什么，

式(7.67)和式(7.68)中的结果都是典型的。图7.7、图7.8和图7.9显示了应变率、速度和温度的典型形式。需要注意，温度的分布远比应变率的分布要宽得多，这与预期的一样。

Wright 和 Ravichandran(1997)的原始论文给出了一些例子，总结于表7.1中，在其中找到了确保典型结构的条件。在任何情况下，剪切带中心的应变率敏感系数必须很小，即$[(r/S)(\partial S/\partial r)]_c = m_c \ll 1$，前三种情况已经写出，所以剪切带中心的流变定律得到了校验，而后两种没有。

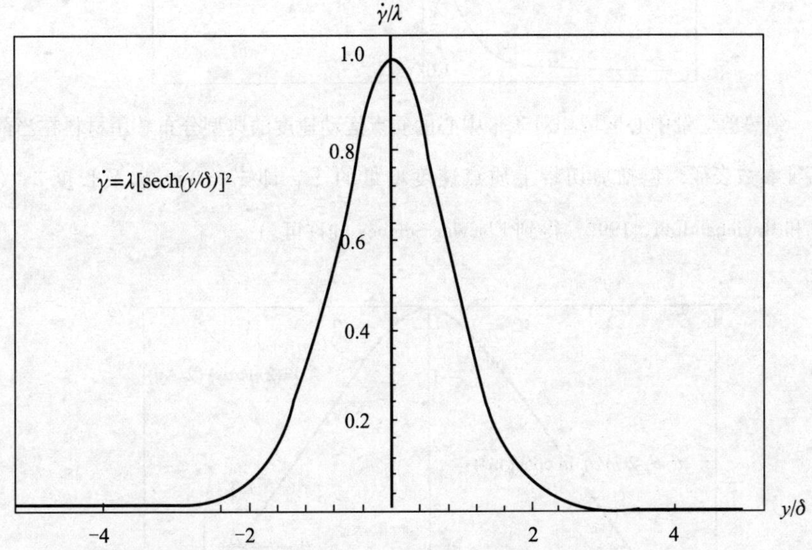

图7.7 绝热剪切带中应变率的典型分布图。用材料在当前状态下的特征参数表征，包括剪切带中心区域的应变率 λ 以及力学长度 δ。(摘自 Wright 和 Ravichandran，1992，得到 Elsevier Science 的许可。)

可建立联系动态变量和材料变量的其他关系式。假设已知穿过剪切带的应力和剪切带外部的驱动速度，令 Δv 是穿过剪切带的质点速度的增量。那么，根据三个关系式得

$$
\begin{aligned}
\frac{1}{2}\Delta v &= \delta\lambda \\
\delta &= \left(\frac{2mk}{s\lambda\hat{a}}\right)_c^{1/2} \\
s &= S(\lambda,\theta_c)
\end{aligned}
\tag{7.70}
$$

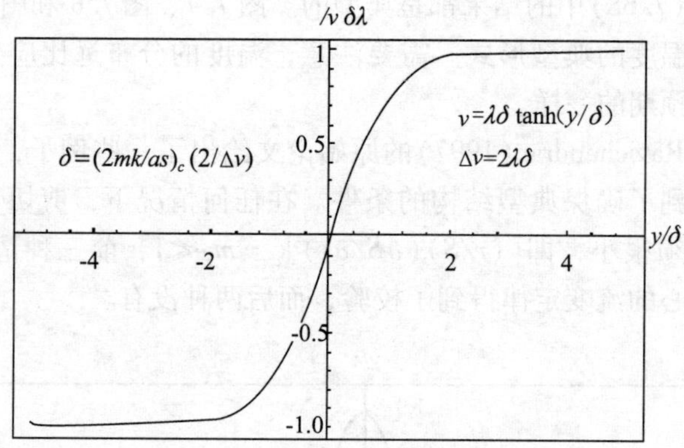

图 7.8　绝热剪切带中心区域相对于带中心的质点运动速度的典型分布。用材料在当前状态下的特征参数表征，包括剪切带上质点速度增量的$\frac{1}{2}$，即$\frac{\Delta v}{2}=\lambda\delta$，以及长度 δ。（摘自 Wright 和 Ravichandran，1992，得到 Elsevier Science 的许可。）

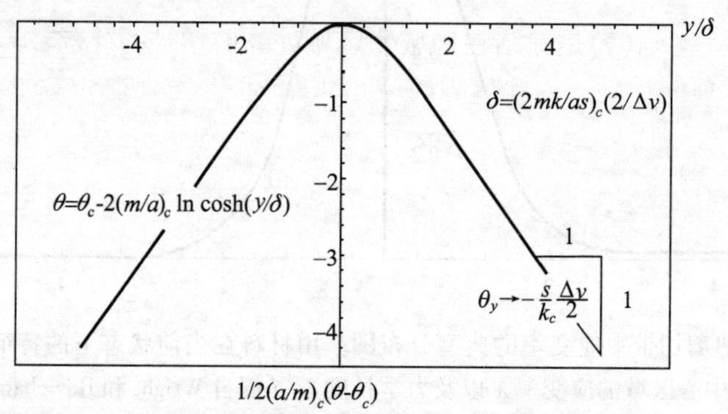

图 7.9　绝热剪切带中心区域温度的典型分布。用材料在当前状态下的特征参数表征，包括物理量$\frac{\rho cm}{s_\theta}$以及长度 δ。（摘自 Wright 和 Ravichandran，1992，得到 Elsevier Science 的许可。）

表 7.1　渐近有效条件的总结

法则	流变定律	条件 $(m\theta_{zz}/\theta_z)c=\mathcal{O}(1)$
1. Power Law（由文定律）	$s=\kappa(T/T_c)^{-v}(r/\lambda)^{\overline{m}}$	$\overline{m}\ll v$
2. Johnson – Cook	$s=s_0+\kappa[1+\overline{m}\ln(r/\lambda)g(T-T_c)]$	$\overline{m}\ll 1$
3. Zerilli – Armstrong	$s=s_0+\kappa e^{-\beta_0(T-T_c)}(r/\lambda)^{\overline{m}+\beta_1(T-T_c)}$	$\overline{m}\ll 1$ $\beta_1\ll\beta_0$
4. MTS 模型	$s=s_0+\kappa[1-(AT\ln\dot{\gamma}_0/r)^{2/3}]^2$	$(2m/\hat{a}T)_c\ll 1$
5. Bodner – Partom	$r=\dot{\gamma}_0\exp\{-2^{-1}(\kappa^2/s^2)^{\overline{a}/T+\overline{b}}\}$	$(2m/\hat{a}T)_c\ll 1$

作为 s 和 Δv 的函数，理论上能够求出剩余的变量 λ、θ_c 和 δ。这三个关系式分别来自式(7.68) 中的速度、方程(7.67)和本构关系式(7.55)在剪切带中心处求出的极限值。逆变换可象征地表达为

$$\lambda = \hat{\lambda}(s,\Delta v),\theta_c = \hat{\theta}(s,\Delta v),\delta = \hat{\delta}(s,\Delta v) \tag{7.71}$$

事实上，本质上不变的穿过剪切带的应力和剪切带横截面上的速度的增量被认为是外部条件，这些外部条件为剪切带提供驱动力并决定完整的典型结构。方程(7.53)是这种逆变换的一个例子。

说明剪切带典型结构的方程本质上是动态的，它们显示了在变形期间剪切带的略影。尽管可在 Kolsky 扭转杆实验中观测到发展变化着的结构，但往往仅能在实验完成后，以后验的方式在金相图片中观察剪切带。如图 1.3 所示，在某一金属板的截面上沿垂直方向迅速地打入一个冲孔，折向剪切面的白色曲线的化学成分是非均匀的，最初是水平的且平行于金属板的轧制平面。这条线的近似方程可通过积分式(7.68)中的典型速度建立

$$w = (\lambda t)\delta\tanh(y/\delta) + w_0(y) \tag{7.72}$$

其中，λ 和 δ 是常量，乘积 λt 可解释为在局域化发生之后剪切带中心剩余的应力集中，函数 $w_0(y)$是冻结在局域化区域处的剪切带的外部位移场。图形表明 w_0 应是近似线性的，因此方程(7.72)可写为

$$w = (\gamma_{\max} - \gamma_{\text{crit}})\delta\tanh(y/\delta) + \gamma_{\text{crit}}y \tag{7.73}$$

其中，γ_{crit}是在局域化的瞬间被冻结在材料内的临界外部应变。图 7.10 显示的是一种与图 1.3 在参数选择上相匹配的典型情况，它表明显微图片极好地吻合了理论曲线。

对应于式(7.73)的应变，可通过微分来建立，它从剪切带中心的 $\gamma_{\max}$ 平缓地变化到剪切带的外部的 γ_{crit}

$$\gamma = w_y = (\gamma_{\max} - \gamma_{\text{crit}})\operatorname{sech}^2(y/\delta) + \gamma_{\text{crit}} \tag{7.74}$$

图 7.10 中的最大曲率点记为 y_κ，可用来估算特征长度 δ 的值，计算表明 δ/y_κ 通常位于 0.4 ~ 0.6 之间。当将此情况应用于图 1.3 时，特征力学长度稍短于 10 μm。对于细节情况，读者可参考 Wright 和 Ravichandran(1997)的论文。

7.5 热学和力学长度范围

Dodd 和 Bai(1985)最先试图估算剪切带的宽度，并由 Bai 和 Dodd(1992)进行了报道。根据稳定解(第 5 章 5.2 节)，他们通过以下方程估算量纲项中的半宽

$$\delta_{\text{DB}} = \sqrt{\frac{k\bar{\theta}_c}{\beta\bar{s}\dot{\bar{\gamma}}_c}} = \sqrt{\frac{k(\bar{T}_c - \bar{T}_0)}{\beta\bar{s}\dot{\bar{\gamma}}_c}} \approx \sqrt{\frac{\bar{k}\Delta\bar{\theta}}{\bar{s}\lambda}} \tag{7.75}$$

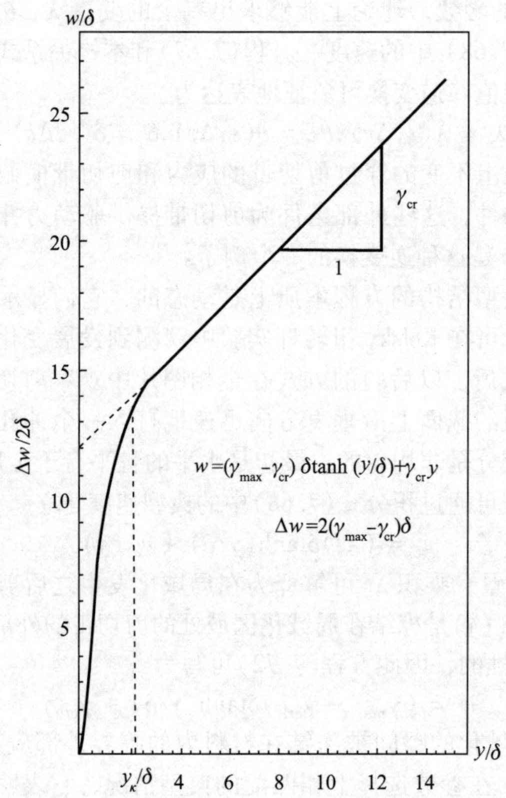

图 7.10 穿过绝热剪切带的位移的典型分布，用材料在当前状态下的特征参数——长度 δ 表征。理论分布和实际分布之间的比较见图 1.3。（摘自 Wright 和 Ravichandran，1992，得到 Elsevier Science 的许可。）

其中，上画线代表量纲量，符号 c 表示剪切带的中心，符号 0 表示剪切带外部的环境条件。一些工作者，包括 Dodd 和 Bai (1985)、Hartley 等 (1987)、Marchand 和 Duffy(1988)，将这一估算值与实验观测值做了比较。表明理论值和实验值在两个数量级或者更小的范围内一致。

但是，通过测定观察而得到特征和所谓的宽度也是不精确的，一些材料经过腐蚀，剪切带显现出白色并试图将带宽与白亮区联系；在另一些材料中，仅能看见剧烈变形区；而在某些材料中，也只能看到剪切带的中心呈现非常小的明显细化或可能发生再结晶的区域。在特别有利的情况下，可能会看见流变线，它弯向剪切带，然后向另一侧弯曲而形成一个反对称的样式。在所有这些情况中，很难优先挑选一个能完全表征剪切带的宽度，也很难估计剪切带中心的情况。

相比其他力学长度，公式(7.75)与剪切带的热厚度有更多的关联。分母 $\beta s\dot{\gamma}$是在一薄层内单位体积中转化为热的塑性功，$\bar{k}(\bar{T}_c-\bar{T}_0)$是每单位热厚度传递出去的热量的粗略估算。

另一长度范围 δ_{mech}，指的是力学结构而不是热结构，在7.3节和7.4节中，是通过先测定特殊情况，然后再引申到一般情况的方法而得到的。方程(7.6)针对一般情况给出的力学长度，适用于剪切带横截面上快速变化的速度。

热学长度范围 δ_{th}，也可根据下面的一般渐近结构估算出。图7.9表明远离剪切带中心的温度梯度是常量，所以热学宽度可估算为 $\delta_{th}=|\Delta\theta/\Delta\theta_y|$，其中 $\Delta\theta$ 是剪切带中心与邻近区域的温度差，θ_y 是渐近斜率。根据式(7.68)中的渐近解，斜率的绝对值 $|\theta_y|=\dfrac{2m}{\hat{a}_c\delta_{mech}}$，其中 δ_{mech} 是由方程(7.67)给出的力学长度范围。因而 δ_{th} 的估测值是

$$\delta_{th}=(\hat{a}_c\Delta\theta/2m)\delta_{mech} \tag{7.76}$$

现在通过比较方程(7.75)和(7.67)可以看出，Dodd 和 Bai 的热学长度与力学长度的比恰好是 $\delta_{DB}/\delta_{mech}=\sqrt{\hat{a}_c\Delta\theta/2m}=\sqrt{\delta_{th}/\delta_{mech}}$。经重新整理，Dodd 和 Bai 的长度范围是其他两个的几何平均数

$$\delta_{DB}=\sqrt{\delta_{th}\delta_{mech}} \tag{7.77}$$

因此它位于两者之间，即 $\delta_{mech}\leqslant\delta_{DB}\leqslant\delta_{th}$。

7.6　DiLiellio 和 Olmstead 的剪切带发展理论

在一系列论文中，DiLellio 和 Olmstead(1997a，1997b，1998)建立了关于对固定板材稳定剪切时剪切带发展的一维理论。材料模型包括弹性、指数热软化(第一和第三篇论文)、指数法则的速率硬化(非加工硬化)，并且动量方程的右端保留了加速度项。这些分析的主要特点是用边界层理论将剪切带当作线性不连续的，它影响局部的边界层结构，该结构又联系着更广泛的领域和外部的边界条件。应变率敏感系数被用作进行单一扰动分析的小参数。当无量纲长度范围与平板的实际尺寸相比很小时，最终结果是把一个积分方程耦合到代数方程中，用剪切带中心的应力和温度作为时间的两个未知函数。当用数值方法来解这些耦合的方程时，可知整个过程：从缓慢的早期生长，快速转变至完全局域化，然后进入后局域化状态。

作为另一个结果，找到了一个与时间相关的长度范围，它与边界层横截

面内的转变相关联的长度范围成比例，这同式(7.70)中的表达一样。特别地，$\delta_{mech}=\ell\Delta(t)$，其中 ℓ 是特征长度范围，$\Delta(t)$是力学转变的半宽的无量纲测量值(在他们的论文中，由方程(7.53)给出)。

在完全局域化前，长度范围相对较大，但在完全局域化期间，它迅速地减小大约两个数量级，然后又恢复大约一个数量级，最后以某一中等的速度生长直到计算结束。

在他们的分析中，有两个重要特征，首先他们采用无量纲化，这与第6章和本章前述部分的方法明显不同。通过令基本长度范围由扩散，而不是试样的尺寸来确定，他们的方法允许保留弹性和热传导。边界距剪切带的距离通常是有效无限远，致使精确的热力学边界条件并不重要。其次，他们构造了一种扰动机制，假设应变率的主导范围是$\mathcal{O}(m^{-1})$。然后运用一般张力变换 $\xi=\dfrac{y}{m}$，他们发现内部解具有7.4节中列出的典型结构；但是剪切带中心的应力、温度和应变率是时间的函数(仍未知)，而且是不稳定的。

在外部区域，应力和温度满足简单的动量和扩散方程，其无量纲形式为

$$\begin{aligned} s_t(y,t) &= \frac{1}{\rho}\int_0^t s_{yy}(y,t')\,\mathrm{d}t' + \frac{\mathrm{d}}{\mathrm{d}y}\bar{v}_0(y) \\ \theta_t(y,t) &= \theta_{yy}(y,t), 0 < y < L/\ell, t > 0 \end{aligned} \tag{7.78}$$

最终，当起始边界条件仍应用于区间的另一端时，内部解的外部极限产生了区间左端外部解的边界条件。在运用Green函数后，他们得到了在发展着的剪切带中心处的应力和温度的两个耦合积分方程。当$\dfrac{L}{\ell}\to\infty$时，它们简化为

$$\begin{aligned} s &= -\left(\frac{2m\rho}{\lambda a}\right)^{1/2}\left\{\left[\frac{\dot{\gamma}(s,\theta)}{s}\right]^{1/2}-\left[\frac{\dot{\gamma}(\bar{s}_0,\bar{\theta}_0)}{\bar{s}_0}\right]^{1/2}\right\}+\bar{s}_0+\sqrt{\rho}\bar{v}_0\left(\frac{t}{\sqrt{\rho}}\right) \\ \theta &= 2\left(\frac{\lambda m}{2a}\right)^{1/2}\int_0^t\left[\frac{s\dot{\gamma}(s,\theta)}{\pi(t-t')}\right]^{1/2}\mathrm{d}t' + \frac{1}{\sqrt{\pi t}}\int_0^\infty \mathrm{e}^{-\xi^2/4t}\bar{\theta}_0(\xi)\,\mathrm{d}\xi \end{aligned} \tag{7.79}$$

其中，$\dot{\gamma}(s,\theta)$是关于塑性应变率的本构函数，$\bar{s}_0$、$\bar{\theta}_0$和$\bar{v}_0$分别是无量纲的应力、温度和速度的初始值。

无量纲的常量m、λ、ρ和a由材料的物理常数和应力、应变率、温度的某些特征值确定。

图7.11和图7.12以无量纲的单位显示了在中心线处温度和应力的典型结果。在典型方式中，直到快速的局域化发生前，它们都缓慢地变化，然后温度显著上升，应力急剧下降。图7.13表明了在同一时间内力学转变的特征半宽如何变化。这些结果表明，随时间变化的方式与通过完全有限元法计算

得到的相同(Walter，1992)。

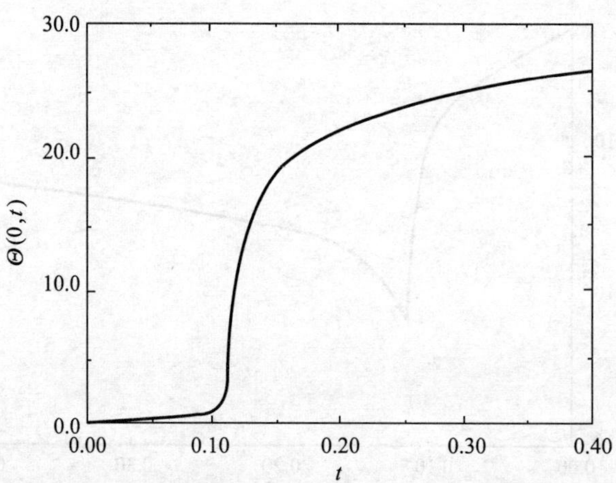

图 7.11　通过 DiLellio 和 Olmstead 的理论得出的剪切带中心区域的温度－时间曲线。与图 5.2 相比，坐标不同，但形状大致相同。(摘自 DiLellio 和 Olmstead，1997a，得到 Elsevier Science 的许可。)

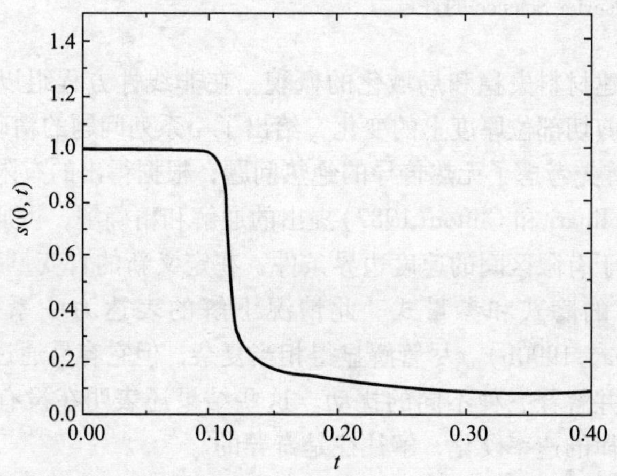

图 7.12　通过 DiLellio 和 Olmstead 的理论得出的剪切带中的应力-时间曲线。与图 5.2 相比，坐标不同，但形状大致相同。(摘自 DiLellio 和 Olmstead，1997a，得到 Elsevier Science 的许可。)

7.7　结　束　语

同第 6 章一样，总结一下本章的主要结果。本章的意图是继续通过考察

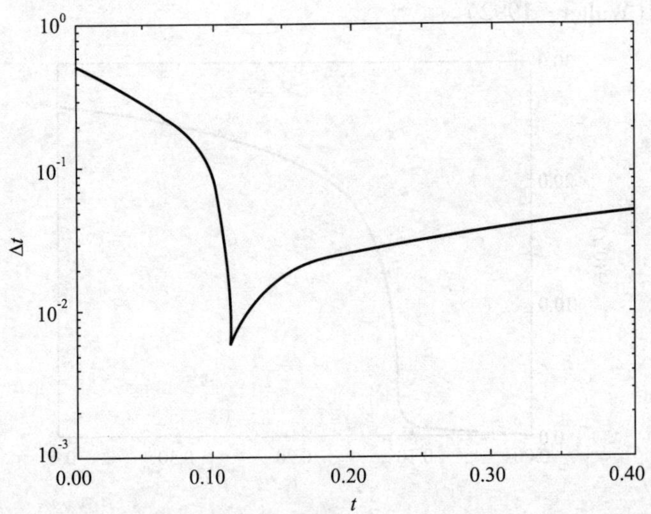

图 7.13 通过 DiLellio 和 Olmstead 的理论得出的剪切带力学长度尺度的发展变化曲线。由于选择的是指数软化而不是线性软化，随着应变的增加，宽度在局域化之后出现最小值，然后持续增加，这与 Walter(1992)报道的结果类似。(摘自 DiLellio 和 Olmstead，1997a，得到 Elsevier Science 的许可。)

特殊情况来构建材料失稳和局域化的概貌。在非线性方程组以无量纲的形式重述后，考虑剪切部位厚度上的变化，给出了一系列问题的精确解和近似解。

7.1 节中首先考虑了无热传导的绝热问题，根据得出的有限区间的应力边界条件，由 Molinari 和 Clifton(1987)提出的通解和精确解，可通过积分法求得隐式形式。对于有限区间的速度边界条件，在定义新的自变量和因变量之后，能得到确切解的隐式和参量式。此情况下解的表达为一系列的三个积分(Wright，1990a，1990b)。尽管解显得相当复杂，但它容易通过几何的方法加以定性理解，并解释三种不同的扰动。这些结果还表明在没有热传导的情况下，对指数规律的速率硬化，解往往是奇异的。

7.2 节讨论了当材料没有加工硬化而存在热传导时，对应于速度边界条件的解。首先给出了一个简单的确切解，尽管并非最佳情况，也说明其自身的应变率软化确实不能保证材料的失稳状态和局域化。其次给出了具有线性热软化和指数规律速率硬化的材料的近似解，解的结构在许多方面与没有热传导的情况类似。但是现在，求解时要求解一个简单扩散方程、一个积分式和一个非自治的常微分方程，结果仍是隐式和参量式。这看起来很复杂，但是进一步地分析得出结论：利用适当的无量纲和线性比例，所有具有给定应变率敏感系数的非加工硬化材料事实上有共同的倾向——局域化，至少在应变率高得足以产生内部影响之前是这样的。此外，强度、温度或腹板厚度的微小扰动是外加的，所以当采用适当的尺度时，对局域化有完全相同的影响。这些论断已被数值模拟证明，但未经实验验证。

分析完全形成的剪切带结构，首先是对简单情况，然后扩展到一般情况，由此得到了这一观点：所有材料的剪切带结构都是规范的。规范结构的一个特征是，在绝热剪切带中清晰的力学和热学长度范围是很重要的。力学范围给出了关于穿过剪切带的速度增量的过渡区域的测量手段。此外，它还可以测量高应变区域的宽度。而热学范围可用来测量在整个变形期间，高温区域的宽度。产生于高应变率区域的热必须被传导至邻近未变形的和温度较低的区域，这一过程一般不如力学剪切那么迅速，所以热学范围远大于力学范围。

Bai 和 Dodd(1985)给出从方程组而不是从解导出的另一个尺度。第三个尺度是其他两个的几何平均值，详细论述见 7.3 节、7.4 节和 7.5 节。

最后，7.6 节简单地描述了由 DiLellio 和 Olmstead(1997a，1997b，1998)给出的在一维情况下的剪切带形成的统一理论。由特殊情况导出的所有主要特征也出现在对一般的情况的处理中。这样，所构建出的整个模型就更准确了。

8

二维实验

第1章讨论的所有实验中讲到，材料的某一整体区域各处所受到的压力近乎是均匀的。因此，当这个区域内部的某些地方出现失稳时，就会形成一条完整的绝热剪切带。然而大多数情况下，绝热剪切带实际上首先在某一特定位置形成，然后在材料内以Ⅱ裂纹和Ⅲ裂纹的形式传播。和断裂不同的是，跨过绝热剪切带的材料的连续性还能够继续保持，以至于拉力仍然能够从一边传到另一边，至少当两边的相对位移是有限量时是如此的。这实质上是一个二维过程，因为绝热剪切带是在本身所在的平面上沿着侧向生长的。本章讲述的实验，在沿用简单的测量方法的同时，试图描述二维生长及传播的性质，以便在进一步的研究中可以专门探讨剪切带的特定行为。

8.1 Kalthoff 实验

Kalthoff(1987)和 Kalthoff、Winkler(1988)第一次设计出绝热剪切带的二维实验，以观察绝热剪切带的产生及传播。Kalthoff 接着在1990年和2000年对这次实验及其随后所取得的许多成果进行了评论和总结。一块在某一边缘有一个或两个狭长裂缝或疲劳裂纹(在下文将简称为预制裂纹或初始裂纹)的薄板，用弹体对它在临近裂纹处的边缘进行冲击。包含有两个初始裂纹的实验设计方法如图8.1所示。冲击使材料以模式Ⅱ的形式运动，所以一旦载荷的应力波传到裂纹末端，在末端就会形成Ⅱ型应力集中。

然后通过高速摄影和背光腐蚀成像技术可以观察到材料的后继行为。通过分析一系列照片上阴影图案的位置和大小就可以确定应力强度因子和传播速度。由于目标板和样品(接下来的实验中会有细节描述)的尺寸不同，冲击子弹的速度和初始裂纹的曲率也会不同。观察到了三种行为：①带有两种冲击过渡速度的稳定-脆性-延性行为；②所有可能条件下的脆性行为；③所有条件下的延展行为。三种情况的结果依次总结如下。

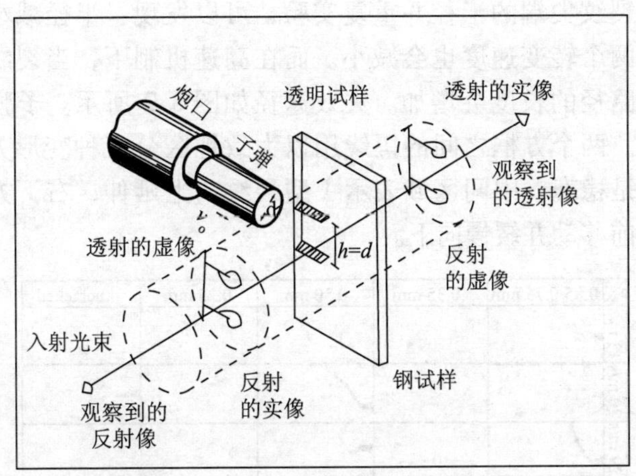

图 8.1 Kalthoff 实验的示意图。用气枪发射出钝头子弹，以在目标板上预制裂纹之间的区域造成冲击。通过反射或透射光学手段可以看到剪切带或裂纹尖端处的形变模式。（摘自 Kalthoff，2000，得到 Kluwer /Plenum 出版商的许可。）

8.1.1 稳定-脆性-延性行为

本次实验是在屈服强度大约为 2.1 GPa 的高强度马氏体时效钢上进行的。实验发现，对于在预制裂纹末端的每个确定的曲率半径，有三种特定的反应对应于三种不同的冲击速率。在最低的冲击速度下，预制裂纹是稳定且没有扩展的。中等冲击速度下，开始出现脆性倾向并以Ⅰ裂纹的方式沿侧向由预制裂纹的末端扩展。新裂纹与预制裂纹的角度大约为 70°，并且在预制裂纹受冲击一侧的另一边。

对于在弹性材料中形成的静态Ⅱ型裂纹的应力集中，这个角度与最大拉应力的方向一致。无论哪种情况，裂纹都会向侧边界一直传播下去，断口具有典型的粗糙表面，在外边缘具有剪切唇，这些通常是Ⅰ型裂纹的特征。用不同的装置在有预制裂纹时进行准静态模式Ⅱ加载，也在与载荷呈 70°的方向上产生了Ⅰ型裂纹。

在高速冲击作用下，也会发生第二种转变。新的断裂表面几乎径直向前传播，仅与预制裂纹受冲击一侧呈很小的角度。经过检测，断裂表面具有光泽。此外，垂直于破坏面取下的切片的金相分析表明，不断增加的剪切导致了断裂面两边的分离。很明显，绝热剪切带在材料中形成，并且产生一个通道，紧接着沿这个通道发生Ⅱ型断裂。在这种机制下，除了不能到达较远边界的情况，损伤路径的总长度会随着冲击速度的加大而增加。一旦被激活，变形的高速剪切模式在耗散冲击能量方面比中速的Ⅰ型断裂机制更加有效。

改变预制裂纹尖端的半径并重复实验，可以发现：半径减小时，区分三种变形方式的两个转变速度也会减小。而在高速机制下，当裂纹端部的半径减小时，失效路径的长度会增加。失效途径如图 8.2 所示。子弹的冲击在预制裂纹的下边。两个方框之间的黑线用以大致地区分三种变形方式。左上方的区域表示的是稳态，中间区域表示 I 型裂纹向上延伸，右下方表示剪切带和断裂表面向前移动并缓慢向下。

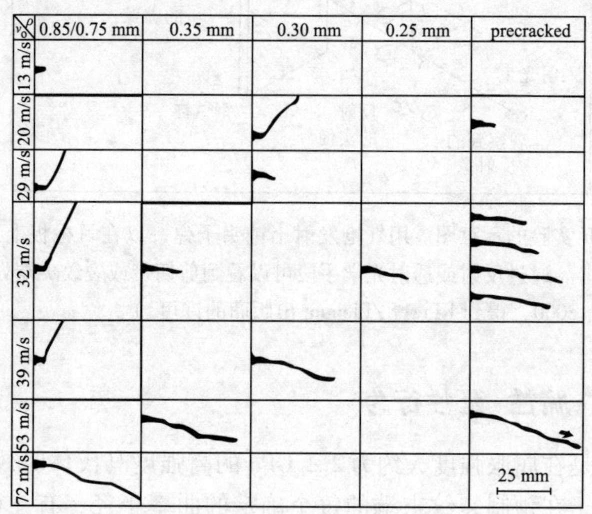

图 8.2 在钢中观察到的损伤路径。根据不同的粗线可大致分为稳定、脆裂和剪切三种区域。（摘自 Kalthoff，2000，得到 Kluwer/Plenum 出版商的许可。）

通过绘制失效路径的长度与 $v_0/\sqrt{\rho}$ 的关系图，就可以得到一个能够反应不同变形机制的更统一、更精确的量化图，其中 v_0 表示冲击速率，ρ 表示裂纹尖端的半径，如图 8.3 所示。可以看到，I 型裂纹似乎发生在剪切失效区域以下的区间内。同时，这个事实也证明了一个明确的临界条件的切换。

8.1.2 脆性行为

在由 Araldite B 制成的环氧树脂试样上也做了相似的冲击实验，根据不同的裂纹尖端半径，采用了不同的冲击速度。

气枪能够产生的最低冲击速率大约是 9 m/s，类似地，在冲击点实现完全失效和压碎的最高速率大约是 18 m/s。

所有实验成功的试样都是以 I 型裂纹的形式传播，与初始裂纹大约呈 70°。这些失效行为和在中速冲击下的钢试样所观察到的结果相同。尽管观察

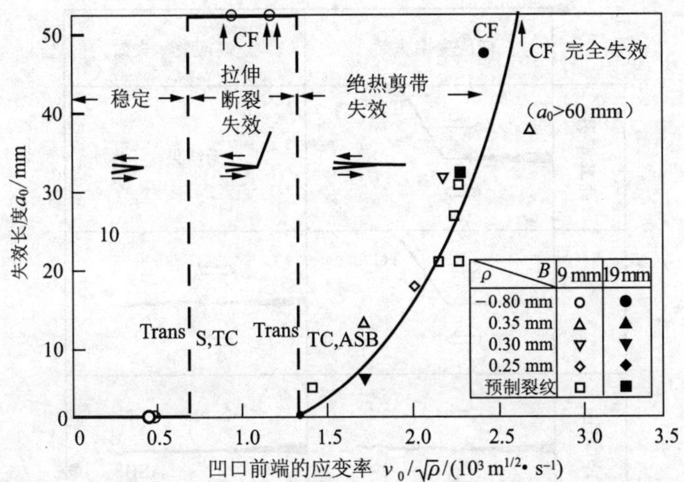

图 8.3　根据冲击速度和初始预裂纹半径的平方根画出的失效长度。(摘自 Kalthoff，2000，得到 Kluwer/Plenum 出版商的许可。)

不到速率的过渡，但据推测，存在一个临界速度，低于该速度时，预制裂纹是稳定的。如果是这样，那么所需的冲击速率应该超过了气枪的极限。

8.1.3　延性行为

以气枪所能得到的最低的速率到大约 70 m/s 内的任一值为冲击速率，在 7075 铝合金上进行边缘冲击实验，只产生了有限长度的Ⅱ型断裂。对于尖锐的疲劳裂纹也是如此。Ⅱ型准静态载荷只产生Ⅱ型断裂，即使在这种材料上以模式Ⅰ的形式加载，能够稳定地产生Ⅰ型裂纹，但当以模式Ⅱ加载时它们则不会出现。图 8.4 总结了以不同速率冲击加载时三种材料的所有失效形式的特征。

8.1.4　其他结果与讨论

其他人用许多不同的材料重复了上述实验，并且得到了基本相似的结果。Mason、Rosakis 和 Ravichandran(1994)在 C-300 钢上做了冲击实验，并在变形早期做了全方位的测量。在压缩波到达裂纹顶端后，又经过了 11 μs，在裂纹顶端形成一条剪切带并向前扩展。边缘图形表明，当应力强度达到 $K_{\mathrm{II}}^{\mathrm{d}}$ = 140 MPa · $m^{1/2}$后，在裂纹尖端会形成一个Ⅱ型的 Dugdale 塑性区(定义为剪切带)，并且该剪切带以 320 m/s 的速度扩展，剪切带上的平均压力从开始的 1.6 GPa 下降到能量释放后的1.3 GPa，大约减少了 20%。

Zhou、Rosakis 和 Ravichandran(1996)对 C-300 钢和 Ti-6Al-4V 也进行了冲

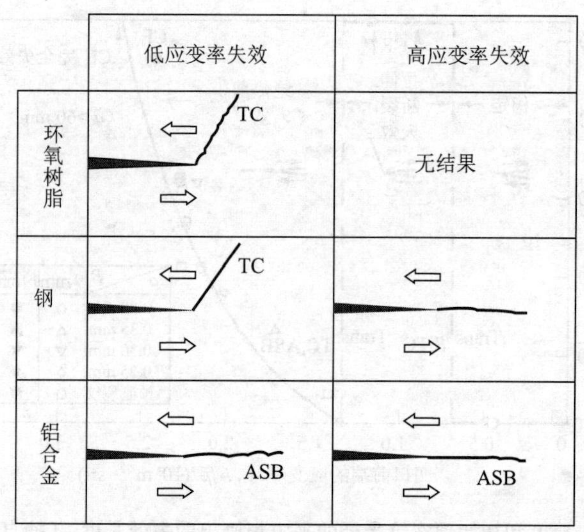

图 8.4 在三种材料中观察到的失效模式。(摘自 Kalthoff，2000，得到 Kluwer/Plenum 出版商的许可。)

击实验，并在扩展着的剪切带的临近区域进行了温度测试。但对于任何冲击速率，都没有观察到Ⅰ型裂纹发源于预制裂纹的末端，反而在绝热剪切带的初期阶段出现了最低扩展速率，然后是剪切裂纹，它沿着预制裂纹径直向前传播，并缓慢地偏向预制裂纹的受冲击一侧。在这些情况下，初始裂纹尖端的半径是 0. 15 mm，这个数字小于 Kalthoff 和他的同事用 C-300 钢在所有情况下测到的数据。根据图 8. 3 的比例推测，可能是由于小半径提高了有效载荷的速率，从而抑制了Ⅰ型裂纹的产生。然而在 C-300 钢中未出现剪切带，取而代之的是Ⅰ型裂纹。Zhou、Ravichandran 和 Rosakis(1996)的计算表明，后期的裂纹扩展是由于来自远端的反射波，在 Ti 合金中并没有观察到后期的裂纹扩展。

Ravi-Chandar(1995)用聚碳酸酯做实验时观察到了几乎与 Kalthoff 及其同事早期所做实验一样的图样。用裂纹宽度为 0. 3 mm(半宽或半径为 0. 15 mm)的试样和冲击速率从 20 m/s 到 55 m/s 不等的碳酸脂子弹，进行了光弹性实验。当冲击速率小于 30 m/s 时，没有裂纹产生，在预制裂纹顶端却出现了一个大的无弹性区域。在冲击速率为 30 ~ 50 m/s 时，Ⅰ型裂纹在预制裂纹的顶端形成并与其呈大约 66°角。对于冲击速率大于 50 m/s 的实验，裂纹向前传播大约 10 mm，然后停止。在高强度钢中，剪切断裂吸收了比Ⅰ型断裂更多的能量。

许多人对 Kalthoff 的实验进行了计算分析，包括 Needleman 和 Tvergaard (1995)，Zhou、Ravichandran 和 Rosakis (1996)，Batra 和 Gummalla (2000)，以及 Batra 和 Ravinsankar(2000)。只有最后两人做的是三维分析，其他人做的都是二维分析。最初的论文通过修正的 Gurson 模型研究了孔洞的形核与生长，但是只有第二篇论文谈到了热传导。在他们的计算中，为了观察实际的局域化，所有分析都没有采用这一过程。由于没有考虑热传导，也就没有得到准确的空间解。但是 Zhou 等人试图引入临界应变来模拟局域化，然后将剪切带描绘成沿着预测失效方向的牛顿流体。所有分析都没有介绍实际的剪切失效和分离，然而，所有分析都成功地证明裂纹顶端附近是拉伸应力和塑性剪切特别强烈的区域。因此，在临界拉伸应力和临界等效塑性应变的相互作用下，至少可以定性地确定接下来的失效的位置和机制，从而进一步确定失效的可能途径。

如上所述，如果没有热传导以及合适的空间解，就无法成功地模拟实际的局域化和绝热剪切带的扩展。在图 5.3 中可以看到一维的情况。在此图中可以看到，随着时间和名义应变的增加，应变率也增加，但却是在一个比完全形成的剪切带小得多的范围内。在初始不均匀的时刻，应变率会被放大至少3 个数量级。在完全局域化转变之前，应变率必然发生5 倍或10 倍的扩大，但是这并不意味着完全局域化的开始，因为它还要剧烈得多。

为了在二维情况下得到这些情况的解释，可以想象把图 5.3 的时间轴用表示传播方向的轴来代替，然后这个图表就可以用来粗略地表示扩展着剪切带前端的应变率。在完全局域化以前，应变率会放大很多倍，局部剪切应变也会变大。当然，由于增加了一个空间维度，真实的二维分布需要进行有效的修正。然而，从这一点来讲，如果没有进一步的测试，要想确定完全局域化发生时的“临界应变”是很困难的。

迄今为止，扩展着的剪切带尖端附近区域的计算或分析还没有完成，它应该包括一些相关的物理参数，如热导率，还应该完整地描述驱动力和扩展速度之间的关系。

8.2 厚壁扭转实验

Chichili 和 Ramesh(1999)用 Kolsky 扭转杆在一个厚壁管内侧生成了沿径向以Ⅲ型裂纹方式扩展的剪切带。

该装置及杆的设计如图 8.5 所示，这样设计是为了使输入杆能够记录压缩和扭转的信号。当打开压力阀时，就会产生由压缩波和扭转波组成的复合波通过样品，用环氧黏合剂把样品固定在适当的位置。这种设计还可以在某一预定时间内，用压缩波的反射拉力将胶打碎，同时做了扭转。一旦样品和传送杆之间的连接被打断，样品就仅承受进一步的刚性运动。另外，仅用一个单一且已知的扭转波来加载样品，同时这个扭转波还伴随着已知的压缩波，这样，对回收的样品进行金相观察，可以得知微观组织的变化。图 8.6 和图 8.7 所示的是典型的压缩和扭转脉冲。

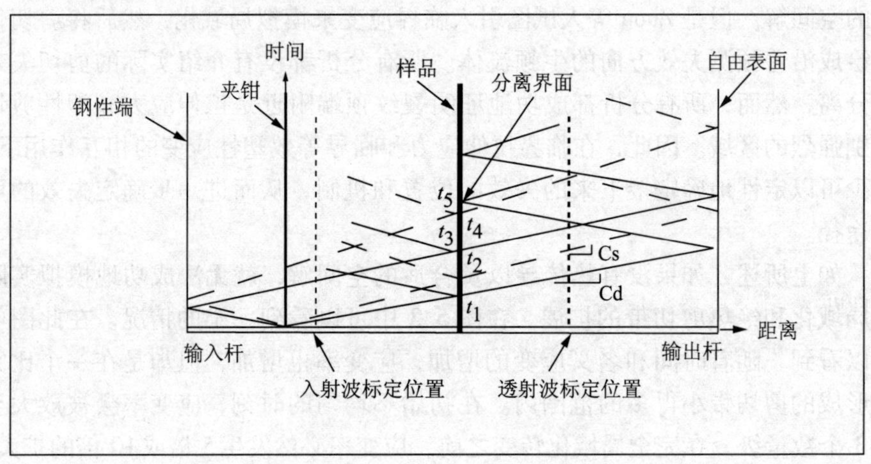

图 8.5 在反射模式下，压缩 - 扭转 Kolsky 杆的波形图。（摘自 Chichilli 和 Ramesh，1999，得到 ASME 的许可。）

厚壁试样如图 8.8 所示。在试样中心开一个小的圆形缺口，这样在同样的轴向位置就可以产生剪切带。由于样品的设计原因，形变在轴向和径向上都是不均匀的。因此，尽管样品末端的加载条件是已知的，但样品内部的压力和应变的具体分布却是未知的，必须通过辅助计算才能够确定。计算的精确度很大程度上取决于关于塑性流变的本构方程的精确度，此外，还必须知道许多不同的应变、加工硬化、应变率以及温度。因此，进行非均匀条件下的实验和计算，需要配合大量的均匀条件下的测试，除非已知基本的本构数据。

在厚壁实验技术的最初发展过程中，曾经对 α - Ti 中的绝热剪切带进行过研究。Chichili、Ramesh 和 Hemker(1998) 曾经报道过关于 α - Ti 的必要的、支持性的以及基本的研究工作。这项工作涵盖了范围较广的应变率，从准静态的$\mathcal{O}(10^{-5})s^{-1}$到压 - 剪作用下的$\mathcal{O}(10^{5})\,\mathrm{s}^{-1}$。实验发现，孪生和晶体滑移在材料的热力学响应中起着重要的作用。

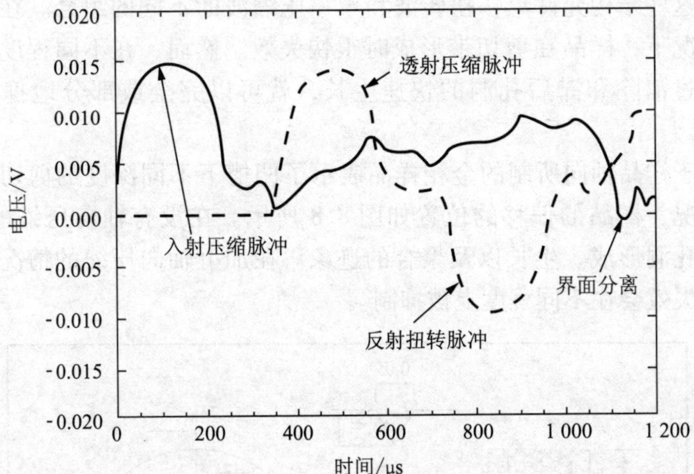

图 8.6 Kolsky 压-扭杆实验中的压缩信号。值得注意的是，当剪切波刚刚从试样上卸载之后，反射的拉伸脉冲致使试样从界面处分离。（摘自 Chichilli 和 Ramesh，1999，得到 ASME 的许可。）

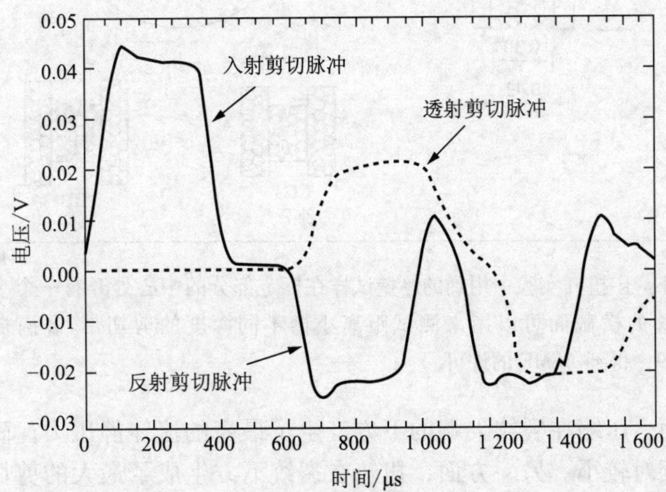

图 8.7 两杆之间的试样的剪切信号。由于输出杆在剪切波返回试样末端之前与其分离，因而采集到传递的剪切信号。（摘自 Chichilli 和 Ramesh，1999，得到 ASME 的许可。）

实验还发现，用 Kocks-Mecking 模型可以很好地模拟单调加载，不过不能很好地模拟不同温度和速率下的循环加载实验。Chichilli（1997）报道了实验的金相和微观观察结果。

为了观察名义应力对剪切带形成的影响，在几种结构中做了多种厚壁样品实验，这些结构允许单一扭转波和单一压缩波的不同的组合。在没有轴向压缩的情况下，样品在剪切带形成时很快失效。然而，在不同程度的轴向压缩下，通过消除和滞后孔洞的快速生长，就可以完全或部分地抑制样品的失效。

平行于样品轴向所制的金相样品表示了凹槽下不同深度的剪切带和孔洞的变化情况，样品的偏移的位置如图 8. 8 所示。在没有轴向压缩的情况下，出现大量孔洞形成、生长以及聚合的迹象。在加上轴向压缩的情况下，孔洞的形成和失效会在不同程度上被抑制。

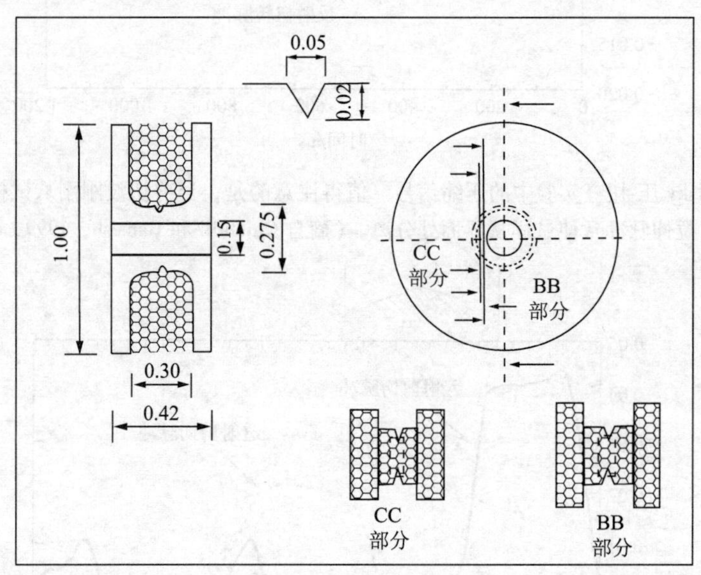

图 8. 8 Kolsky 压-扭杆实验中用到的厚壁试样在标定部分的中心处开有一个小槽，以生成剪切带。偏移的横截面可以用来测试距离小槽不同深度的剪切带。（摘自 Chichilli 和 Ramesh，1999，得到 ASME 的许可。）

一方面，压缩在裂纹尖端的下方产生了最高的流体静压力，而在样品内壁的压力相对较小。另一方面，扭转在裂纹下方生成了最大的剪切应变和剪切应力，沿内壁方向有较小的剪切应变和剪切应力。结果是，孔洞不是立刻在槽口之下形成，而是倾向于在样品内部形成的。就像预计的那样，在扭转不变的条件下增加压力，会减少孔洞的形成；而在压力不变的条件下增加扭转，会使孔洞的数量增加。

由于只对绝热情况做了计算，因此并非都是有效的。例如，尽管在裂纹尖端能够识别出高的流体静压力区，但计算表明，随着热效应的增加和剪切带不断地向内扩展，扭矩会减小，然而在实验中，扭矩在整个过程都是持续增加的。可以推测，热传导会延缓外部的强度损失和内部的剪切带的扩展。

8.3 厚壁筒体的破坏

Nesterenko、Bondar(1994)设计的第三类实验可以产生多重相互作用的剪切带，Nesterenko、Meyers 和 Wright(1998)用该方法研究 Ti 中的剪切带，实验装置如图 8.9 所示。Ti 样品的外边和里面都用铜管包围。外边的铜管作为爆炸和样品之间的缓冲，里面的铜管是为了在完全破坏时阻止进一步的径向扩展行为。由 Ti 和 Cu 制成的试样被爆炸速率为 4 000 m/s 的炸药所包围。将样品上方和下方的部分以及爆炸的引爆点调整好，使样品能够受到轴对称的冲击，这个冲击仅在反径向方向上被视作是理想化的。

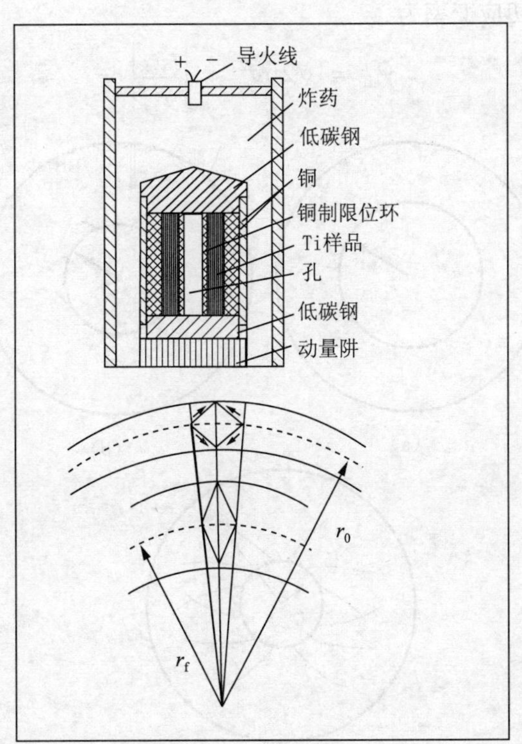

图 8.9 厚壁圆筒爆炸失效的实验装置。(摘自 Nesterenko 等，1998，得到 Elsevier Science 的许可。)

图 8.10 表示 Ti 筒体的预期行为，图中所示的是没有铜管的横截面。当圆筒第一次被破坏时，假设接近轴对称运动；当剪切带开始形成时，轴对称被破坏。随着进一步对圆筒的压缩，剪切带继续发展。

刚开始时，内部的铜管内径是 R_i（在这些实验中为 5.5 mm 或6.25 mm），Ti 的内径是 7 mm。样品未被破坏时，内径用 R 表示。当圆筒被完全破坏时，内径及任意点的半径分别为 r_i 和 $r(R, t)$。实验假设所有材料都不能被压缩并且具有钢塑性。

在二维不可压缩的情况下，轴对称行为可以表示为

$$r^2 - r_i^2 = R^2 - R_i^2 \tag{8.1}$$

因此，由动力学决定的速度梯度就是一个对称的偏张量

$$\dot{\boldsymbol{F}}\boldsymbol{F}^{-1} = \boldsymbol{d} = \begin{bmatrix} \dfrac{\partial \dot{r}/\partial R}{\partial r/\partial R} & 0 & 0 \\ 0 & \dot{r}/r & 0 \\ 0 & 0 & 0 \end{bmatrix} = \begin{bmatrix} -r_i\dot{r}_i/r^2 & 0 & 0 \\ 0 & r_i\dot{r}_i/r^2 & 0 \\ 0 & 0 & 0 \end{bmatrix} \tag{8.2}$$

有效塑性剪切应变率为

$$\dot{\gamma}_{\mathrm{eff}}^{p} = \sqrt{2\mathrm{tr}\boldsymbol{d}^2} = \left|\frac{r_i\dot{r}_i}{r^2}\right| \tag{8.3}$$

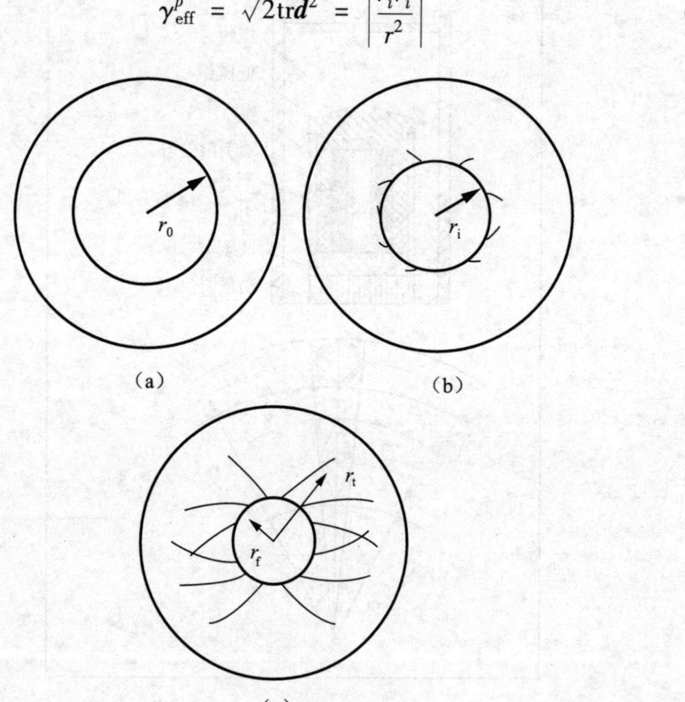

图 8.10 圆筒失效的结构示意图：(a)初始形态；(b)当运动失去轴对称性时剪切带形成于内表面；(c)剪切带沿径向向外延伸，圆筒进一步毁坏。(摘自 Nesterenko 等，1998，得到 Elsevier Science 的许可。)

通过对拉伸张量运用 Mohr 圆，最大剪切率可认为出现在与径向线呈 ±45°的平面上。材料内任一点的有效塑性剪切应变为

$$\dot{\gamma}^{p}_{\text{eff}} = 2\int_0^t \left| \frac{r_i \dot{r}_i}{r_i^2 + R^2 - R_i^2} \right| \mathrm{d}t = 2\left| \ln \frac{r}{R} \right| \tag{8.4}$$

在 Nesterenko 等(1998)的论文中，采用了不同尺度的有效塑性应变，即 $\varepsilon^{p}_{\text{eff}} = (2/\sqrt{3})\ln(R/r)$。这就将尺度和简单拉伸实验对应起来，而不是式(8.4)中的纯剪切实验。

根据式(8.3)可以清楚地看到，最大剪切应变率发生在材料内径 $\dot{\gamma}^{p}_{\text{eff}} = 2|\dot{r}_i/r_i|$处，在其他点上的应变率很容易表达出来。假设，当铜限位环的内径坍塌为零时，Ti 内任一点的半径为 r_f，$r_f^2 = R_f^2 - R_i^2$。

当使用了 r_f 而不是用相应的初始坐标 R_f 来确定材料中的点后，该处的有效塑性应变率可以表示为

$$\dot{\gamma}^{p}_{\text{eff}}(R_f, t) = 2\left| \frac{r_i \dot{r}_i}{r_i^2 + r_f^2} \right|, r_i = R_i - \int_0^t |\dot{r}_i(t')| \mathrm{d}t' \tag{8.5}$$

图 8.11 所示的是以 Nesterenko 和 Bondar(1994)的内部速度测量值为基础，在两个典型材料单元上计算的应变率过程。他们实际上测量的是和图 8.9 所示的 Cu-Ti-Cu 样品形状完全相同的厚壁 Cu 圆筒的内表面径向速率。尽管用轻的 Ti 代替某些铜，所制样品在同样的推动载荷下，会改变内部速率，但是对 Cu 的速率的测量可以作为对复合材料测量情况的一级近似。

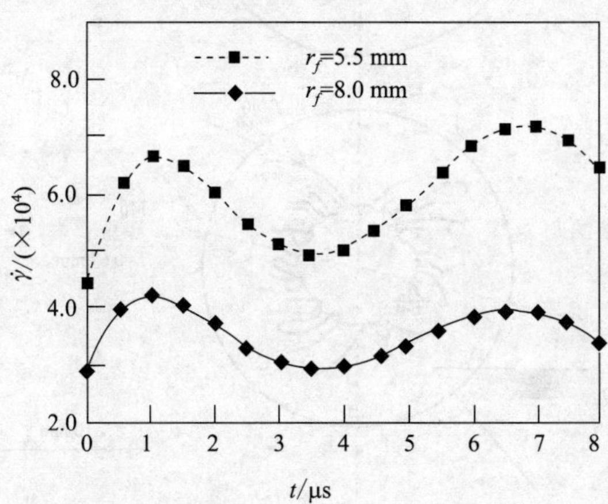

图 8.11 剪切带停止扩展时，两个不同最终半径的剪切应变率。(摘自 Nesterenko 等，1998，得到 Elsevier Science 的许可。)

方程(8.5)可以描述在 Ti 筒体内侧形成剪切带之前的圆筒的所有破坏行为。此后，所计算的应变率只反映一般意义的内部有剪切带的区域，尽管这个区域比剪切带要大，应变和应变率仍然是接近均匀的。图 8.12 所示的是三种样品的最后结果。可以看到，剪切带以顺时针或逆时针的形式发展。和预

期的一样，在它们的末端与径向线大约呈 ±45°，但在内表面更趋向于贴近径向线排列。也可以预计，由于完全形成的剪切带位于材料表面，所以随着破坏的进行，剪切带被转向径向。

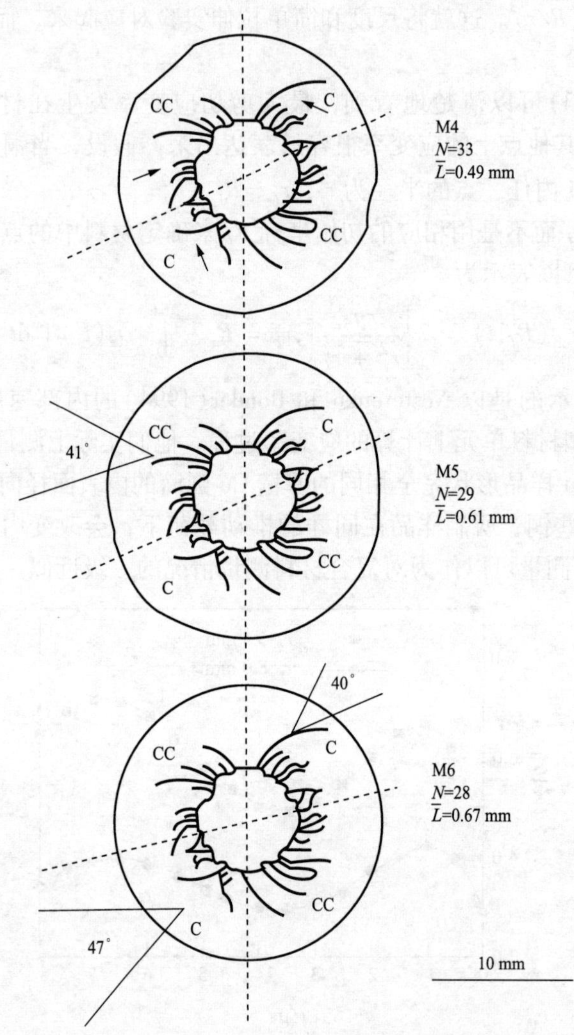

图 8.12 三个实验得到的剪切带延伸轨迹的最终形态。铜限位管的初始内径为6.25 mm。(摘自 Nesterenko 等，1998，得到 Elsevier Science 的许可。)

剪切带的实际扩展速度并不知道，但正如在 8.2 节的Ⅲ型剪切带所讨论的那样，它们被迫向相反的低应变和低应变率的区域扩展，所以传播速度不会非常大。

从图 8.11 和图 8.12 可以粗略地估计，最长的剪切带大约是 4 mm，用时大概 8 μs；可以粗略地计算出，其传播速度大约是 500 m/s。

图 8. 13 所示的是在不同有效应变下的剪切带的分布，计算所针对的情况是：两个不同尺寸的限位环，剪切带末端在样品内部以冻结的形式存在。图的上半部分限位环的内径为 5. 5 mm，下半部分限位环的半径为6. 25 mm。利用 Nesterenko 等(1998)使用的尺度，在 Ti 中分别产生最大值为 0. 52 和 0. 92 的有效应变。最小应变实际上对应于离圆筒中心最远的点，因此在最长剪切带的末端，最大应变对应于在运动停止之前开始成核的剪切带。如图所示，随着运动的继续，新的剪切带继续形核，最早形核的剪切带会继续传播。厚限位环图的上半部分表明，在运动停止之前形成了大量的剪切带，图 8. 13 (b)说明了薄壁限位环中最长的剪切带扩展到的区域的应变，与厚限位环中最长剪切带的区域的应变大致相同，只不过在运动停止前还有更多的剪切带在 Ti 筒的内表面形成。此外，尽管图的两部分代表了两个不同系列的实验，但是在比较图的上半部分和下半部分的不同应变下的剪切带数量后，初步断定并不是所有的剪切带都会继续传播，即使靠近它们末端的平均应变随着向内运动的继续进行而增加。最长的剪切带的确会继续传播，但其他的剪切带会在早期生长之后被屏蔽起来或是在完全形成之前就停止了。与此相似，在一定数量的剪切带向外传播后，尽管平均有效应变非常高，但在一定程度上，剪切带之间的区域会被屏蔽起来以阻止大量新剪切带的成核。

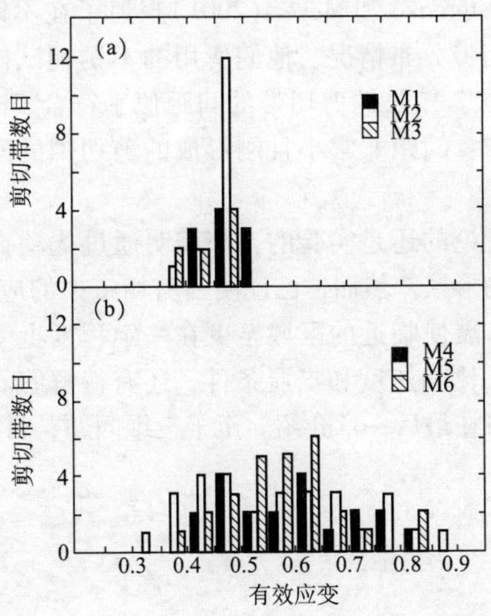

图 8. 13 对于两种不同内径的铜限位管，剪切带尖端有效应变的分布：(a)5. 5 mm；(b)6. 25 mm。(摘自 Nesterenko 等，1998，得到 Elsevier Science 的许可。)

第6章给出的公式可以预测剪切带之间的典型距离。Grady 和 Kipp (1987)给出的公式(6.72)是基于这种思想提出的：剪切局域化会导致对临近区域材料的卸载，阻止其他剪切带在该区域形核。Wright 和 Ockendon(1996)提出的公式(6.71)基于：由于惯性和热传导的影响，剪切带成核必须有一个最小的间距。尽管两个公式是以不同的方式导出的，但它们在热导率、热容、材料强度和加载应变率方面都给出了相似的尺度效应。它们在数值上有一些不同，这是因为一个包含了应变率敏感系数，而另一个却没有。Molinari (1997)也用了扰动技术来估计剪切带的间距，他的方法考虑了加工硬化，其他人则没有。当应用于 Ti 筒的破坏筒体时，Grady 和 Kipp，Wright 和 Ockendon，Molinari 的估计和 Nesterenko 的结果是

$$L_{GK}=3.3\ \text{mm},\quad L_{WO}=0.52\ \text{mm},\quad L_{MO}=0.75\ \text{mm},\quad L_{EXP}=0.6\ \text{mm}$$

一方面，所有估计结果都在与实验相同的数量级范围内，这验证了基本尺度的正确性；另一方面，三个估计都基于平行的剪切带，而不是基于圆筒。此外，尽管热导率和热容在数据手册上可以很好地确定，但却不能确定强度、热软化和应变率敏感系数，而且，也不能确定实验中对剪切带形成起主导作用的应变率和应变(半径和间距)。因此，无论在计算上还是在实验中，这些数据都必须认为是不确定的。

最近，Xue、Nesterenko 和 Meyers(2001)报道了在不锈钢中观察到的带有两个不同峰值的剪切带分布情况，他们所用的不锈钢试样和上述讨论的实验具有相同的几何形状。较长的剪切带的间距似乎符合 Grady 和 Kipp 的估计，但还存在第二种分布：间距非常小且刚形成的剪切带的间距符合扰动技术的预测。

目前，无论是理论的还是实验的，都表明通过扰动技术至少在一定程度上可以预测剪切带的形核。然而，已证明当剪切带中的应力降到较低水平时，先形成的剪切带的扩展使临近的区域至少在一定程度上受到了屏蔽。这些问题和其他多维问题，比如速度和扩展条件，还有待解答。关于二维绝热剪切带的最新进展情况将在最后一章介绍。至于三维问题，目前还未进行过研究。

9

二维问题

前几章已经广泛地讨论了关于绝热剪切带的一维理论。一个典型的例子说明了有限区域小扰动的发展变化情况，它通常用来模拟具有短的标度范围的薄壁圆筒的 Kolsky 扭转实验。有限延伸的绝热剪切带通常出现在大块材料上，在材料内部，剪切带向边界或末端以发散的形式扩展。剪切带可能会在材料中以窄的面状区域出现，具有不太明显的边界，然后插入到三维连续体里。实验还观察到了在金相切片的表面产生了一个一维带状的结构。

实际上，剪切带是动态的实体，产生于材料中的小的区域或某一个点，然后向四周扩展，这有些像裂纹。即使在 Kolsky 杆实验中，剪切带也不是在试样的周围同时形成的，这和一维分析的情况相同。当然，正如 Marchand 和 Duffy(1988)观察到的那样，剪切带开始于一点(也可能是几点)，然后向筒的四周迅速传播。尽管 Kolsky 扭转实验证明了一维模型是研究平均响应的有效方法，但他却不能描述在其他情况下类似于裂纹的传播，就如同上一章所描述的实验。

如果以模式Ⅰ的方式运动，剪切带会变成裂纹，当剪切带在其两边之间以模式Ⅱ或模式Ⅲ的方式滑动时，会保持剪切带的特性。尽管数值模拟已经应用于绝热剪切带的传播，但却很少有分析试图真正地理解剪切带扩展的实质。本章的其余部分描述了几个最近得到的部分分析解法。

一维问题中，发现在完全形成的剪切带外部的温度变化是比较小的，所以流变应力与温度的关系可以认为是线性的。在剪切带内部，发生了更复杂的热响应。关于具有指数规律速率硬化的刚塑性材料(例如：$\boldsymbol{D}^p=\boldsymbol{D}$)的多维方程可以写成如下形式

$$\begin{aligned} p\dot{v} &= \mathrm{div}\boldsymbol{S} - \overline{\nabla}P, && \text{动量} \\ pc\dot{\theta} &= k\,\overline{\nabla}^2\theta + \boldsymbol{S}:\boldsymbol{D}, && \text{能量} \\ \boldsymbol{S} &= \kappa_0(1-a\theta)(bI)^m(2\boldsymbol{D})/I, && \text{流变定律} \end{aligned} \tag{9.1}$$

式中，$\boldsymbol{S}$ 代表偏应力张量；P 是压力；θ 代表不同于任意参考温度的温度；$\boldsymbol{D}$

代表总的拉伸张量，它的第二不变量由 $I=\sqrt{2\mathrm{tr}\boldsymbol{D}^2}$ 给出。流变方程可以从方程(4.1)的逆变换得到。如果函数 Γ 对于 $\sqrt{J_2}$ 是单调的，那么关于粘塑性的 J_2-流变理论也是可能的。式(9.1)的流变定律是从 Batra（1988）的实验中得到的，是对 Litonski(1977)介绍的流变定律的总结，认为材料是不可压缩的，则 $\mathrm{tr}\boldsymbol{D}=0$；压力是任意常量，即 $P\equiv\mathrm{const}$。

9.1 模型Ⅲ：反平面运动

Wright 和 Walter(1994，1996)对稳定反平面剪切带的研究工作被公认为是第一次真正的二维研究。通过假定特定形式的相似解，分析了裂纹顶端附近而不包括裂纹本身的区域。

在反平面运动中，只有平面以外的速度分量是非零的，所有场变量均独立于反平面坐标 $\bar{z}$。因此，速度和张量的组成写成如下形式

$$\boldsymbol{v}=(0,0,w),\boldsymbol{D}=\begin{bmatrix}0 & 0 & 1/2w_{\bar{x}}\\ 0 & 0 & 1/2w_{\bar{y}}\\ 1/2w_{\bar{x}} & 1/2w_{\bar{y}} & 0\end{bmatrix} \tag{9.2}$$

偏张量如下

$$\boldsymbol{S}\boldsymbol{e}_3=\boldsymbol{s}=s\boldsymbol{e}_w \tag{9.3}$$

单位矢量 $\boldsymbol{e}_w\equiv\bar{\nabla}w/|\nabla w|$，指向的是 $\bar{\nabla}w$ 方向；$\boldsymbol{s}$ 是 $\bar{x}-\bar{y}$ 平面内的拉伸向量；s 代表拉力的大小。平衡方程和流变方程现在简化为关于 w、θ 和 s 的耦合方程

$$\rho w_{\bar{t}}=\bar{\nabla}\cdot(s\boldsymbol{e}_w),\rho c\theta_{\bar{t}}=k\bar{\nabla}^2\theta+s|\bar{\nabla}w|,s=\kappa_0 g(\theta)(b|\bar{\nabla}w|)^m \tag{9.4}$$

在式(9.4)中，热软化因子 $1-a\theta$ 用 $g(\theta)\equiv1-a\theta$ 来代替。

然后假设剪切带向周边以常速 U 扩展，从前沿处可以观察到这种运动是稳定的。这样，在坐标系中

$$x=\bar{x}-U\bar{t},y=\bar{y},t=\bar{t} \tag{9.5}$$

这种运动是稳定的，运动方程和流变定律(以 g 而不是以 θ 为因变量)变成如下形式

$$-\rho Uw_x=\bar{\nabla}\cdot(s\boldsymbol{e}_w),\rho cUg_x=-k\nabla^2 g+as|\nabla w|,s=\kappa_0 g(\theta)(b|\nabla w|)^m \tag{9.6}$$

9.1.1 惯性解

为了找到在剪切带尖端有效的解，可以假设，将因变量表示成距尖端半

径 $r=\sqrt{x^2+y^2}$的若干次方与取决于极角 $\phi=\arctan\left(\frac{y}{x}\right)$的函数的乘积，极角可以从剪切带前端直接测得。除了在非常靠近剪切带的范围内，可以假设忽略热传导和扩散项∇g^2，但必须考虑惯性量。因此，在包围剪切带但不包括剪切带末端的环面内，也就是说在 $r_1<r<r_2$ 和 $-\pi<\phi<+\pi$ 范围内，对于值较小但固定的 r_1 和 r_2，可以认为解具有 $w=Cr^{\alpha}W(\phi)$的形式，其中 C 和 α 都是常数。

在确定了必要的指数后，式(9.6)的近似解可以写成如下形式

$$
\begin{aligned}
w &= U\left(\frac{2m}{1+m}\frac{\rho c}{a\kappa_0}\right)^{1/(1+m)}\left(\frac{r}{Ub}\right)^{m/(1+m)}W(\phi)\\
g &= \frac{\rho U^2}{\kappa_0}\left(\frac{2m}{1+m}\frac{\rho c}{a\kappa_0}\right)^{(1-m)/(1+m)}\left(\frac{r}{Ub}\right)^{2m/(1+m)}G(\phi)\\
\dot{\gamma} &= \frac{1}{b}\left(\frac{2m}{1+m}\frac{\rho c}{a\kappa_0}\right)^{1/(1+m)}\left(\frac{r}{Ub}\right)^{-1/(1+m)}\Gamma(\phi)\\
s &= \rho U^2\left(\frac{2m}{1+m}\frac{\rho c}{a\kappa_0}\right)^{1/(1+m)}\left(\frac{r}{Ub}\right)^{m/(1+m)}S(\phi)
\end{aligned}
\tag{9.7}
$$

函数 W、G、Γ 和 S 都是无量纲的。应变率由 $\dot{\gamma}=|\nabla w|=(w_r^2+\frac{1}{r^2}w_\phi^2)^{1/2}$ 定义，应力由式(9.4)的第三个方程得到。主要的标度因子并不是任意的，而是已经选定的，所以 $S=G\Gamma^m$、$\Gamma^2=W_\phi^2+\{[m/(1+m)]W\}^2$。此外，比例保证了方程和初始条件下的简化形式，将在下面清楚地看到这一点。

尽管方程组(9.7)的每个方程的半径都用距离 Ub(约 10^6 m 或更高)来标定，实际上长度范围是任意的，因为在试样内部表达值没有改变的情况下，半径可以乘以任意常量，除非用合适的补偿因数来放大两个方程的右边项。

通过$(1+m)\Gamma\sin\Psi=mW$ 或 $\Gamma\cos\Psi=W'$来定义一个辅助因变量 Ψ 是很方便的，二者主要的区别与变量 ϕ 有关。Ψ 是单位矢量 $\boldsymbol{e}_w$(由 w 的梯度来定义)和横向矢量 $\boldsymbol{e}_\phi$ 之间的夹角。所以有，$\boldsymbol{e}_w\cdot\boldsymbol{e}_x=\sin(\Psi-\phi)$和 $\boldsymbol{e}_w\cdot\boldsymbol{e}_y=\cos(\Psi-\phi)$。

为了简化 Γ 和 Ψ 而消掉 W 和 W'后，由于把因子 r^{α} 从每个方程中提出，方程(9.6)可以写成一阶常微分方程的形式

$$
\begin{aligned}
&(S\cos\Psi)' + \frac{1+2m}{1+m}S\sin\Psi + \Gamma\sin(\Psi - \phi) = 0 \\
&\sin\phi G' + \frac{2m}{1+m}(\Gamma^{1+m} - \cos\phi)G = 0 \\
&(\Gamma\sin\Psi)' - \frac{m}{1+m}\Gamma\cos\Psi = 0 \\
&S' - (G\Gamma^{m})' = 0
\end{aligned}
\tag{9.8}
$$

主要区别与角度 ϕ 有关。

由于假设运动是反平面的，W 在 ϕ 中是奇函数，因此 $W(0)=0$。结果，根据 Ψ 的定义，它的初始条件 $\Psi(0)=0$。应力的量级和温度在 ϕ 中一定是偶数，当 $\phi=0$ 时不会消失。方程组(9.8)的第二个方程在 $\phi=0$ 时简化成 $(\Gamma^{1+m}-1)G=0$。因此如果有解，则 $\Gamma(0)=1$。仅应力和温度的初始值未确定，所以 $S(0)=G(0)=G_0$，其中常数是任意的。总结如下

$$
S(0) = G(0) = G_0, \Psi(0) = 0, \Gamma(0) = 1 \tag{9.9}
$$

具有初始条件式(9.9)的方程组(9.8)构成了一套仅依赖于应变率敏感系数和应力初始值的通用方程组。毫无争议的事实是，所有其他物理参数，包括传播速度，都已经被标度，以致它们只以式(9.7)中标度因子的形式出现。

驱动速度 W 可以从 Ψ 的定义重新得到，从张量 $s_{13}=s\boldsymbol{e}_w\cdot\boldsymbol{e}_x$ 和 $s_{23}=s\boldsymbol{e}_w\cdot\boldsymbol{e}_y$的分解中可以得到横向的和平行的剪切应力。对于这些无量纲的量，可写成

$$
W = \frac{1+m}{m}\Gamma\sin\Psi, S_{13} = S\sin(\Psi - \phi), S_{23} = S\cos(\Psi - \phi) \tag{9.10}
$$

使用标准方法得到了方程(9.8)的数值解。图 9.1 所示为，对四个主要的因变量 W、G、Γ 和 Ψ，以及剪应力的两个分量 S_{13} 和 S_{23} 的特解。图中，G_0 固定在 1.0，应变率敏感系数是变化的。

除了对曲线水平的本质影响外，m 的增加也会产生定性的影响，如果使曲线更圆滑一些，那么曲线的不同区域的界限将变得不明显。条件 $G_0=1$ 对应着剪切带末端周围适当的参考温度(此时 $\theta=0$)、热敏感系数 a 以及参考强度 κ_0。

当角 ϕ 增加时，剪切带前端的粒子速率会从最初的零迅速增加。当角度随着应变率敏感系数增加后，基本上接近于常数，所以应变率敏感系数增加时，平直区域会减小，如图 9.1 所示。

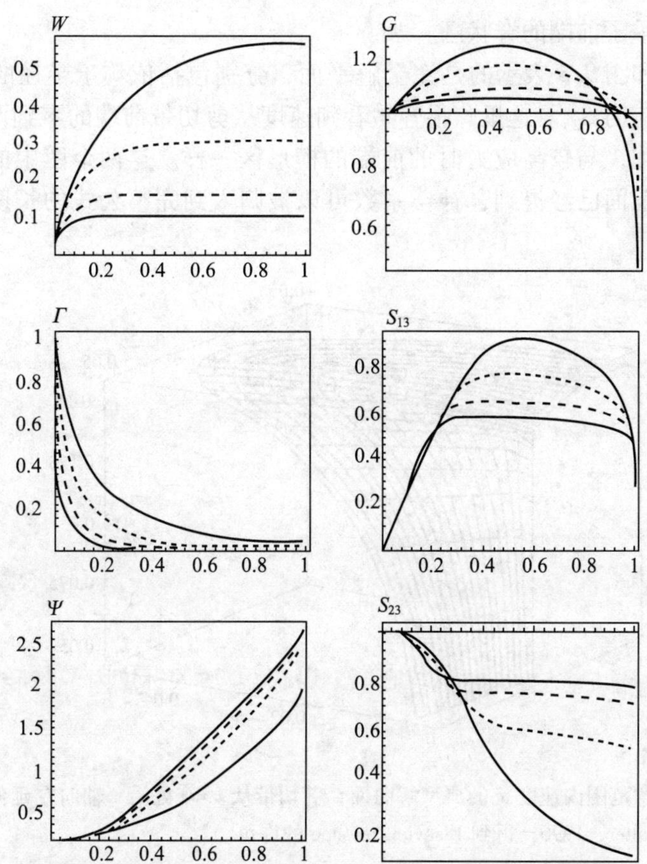

图 9.1 应变率敏感性对绝热剪切带反平面运动的无量纲特征函数有影响，将这种影响表示为$\frac{\phi}{\pi}$的函数。每个图给出的四条曲线分别对应 $m=0.01$、0.02、0.05 和 0.1 的情况，上方四个图按照由下到上的顺序，下方两个图按照由上到下的顺序（摘自 Wright 和 Walter，1996，得到 Elsevier Science 的许可。）

由于 $\theta=\frac{1-g}{a}$，通过将 G 曲线翻转过来，可以定性地得知温度。这表明在剪切带前端的温度较高，而在剪切带两边的区域温度较低。剪切带本身也表明，当 $\phi\to\pi$ 时，温度会又一次迅速升高，但在这个区域，相似解是无效的，因为必须考虑热传导。应变率敏感系数的增加强烈地突出了前端的脊状区，而热传导的增加会使脊状区变得宽而平和，尤其是在脊状区比较显著的情况下，这种效果会更明显。

对于较低的应变率敏感系数，驱动剪切应力 S_{23} 会降低 20% 左右；当应变率敏感系数较大时，它会下降 80% 左右。可以看到，通过增加应变率敏感系数又一次加重了前端的脊状区。

图9.2和图9.3表示的是完全解平面，分别包括依赖于半径的速率 w 以及驱动剪切应力 S_{23}。这里，很容易看到速度从剪切带前端的零到两侧稳定状态的快速增加，与较高应力时的前端的楔形区一样。这两个图中的尺度是任意的，因为前面已经提到，补偿系数可以被归入到完整公式的长度和振幅尺度中。

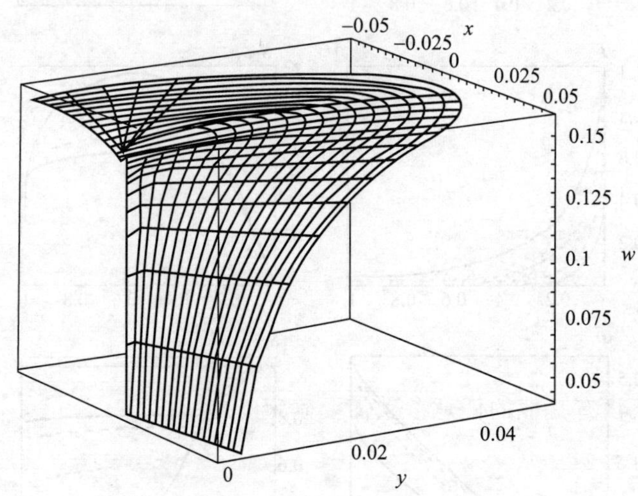

图9.2 任意范围内速度 w 的典型解曲面，剪切带从 $x=0$ 处沿 x 轴向左延伸。（摘自Wright 和 Walter，1996，得到 Elsevier Science 的许可。）

Bonnet-Lebouvier、Molinari 和 Lipinski 最近用数值方法研究了剪切带的扩展速率，也可以在非限制情况下从理论上得出。消除来自方程组(9.7)第二个和第四个方程的径向相关性，可以得到结果：$U=(s^{+}/\rho)\sqrt{(1+m)/2m}\sqrt{a/g^{+}c}$，其中，上标+表示恰好处于剪切带前端的量。这个过程也使用了单位初始条件。需要注意的是，$\frac{a}{g^{+}}=\left(\frac{-s_{\theta}}{s}\right)^{+}$，所以对于不受限制的剪切带的扩展的速度，可以写成更一般的形式

$$U=\sqrt{\frac{s^{+}}{\rho}}\sqrt{\frac{-s_{\theta}^{+}}{\rho c}}\sqrt{\frac{1+m}{2m}} \tag{9.11}$$

因为在绝热情况下，能量平衡的方程可以写成 $\rho c\mathrm{d}\theta=s\mathrm{d}\gamma^{p}$，无量纲项 $\frac{-s_{\theta}^{+}}{\rho c}$ 可以解释成每单位塑性功所产生的流变应力的软化的量。这样，可以再次把软化指数对应变率敏感系数的无量比看作是主要的比例参数。

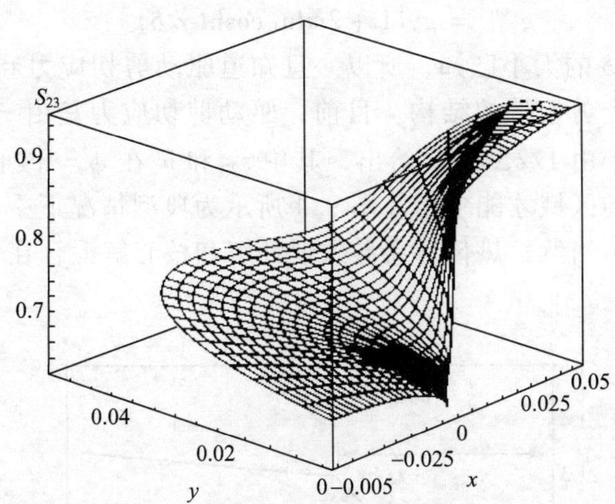

图 9.3 任意范围内驱动剪切应力 s_{23} 的典型解曲面，剪切带从 $x=0$ 处沿 x 轴向左延伸。（摘自 Wright 和 Walter，1996，得到 Elsevier Science 的许可。）

最后应当注意，一旦在剪切带正前端直接校准本构行为时，在式(9.7)的相似解中，不再有其他的任意参数需要确定。之所以会发生这种情况，是因为式(9.8)的所有初始条件都是固定的，而扩展速度由式(9.11)决定。

9.1.2 中心解

在 $\phi=\pm\pi$ 附近的剪切带核心部分，热传导会或多或少地平衡掉由塑性功所产生的热量，因此不能忽略热传导。在这个区域，大多数情况下，按照7.4节所描述的典型结构，从惯性解得出的剪切应力和速度的极限值会促使剪切带的形成。根据方程(7.72)，剪切带中心的应变率和温度以及力学长度尺度都可以表示成外加剪切应力和穿过剪切带的速度增量的函数。例如，在与方程(9.4)一样的线性软化的情况下

$$g_c \equiv 1 - a\theta_c = \frac{\tau}{\kappa_0}\left(\frac{2km}{\kappa_0 ab}\right)^{m/(1-m)}\left(\frac{1}{2}\Delta v\right)^{-2m/(1-m)}$$

$$\lambda = \frac{a\tau}{2kmg_c}\left(\frac{1}{2}\Delta v\right)^2 \tag{9.12}$$

$$\delta = \frac{4kmg_c}{a\tau\Delta v}$$

其中，τ 为作用在剪切带上的驱动剪切应力。这些方程是由 Wright 和 Walter (1996)给出的。然后根据式(7.68)中对温度的渐近表达式和式(7.56)中 $\hat{a}_c=\dfrac{a}{g_c}$ 的定义，以及式(9.4)中的流变定律，稍加整理，可以得到

$$g^{\text{core}} = g_c\{1 + 2m\ln[\cosh(y/\delta)]\} \tag{9.13}$$

由于 g_c 和 δ 的大小已知，所以一旦知道驱动剪切应力和速度的增量，也就知道了整个剪切带的结构。目前，驱动剪切应力是由 $\tau = s_{23}$ 给出的，速度增量的一半由 $1/2\Delta v = w$ 给出，其中 s_{23} 和 w 在 $\phi = \pi^-$ 的情况下，即在剪切带附近的区域才能求出。图 9.4 所示为典型情况下中心区域和附近区域的惯性解。当然，热传导会导致惯性解和核心解混合在一起，如图中虚线所示。

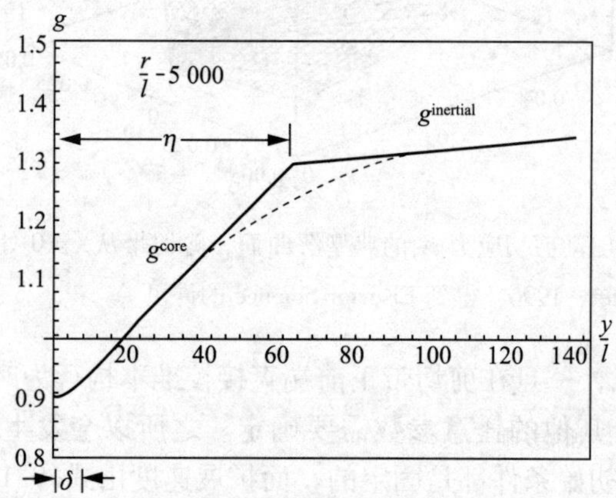

图 9.4 给出了惯性解和中心解相交部分的典型热学曲线，点画线描述了整合两种解时热传导产生的影响，力学和热学宽度分别记为 δ 和 η。（摘自 Wright 和 Walter，1996，得到 Elsevier Science 的许可。）

剪切带热学宽度的测量值是温度曲线与两个解交点之间的距离，如图中的 η（而不是 δ_{th}）所示。$x-y$ 平面的交点决定了一条曲线，该曲线可以近似表示剪切带的热迹线。极坐标下，曲线有如下形式

$$g^{\text{core}}(r,\theta) = g^{\text{inertial}}(r,\theta) \tag{9.14}$$

首先确定式(9.13)中的自变量

$$\begin{aligned}\frac{y}{\delta} &= \frac{r\sin\phi}{\delta} = r\sin\phi\,\frac{a(s_{23}/g_c)w}{2km} \\ &= \left\{\frac{1}{1+m}\frac{r}{k/\rho cU}W^{1+m}\right\}^{1/(1-m)}\sin\phi\end{aligned} \tag{9.15}$$

其中，$s_{23}/g_c = \tau/g_c$ 来自式(9.12)，$1/2\Delta v = w$ 来自式(9.7)。应当注意，热软化系数从公式中消失了，并且除了应变率敏感系数以外，自然长度尺度 $\ell = k/\rho cU$ 说明了公式中仍存在其他物理和动力学性质。尤其值得注意的是，强度、热软化、速率系数 b 也正好可以消掉，因此也没有出现在公式中。

分别从式(9.13)取 g^{core}，从式(9.12)取 g_c，从式(9.7)取 g^{inertial}、w 以及 s_{12}，于是方程(9.14)简化成以下形式

$$1=\left(\frac{1+m}{r/\ell}\right)^{m/(1-m)}\frac{S_{23}}{GW^{2m/(1-m)}}\times\left\{1+2m\ln\cosh\left[\left(\frac{r/\ell}{1+m}W^{1+m}\right)^{1/(1-m)}\sin\phi\right]\right\}\tag{9.16}$$

公式中长度尺度 ℓ 仍以自然形式出现。因为 S_{23}、G 和 W 只取决于 ϕ，方程(9.16)是曲线 $r(\phi)$ 的隐式方程，$r(\phi)$ 定义了剪切带的热学宽度。

式(9.16)的解如图 9.5 所示，宽度 $\delta_{\text{th}}(x/l)$ 在 $x-y$ 坐标系中用长度单位表示，$\ell=k/\rho cU$。对于 $k\approx 50$ W/m℃，$\rho\approx 8\times10^3$ kg/m^3，$c\approx 500$ J/(kg·℃)，$U\approx 250$ m/s的钢来说，长度尺度 $\ell=50$ nm。此图表明剪切带实际上是一个处在前沿后面，宽度变化仅为 1 mm 左右$\left(\text{目前情况下}\frac{x}{\ell}=-20\,000\right)$的细长结构，而且宽度会受到应变率敏感系数的强烈影响，但几乎不受最高温度的影响。根据自然长度尺度 ℓ 的启示，实际的量纲宽度也受材料性能(以比率$\frac{k}{\rho c}$的形式)和传播速度 U 的影响。

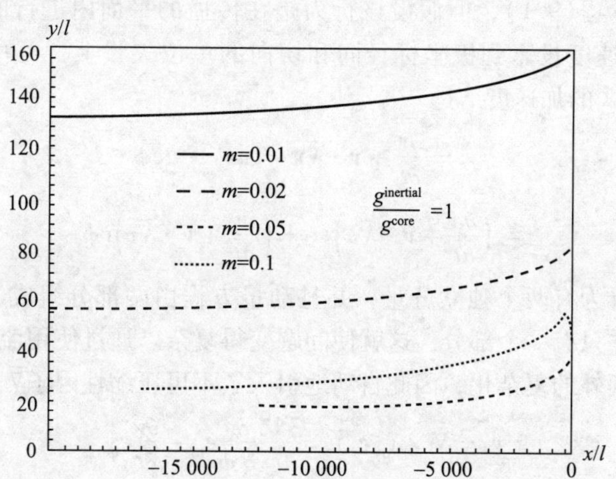

图 9.5 应变率敏感系数 m 对热学宽度(单位长度 $\ell=\frac{k}{\rho cU}$)的影响。(摘自 Wright 和 Walter，1996，得到 Elsevier Science 的许可。)

热学长度尺度 δ_{th} 在图 9.4 中有所表示，也可以估计为 $\delta_{\text{th}}=|\Delta\theta/\theta_y|$，其中，$\Delta\theta$ 表示的是剪切带中心区域和剪切带附近区域的温差，θ_y 表示渐近线的

斜率。如7.5节所讨论的，δ_{th}的估计值是$\left(\frac{\hat{a}_c \Delta\theta}{2m}\right)\delta_{mech}$，这比力学或者Dodd-Bai的长度尺度都要大，即 $\delta_{mech} \leqslant \delta_{DB} \leqslant \delta_{th}$。

在计算中，如果期望用数值方法解关于剪切带的问题，步长一定要比最小的长度尺度小，通常取1 μm，这样取可以在任意情况下处理问题。而之前的研究人员在做计算工作时，似乎没有意识到这一点：如果要达到较高的精确度，必须解决力学上的小尺寸问题。在一维问题中，由不充分解产生的偏差明显地反映在材料强度上，这只是在网格划分中人为的结果。计算网格的长度尺度事实上变成了材料内部的长度尺度。也许精度不足的网格在二维情况下也可以得到相同的结果，但就作者所知，目前还没有对这个问题进行过研究。

9.2 模型Ⅱ：平面内运动

Chen 和 Batra(1999)做过相似但更为复杂的实验，他们研究的是具有线性热软化性质的刚粘塑性材料，分析了在主剪切方向剪切带的传播过程。该实验也用到了方程(9.1)，但假设该行为是在传播的平面内进行的。在极坐标$(\bar{r}, \bar{\phi})$中，速度投影到极坐标径向和切向的单位矢量上，可写为 $\boldsymbol{v} = u\boldsymbol{e}_{\bar{r}} + v\boldsymbol{e}_{\bar{\phi}}$。展开形式的加速度 $\dot{\boldsymbol{v}}$ 是

$$\dot{\boldsymbol{v}} = \frac{\partial \boldsymbol{v}}{\partial \bar{t}} + \boldsymbol{v} \cdot \bar{\nabla}\boldsymbol{v} = \dot{u}\boldsymbol{e}_{\bar{r}} + \dot{u}\boldsymbol{e}\phi$$

$$= \left(\frac{\partial u}{a\bar{t}} + \boldsymbol{v} \cdot \bar{\nabla} u\right)\boldsymbol{e}\bar{r} + \left(\frac{\partial v}{a\bar{t}} + \boldsymbol{v} \cdot \bar{\nabla} v\right)\boldsymbol{e}\phi \tag{9.17}$$

由于该行为有两个独立分量，并且动量方程由两部分组成，不像以前几节描述的那样只有一个部分，这就使问题变得复杂。通过使用流量函数χ，可以防止这种额外的复杂化，因此自动地引入了不可压缩性因子$\bar{\nabla} \cdot \boldsymbol{v} = 0$。

$$\boldsymbol{v} = \bar{\nabla} \times (\chi \boldsymbol{e}_z) = \frac{1}{r}\frac{\partial \chi}{\partial \bar{\phi}}\boldsymbol{e}_r - \frac{\partial \chi}{\partial \bar{r}}\boldsymbol{e}_{\bar{\phi}} \tag{9.18}$$

同以前一样，假设剪切带前端以常速 U 扩展。

剪切带前端的移动的极坐标系可以通过下面的方程与原来的坐标系联系起来

$$\begin{aligned} r &= [(\bar{r}\cos\bar{\phi} - U\bar{t})^2 + (\bar{r}\sin\bar{\phi})^2]^{1/2} \\ \phi &= \arctan\left(\frac{\bar{r}\sin\bar{\phi}}{\bar{r}\cos\bar{\phi} - U\bar{t}}\right) \\ t &= \bar{t} \end{aligned} \tag{9.19}$$

当时间 $\bar{t}=0$ 时，两个坐标系是一致的。此时，沿着两个坐标轴分解的质点速度是一致的。结果两个空间导数最初也一致，即 $(\partial/\partial\bar{r})=(\partial/\partial r)$，$(\partial/\partial\bar{\phi})=(\partial/\partial\phi)$，但是时间导数变为 $(\partial/\partial\bar{t})=(\partial/\partial t)-U\cos\phi(\partial/\partial r)+(U\sin\phi/r)(\partial/\partial\phi)$。这是因为已经假设该区域是稳定的，所以时间导数 $\partial/\partial t$ 可以被忽略掉。因此，方程(9.1)左边的稳定的平移情况的材料时间导数可以写成如下形式

$$\dot{u}=(u-U\cos\phi)\frac{\partial u}{\partial r}+(v+U\sin\phi)\frac{1}{r}\frac{\partial u}{\partial\phi} \tag{9.20}$$

这与 $\dot{v}$、$\dot{g}$(或 $\dot{\theta}$)的表达很像。这样表达比式(9.6)中描述的模式Ⅲ剪切的加速项更为复杂，这是因为出现了二次对流项，而在模式Ⅲ中是没有此项的。不过，尽管粒子速率相当小，每秒只有几米，但剪切带的前端却能够以每秒几十或几百米的速度移动。不管怎样，假设 $U\gg(u^2+v^2)^{1/2}$ 是很有道理的，则加速度的近似表达式可以写成

$$\dot{u}=-U\cos\phi\frac{\partial u}{\partial r}+\frac{U\sin\phi}{r}\frac{\partial v}{\partial\phi} \tag{9.21}$$

这个过程和模式Ⅲ中的情况是一样的。在惯性区域(剪切带尖端周围，但不包括剪切带尖端，即 $r_1\leqslant r\leqslant r_2$ 和 $-\pi<\phi<+\pi$ 的范围)里，热传导项可以忽略，同时假设所有场有相似解，这些解和 r 的若干次方与一个仅与角度有关的函数的乘积成比例。例如，两个基本量 χ 和 $g=1-a\theta$ 可以表达成

$$\begin{aligned}\chi&=bU^2\left(\frac{\rho c}{a\kappa_0}\right)^{1/(1+m)}\left(\frac{r}{Ub}\right)^{(1+2m)/(1+m)}X(\phi)\\ g&=\frac{\rho U^2}{\kappa_0}\left(\frac{\rho c}{a\kappa_0}\right)^{(1-m)/(1+m)}\left(\frac{r}{Ub}\right)^{2m/(1+m)}G(\phi)\end{aligned} \tag{9.22}$$

所有其他量都可以从这两个式子中得到。一些更重要的量是

$$\begin{aligned}u&=\frac{1}{r}\frac{\partial\chi}{\partial\phi}=U\left(\frac{\rho c}{a\kappa_0}\right)^{1/(1+m)}\left(\frac{r}{Ub}\right)^{m/(1+m)}X'(\phi)\\ v&=-\frac{\partial\chi}{\partial r}=-\frac{1+2m}{1+m}U\left(\frac{\rho c}{a\kappa_0}\right)^{1/(1+m)}\left(\frac{r}{Ub}\right)^{m/(1+m)}X(\phi)\\ I&=2(\mathrm{tr}\boldsymbol{D}^2)^{1/2}=\frac{1}{b}\left(\frac{\rho c}{a\kappa_0}\right)^{1/(1+m)}\left(\frac{r}{Ub}\right)^{-1/(1+m)}\Gamma^m(\phi)\\ S&=(\mathrm{tr}\boldsymbol{S}^2)^{1/2}=\kappa_0 g(bI)^m=\rho U^2\left(\frac{\rho c}{a\kappa_0}\right)^{1/(1+m)}\left(\frac{r}{Ub}\right)^{m/(1+m)}G(\phi)\Gamma^m(\phi)\end{aligned} \tag{9.23}$$

其中的拉伸张量的无量纲不变量 Γ，可从下式中得到

$$\Gamma(\phi)=\left\{\left[\frac{2mX'(\phi)}{1+m}\right]^2+\left[X''(\phi)+\frac{1+2m}{(1+m)^2}X(\phi)\right]^2\right\}^{1/2} \tag{9.24}$$

比较方程(9.22)、(9.23)的尺度和方程(9.7)中的尺度，对于模型Ⅱ和模型Ⅲ两种情况中的可比较量来说，r 的指数和无量纲量$\left(\dfrac{\rho c}{a\kappa_0}\right)$的指数是同一的，但是表达式$\dfrac{2m}{1+m}$在作为近似的指数后可以消去。最后的这个因素在 $\phi=0$ 时会影响初始值。

当这些表达式代入运动方程中时，所有 r 的指数和前面的系数都会消掉，这时对于 $G(\phi)$和 $X(\phi)$只剩下一系列耦合的常微分方程。Chen 和 Batra 将这些方程写为

$$
\begin{gathered}
(G\Gamma^{m-1}X_1)''+4\frac{m+2m^2}{(1+m)^2}(G\Gamma^{m-1}X')'-\frac{2m+3m^2}{(1+m)^2}(GT^{m-1}X_1)= \\
X''_2+\left(\frac{m}{1+m}\right)^2X_2 \qquad (9.25) \\
G\Gamma^{1+m}=\frac{2m}{1+m}\cos\phi G-\sin\phi G'
\end{gathered}
$$

其中的辅助函数 $X_1(\phi)$和 $X_2(\phi)$由下式给出

$$
\begin{aligned}
X_1(\phi) &= X''(\phi)+\frac{1+2m}{(1+m)^2}X(\phi) \\
X_2(\phi) &= \sin\phi X'(\phi)-\frac{1+2m}{1+m}\cos\phi X(\phi)
\end{aligned} \qquad (9.26)
$$

仍与反平面剪切的情况一样，所有物理常量除了 m 以外，都会从方程中约掉，所以它们可以广泛地适用于不同的材料。

如果把剪切带看作是插入材料内的奇异面，那么通过检验其横截面上的增量条件，就可以给出边界条件和初始条件。因为一个剪切带就是一个材料表面，所以其垂直于剪切带方向上的速度和材料速度的垂直分量是一致的，计算的是剪切带任意一边的速度，即 $\boldsymbol{n}\cdot\boldsymbol{v}^+=\boldsymbol{n}\cdot\boldsymbol{v}^-=v_n$。结果，表达平衡定律的增量条件就简化成如下形式

$$
\begin{gathered}
[\boldsymbol{v}\cdot\boldsymbol{n}]=0 \\
[\boldsymbol{T}\boldsymbol{n}]=0 \\
[\boldsymbol{q}\cdot\boldsymbol{n}]+(\boldsymbol{S}\boldsymbol{n})\cdot[\boldsymbol{v}]=0
\end{gathered} \qquad (9.27)
$$

方程中的方括号表示从剪切带一边到另一边的所包含的量的差。方程组(9.27)的第一个方程表示速度的切向分量在穿过剪切带时是不连续的，法线分量则不是这样；第二个方程则表示在剪切带平面上的张量是连续的；第三个方程表示剪切张力克服速度变化而做功的速率必须与将热量从表面带走的热流的变化相平衡。

如果简化的流量函数 $X(\phi)$是偶函数，那么方程组(9.27)的第一个方程就

能满足，速度的径向分量就是奇函数，横向分量就是角 ϕ 的偶函数。如果 $G(\phi)$ 也是偶函数，那么就能满足方程组(9.27)的第二个方程，并使剪切应力和温度成为角 ϕ 的偶函数。当满足这两个要求时，也就足以满足方程组(9.27)的第三个方程，但由于此解是建立在不包含热导率的基础上的，因此第三个条件此时无论如何都是不相关的。而当剪切带的中心被作为边界层时，第三个条件就变成相关的。于是边界层解的外部极限就能够满足条件。

最后一个需要满足的条件是通过剪切带的正应力 $T_{\phi\phi}$ 的连续性。然而，由于 $T_{\phi\phi}$ 是 ϕ 的奇函数，唯一的可能性就是在 $\phi = \pm\pi$ 时，$T_{\phi\phi}$ 被消去。总之，从增量条件导出的条件如下

$$X'(0) = X'''(0) = G'(0) = 0, T_{\phi\phi}(\pm\phi) = 0 \tag{9.28}$$

由于方程(9.25)中的 X 是四次的，G 是二次的，所以还需要两个边界条件。在反平面的情况下，在 $G_0 \neq 0$ 时选择 $\Gamma(0)$，就可以找到剩余的条件，这是比较可行的方法。在 $\phi = 0$ 时，方程(9.25)的第二个方程简化成 $G(0)\left[\Gamma^{1+m}(0) - \dfrac{2m}{1+m}\right] = 0$。如果在 $\phi = 0$ 时，$G(0)$ 是有限的，那么必须消去方括号中的项。在用方程(9.24)表达 $\Gamma(0)$ 后，就给出了第五个边界条件

$$X''(0) = \left(\frac{2m}{1+m}\right)^{1/(1+m)} - \frac{1+2m}{(1+m)^2}X(0) \tag{9.29}$$

选择 $G(0) = G_0$ 作为独立参数后，可以确定最后一个条件。在一个完整的问题中，为了与外部流变一致，必须这样选择。Chen 和 Batra 在求解方程(9.25)时，实际上使用的方法是将问题作为初值问题，然后改变 $X(0)$ 直到满足方程(9.28)的最后一个条件。当考虑到方程(9.23)和方程(9.7)之间尺度的差异时，可以像以前那样用同样的结果以同样的方法计算剪切带的传播速度。

典型的结果表达于图 9.6 ~ 图 9.10 中。图 9.6 和图 9.7 分别表示速度的切向分量和径向分量。图 9.6 所示的切向分量是极角的偶函数，所以在剪切带法向上的速度自动变为连续的。当 $\phi = 0$ 时，切向速度是绝对值很小的负值，这表明剪切带有从前进的法向方向转向驱动剪切和压缩应力一侧的趋势。图 9.7 所示的径向速度是极角的奇函数，因此在 $\phi = \pi$ 时速度有一个增量。正是速度的增量和剪切作用一起使剪切带发展成典型结构，与 7.4 节的解释一样。

图 9.8 所示的是发展着的剪切带前端周围的有效应变率。应变率在剪切带前端达到最高值，楔形的有效张角随着应变率敏感系数的增加而增加。

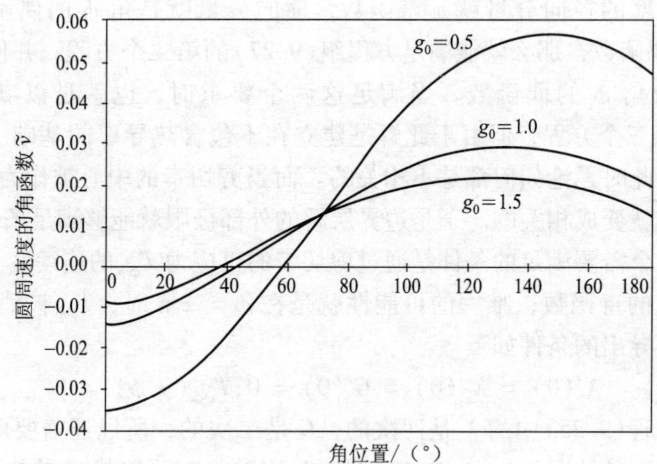

图 9.6 圆周速度。需要注意，在 $\phi=0$ 时为负值，这表明剪切带的路径必然偏离了直接向前的方向。（摘自 Chen 和 Batra，1999，得到 Elsevier Science 的许可。）

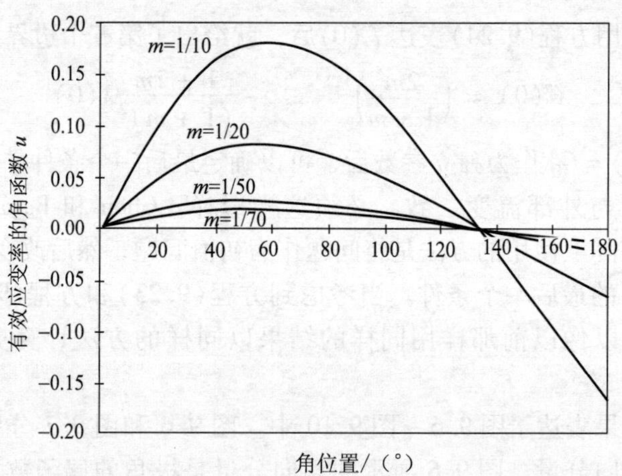

图 9.7 对不同应变率敏感性的径向速度。在 $\phi=0$ 时径向速度消失，$\phi=\pi$ 时径向速度是有限值，这意味着穿过剪切带的切线速度必然存在增量。（摘自 Chen 和 Batra，1999，得到 Elsevier Science 的许可。）

图 9.9 所示的是有效应力以及其三个极坐标分量。极坐标下剪切应力是极角的偶函数，因此当 $\phi=\pi$ 时是连续的，所以剪切张力也是连续的。横向和径向应力是极角的奇函数，因此在 $\phi=0$ 时消去。横向和环向应力在 $\phi=\pi$ 也消去，因此法向张力是连续的，但对径向应力却没有这样的要求，这是因为径向上穿过剪切带有一个明显的增量。一侧是驱动压缩应力，另一侧是等数

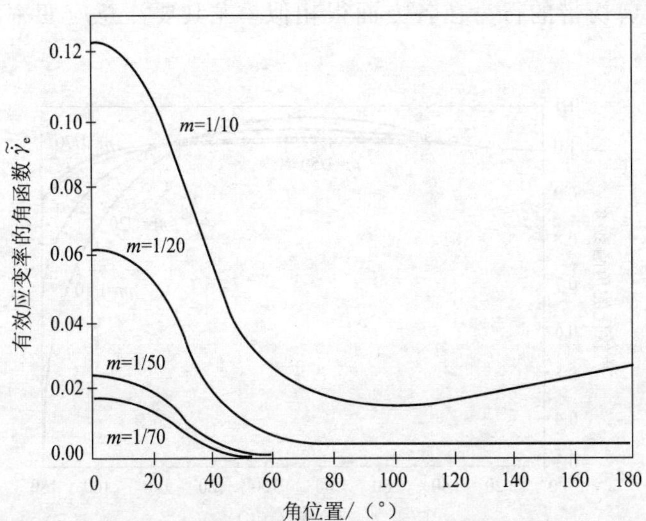

图 9.8 对不同应变率敏感性的有效塑性应变率。（摘自 Chen 和 Batra，1999，得到 Elsevier Science 的许可。）

量级的拉伸应力。

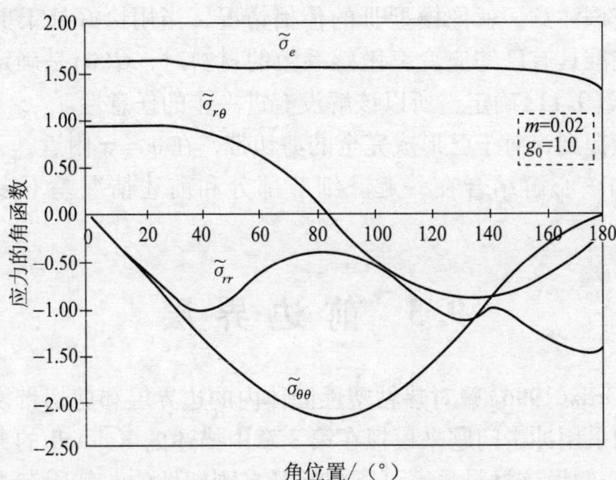

图 9.9 应力分量的角分布，$\phi = 0$ 时仅剪切应力不为 0。（摘自 Chen 和 Batra，1999，得到 Elsevier Science 的许可。）

最后，图 9.10 为较高温度下（g 较低）剪切带前端靠近 $\phi = 0$ 处的情况。相同的应变率下，应变率敏感系数高的材料，楔形区域更显著。

除了前面提到的方程(9.22)和方程(9.23)里用到的基本比例以外，模型

Ⅱ和模型Ⅲ剪切带的行为在各方面很相似。尤其要注意应变率和温度的主楔形。

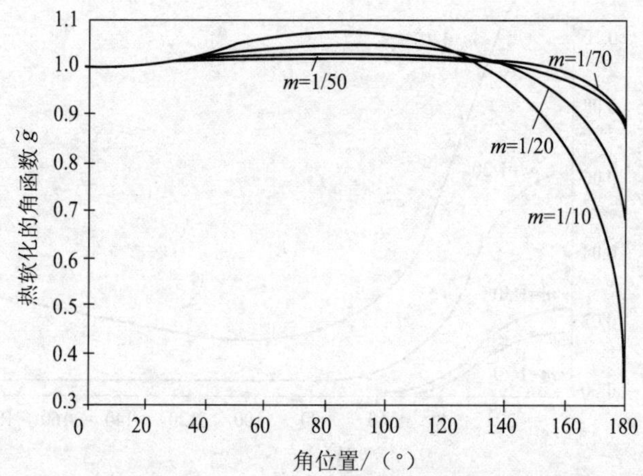

图 9.10 剪切带前端与材料相关的热软化，或从 $a\theta = 1 - g$ 之后的温度。对于温度较高的材料，在 $\phi = 0$ 和 $\phi = \pi$ 处有一个脊状突起。（摘自 Chen 和 Batra，1999，得到 Elsevier Science 的许可。）

同时也应该注意，就像模型Ⅲ的传播情况，当用恰好处于剪切带尖端前面的条件来校准具有已知应变率敏感系数的材料时，$G(0)$是确定的。因为传播速度 U 由式(9.11)确定，所以该解没有进一步的任意性。

前面已经提到，对于已形成完全的剪切带，在 $\phi = \pi$ 附近，上述模型Ⅲ的惯性解必须和核心解结合在一起。细节部分和前述情况差不多，因此不再赘述。

9.3 前边界层

Gioia 和 Ortiz(1996)曾对热粘塑性固体内的边界层和剪切带发展了一套二维理论，他们采用冲击问题来模拟在第 8 章中描述的 Kalthoff 的典型实验，如图 9.11 所示。假设该材料是不可压缩且具有刚塑性的，其所有本构函数都符合指数定律模型，包括塑性流动能、热容和热传导的一般傅立叶定律。在流动定律里，塑性功是一个基本变量。在 Cartesian 张量记法中，质量、动量以及能量的守恒方程是

$$
\begin{aligned}
v_{i,i} &= 0 \\
\rho(v_{i,t} + v_j v_{i,j}) &= s_{ij,j} - p_{,i} \\
\rho c(\theta_{,t} + v_i \theta_{,i}) &= -q_{i,i} + \beta s_{ij} d_{ij}
\end{aligned}
\tag{9.30}
$$

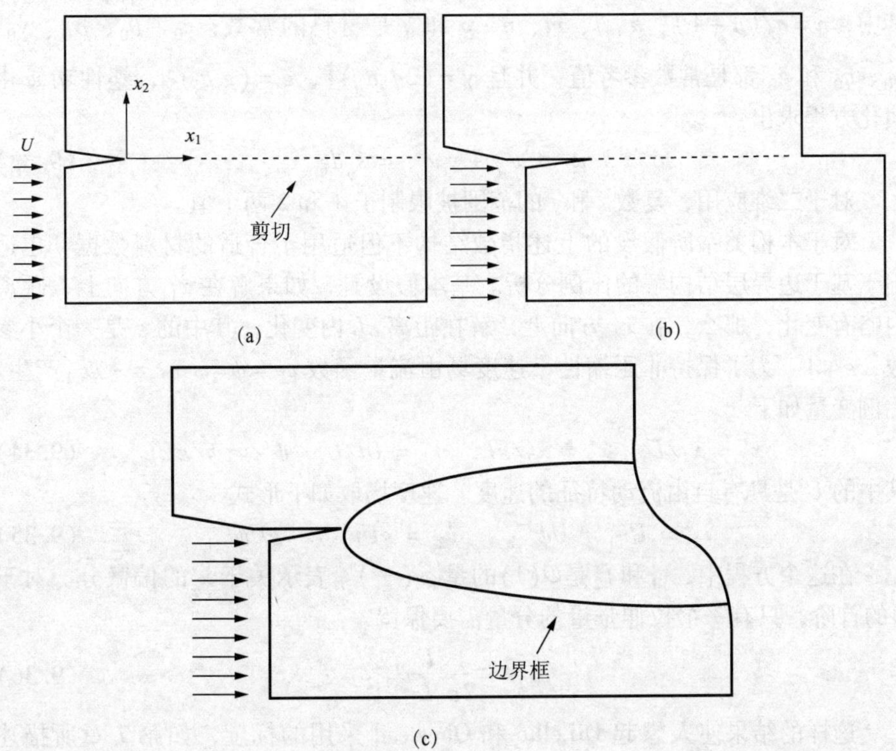

图 9.11 说明固体中边界层的发展变化的思考实验：(a)在有预制裂纹的平板上施加冲击作用；(b)下半部分独立的剪切变化；(c)由于两部分之间边界层的发展出现了相容性。(摘自 Gioia 和 Ortiz，1996，得到 Elsevier Science 的许可。)

方程里面的逗号表示偏微分。质点速度为 $\boldsymbol{v}$，偏应力为 $\boldsymbol{s}$，压力为 p，温度为 θ，热流量为 $\boldsymbol{q}$，形变张量率为 $\boldsymbol{d}$，带有 Cartesian 分量 $d_{ij} = \frac{1}{2(v_{i,j} + v_{j,i})}$。偏应力和热流量从势能公式中得到

$$S_{ij} = \frac{\partial D}{\partial d_{ij}}, \quad q_i = -\frac{\partial E}{\partial g_i} \tag{9.31}$$

其中，$g_i = \theta_{,i}$，表示的是温度梯度。热容、塑性流变以及热传导的本构关系假设为

$$c = c_0\left(\frac{\theta}{\theta_0}\right)^q$$

$$D = \frac{\sigma_0 \dot{\gamma}_0}{1+m}\left(\frac{\dot{\gamma}}{\dot{\gamma}_0}\right)^{1+m}\left(\frac{w}{w_0}\right)^{\bar{n}}\left(\frac{\theta}{\theta_0}\right)^l \tag{9.32}$$

$$E = \frac{q_0 g_0}{k+1}\left(\frac{\theta}{\theta_0}\right)^p\left(\frac{g}{g_0}\right)^{k+1}$$

其中，$\bar{n}=n/(n+1)$；k、l、m、n、p 和 q 是材料的常数；c_0、θ_0、σ_0、$\dot{\gamma}_0$、w_0、q_0 和 g_0 都是常数参考值；并且 $\dot{\gamma}=(2d_{ij}d_{ij})^{\frac{1}{2}}$，$g=(g_ig_i)^{\frac{1}{2}}$，塑性功 w 由演化方程求出：

$$\dot{w} \equiv w_{,t} + v_i w_{,i} = s_{ij}d_{ij} \tag{9.33}$$

对于二维应用，复数 i 和 j 的范围被限制于 1 和 2 两个值。

对于本构关系所假设的上述指数结构不但适用于合适的材料数据，也适用于基于边界层结构解的比例分析。基本假设是，如果解在 x_1 方向上 L 距离内略有变化，那么，在 x_2 方向上，解在距离 εL 内变化，其中的 ε 是一个小参数，$\varepsilon \ll 1$。为了保持非压缩性，速度场由流量函数 $v_1=\psi_{,2}$，$v_2=-\psi_{,1}$产生。比例变量如下

$$x_1'=x_1/L,\quad x_2'=x_2/\varepsilon L,\quad t'=Ut/L,\quad \psi'=\psi/\varepsilon UL \tag{9.34}$$

其中的 U 是具有自由流动特征的速度。速度场取如下形式

$$v_1 = Uv_1' = U\psi'_{,2'},\quad v_2 = \varepsilon Uv_2' = -\varepsilon U\psi'_{,1'} \tag{9.35}$$

在这个方程中，v_1'和 v_2'是$\mathcal{O}(1)$的量，$(\cdot)_{,i'}$表示关于 x_i'的偏微分。对于 ε 的首阶，只有一个拉伸张量的分量需要保留

$$d_{12} \sim \frac{1}{2\varepsilon}\frac{U}{L}v'_{1,2'} \tag{9.36}$$

这样的结果使人想起 DiLellio 和 Olmstead 采用的标度，如第 7 章所描述的，但实际上它们的差别相当大。

采用这样的标度保证了应力的主分量是 s_{12}，塑性应力指数由 $2s_{12}d_{12}$ 项决定，而 $q_{2,2}$是热流扩散的主要项。

ε 未确定的指数可用来标定温度和塑性功。这些未知指数可以在解方程时用平衡指数标准方法来求解，以保留最重要的项。然而，当应用于能量方程时，这种方法会导致两种选择，每一种都是可能的。如果传导项是主要的，当 ε 消失时，塑性应力功的理论项和热流相平衡。如果对流项是主要的，当 ε 消失时，塑性应力功和材料温升速率的增加也会相平衡。这两种选择与以前已经遇到过很多次的稳定和绝热的情况很相似。

当这些标定过程用于动量方程时，结果如下所示

$$v'_{1,t'} + v'_1 v'_{1,1'} + v_2 v'_{1,2'} = \varepsilon^{\alpha-1}\frac{S}{\rho U^2}s'_{12,2'} - p'_{,1'} \tag{9.37}$$

其中的 $\alpha<1$，这是由标定过程中的本构指数 k、l、m、n、p 和 q 决定的，S 是特征应力。接着作者指出：因为 $\alpha=1$ 和以前的标定结果是不相容的，还因为方程中所有其他项应该是$\mathcal{O}(1)$，因此 $\varepsilon^{\alpha-1}\left(\frac{S}{\rho U^2}\right)$必须是$\mathcal{O}(1)$。小参数 ε 还没有定义，所以在这个点上，需要选择 $\varepsilon^{\alpha-1}\left(\frac{S}{\rho U^2}\right)=1$ 或者

$$\varepsilon = \mathcal{R}^{-1/(1-\alpha)}, \mathcal{R} = \rho U^2/S \tag{9.38}$$

字母$\mathcal{R}$是广义 Reynolds 数，为了使参数ε变小，$\mathcal{R}$必须非常大。这和以前遇到的小的放大参数通常是应变率敏感系数 m 的情况完全不一样。在下面介绍的实验中，用来模拟 Kalthoff 的典型实验的冲击速率是 544 m/s，Reynolds 数为 10。这个冲击速度远远高于上一章讨论的实验值。实际上，很多冲击实验的速率比 544 m/s 要小一个数量级，因此对应的 Reynolds 也要小两三个数量级以上，即$\mathcal{R} < \mathcal{O}(10^{-1})$。因此，这些情况对于小的 Reynolds 数是适用的。然而，Gioia 和 Ortiz 用他们的方法给出的标定方程的解是很有趣的，他们的工作阐明了剪切带可能与边界值问题的整体解相一致。

上面提到，这种标定使得两种控制方程简化成一种形式：对流或传导在$\varepsilon \to 0$以及$\mathcal{R} \to \infty$时决定能量方程；并且对每种情况下的α都是由本构指数决定的确定值。然而，对于实际材料，例如 Al、Fe 和 Cu 只有选择对流才符合能量方程中项的调整。不过，由于考虑了稳定性，在对流边界层中心的区域，需要一个薄的热传导层。这种情况和本章前两节描述的情况基本相同。外部解由惯性和对流所决定，但对于真实材料，这个解在核心部分是奇异的；而以惯性方式和外部解相联系的剪切带中心的解，由热导率所决定，并且是静止且非单一的。

边界层方程有三个独立变量——两个是空间的，一个是时间的，通过选择合适的相似变形可以化简为一个或两个独立变量。

要获悉详情，可参考原著（Gioia 和 Ortiz，1996），对于概述可参考以下论述。选择比例变量时进行细微的变化如下

$$\begin{gathered}\tilde{x}_1 = x_1/L,\quad \tilde{x}_2 = x_2/L,\quad \tilde{t} = Ut/L,\quad \psi = \psi/UL,\\ \tilde{v}_1 = v_1/U,\quad \tilde{v}_2 = v_2/U,\quad \tilde{\theta} = \theta/T,\quad \tilde{w} = \omega/W,\quad \tilde{p} = \rho/\rho U^2\end{gathered} \tag{9.39}$$

质量和动量守恒的边界层方程就变成

$$\begin{gathered}\frac{\partial \tilde{v}_1}{\partial \tilde{x}_1} + \frac{\partial \tilde{v}_2}{\partial \tilde{x}_2} = 0\\ \frac{\partial \tilde{v}_1}{\partial \tilde{t}} + \tilde{v}_1\frac{\partial \tilde{v}_1}{\tilde{x}_1} + \tilde{v}_2\frac{\partial \tilde{v}_1}{\partial \tilde{x}_2} = \frac{1}{\mathcal{R}}\frac{\partial \tilde{s}_{12}}{\partial \tilde{x}_2} + \frac{\partial \tilde{p}}{\partial \tilde{x}_1}\\ \frac{\partial \tilde{p}}{\partial \tilde{x}_2} = 0\end{gathered} \tag{9.40}$$

应力的本构关系就变成

$$\tilde{s}_{12} = \left|\frac{\partial \tilde{v}_1}{\partial \tilde{x}_2}\right|^{-1+m}\frac{\partial \tilde{v}_1}{\partial \tilde{x}_2}\tilde{w}^{\bar{n}}\tilde{\theta}^{l} \tag{9.41}$$

塑性功的转化方程变成

$$\frac{\partial \tilde{w}}{\partial \tilde{t}} + \tilde{v}_1\frac{\partial \tilde{w}}{\partial \tilde{x}_1} + \tilde{v}_2\frac{\partial \tilde{w}}{\partial \tilde{x}_2} = \mathcal{P}\tilde{s}_{12}\frac{\partial \tilde{v}_1}{\partial \tilde{x}_2}, \mathcal{P} = \frac{S}{W} \tag{9.42}$$

当热传导占优时，能量守恒方程变为

$$-\frac{\partial \tilde{q}_2}{\partial \tilde{x}_2} = \mathcal{T}_d \tilde{s}_{12} \frac{\partial \tilde{v}_1}{\partial \tilde{x}_2},$$

$$\tilde{q}_2 = \tilde{\theta}^p \left| \frac{\partial \tilde{\theta}}{\partial \tilde{x}_2} \right|^{k-1} \frac{\partial \tilde{\theta}}{\partial \tilde{x}_2}, \mathcal{T}_d = \frac{\beta S(U/L)}{(B/L) T^p (T/L)^k} \tag{9.43}$$

对流占优时，能量守恒方程为

$$\tilde{\theta}^q \left(\frac{\partial \tilde{\theta}}{\partial \tilde{t}} + \tilde{v}_1 \frac{\partial \tilde{\theta}}{\partial \tilde{x}_1} + \tilde{v}_2 \frac{\partial \tilde{\theta}}{\partial \tilde{x}_2} \right) = \mathcal{T}_v \tilde{s}_{12} \frac{\partial \tilde{v}_1}{\partial \tilde{x}_2}, \mathcal{T}_v = \frac{\beta S(U/L)}{\rho C T^{q+1}(U/L)} \tag{9.44}$$

如果假设流动是稳定的，那么这些方程可被简化为耦合的常微分方程，引入相似的变量

$$\varsigma = \tilde{x}_2 \tilde{x}_1^{-a} \tag{9.45}$$

场表达为

$$\tilde{\psi} = \tilde{x}_1^a f(\varsigma), \tilde{\theta} = \tilde{x}_1^b g(\varsigma), \tilde{w} = \tilde{x}_1^c h(\varsigma) \tag{9.46}$$

速率场和剪切应力就变成

$$\tilde{v}_1 = f', \tilde{v}_2 = -a\tilde{x}_1^{a-1}(f - f'\varsigma), \tilde{s}_{12} = \tilde{x}_1^d \tau \operatorname{sgn}(f''),$$

$$\tau = |f''|^m g^l h^{\bar{n}}, d = -am + cn + bl \tag{9.47}$$

在对流占优的情况下进行所有变换后，耦合系统简化为

$$-aff'' = \frac{1}{\mathcal{R}} \tau \left(m \frac{f'''}{|f''|} + \bar{n} \frac{h'}{h} + l \frac{g'}{g} \right)$$

$$chf' - afh' = \mathcal{P} \tau |f''| \tag{9.48}$$

$$bg^{1+q} f' - afg^q g' = \mathcal{T}_v \tau |f''|$$

有特征指数

$$a = 1/(1+m), b = c = 0 \tag{9.49}$$

通过检验应变率主要分量的表达式，可以发现这和本章 9.1 节和 9.2 节讨论得很相近。

$$\tilde{v}_{1,2} = x_1^{-a} f'' = (r\cos\theta)^{-1/(1+m)} f'' \tag{9.50}$$

应该注意到，此处半径 r 的奇异性和以前的情况是相同的。然而，在这种情况下，半径从固定原点处量起，而以前的情况是从移动的点开始量起的。

在传导占优的情况下，方程组(9.48)的前两个方程是一样的，但是能量方程和特征指数采用了不同的形式，可从本文中看到这种情况。

图 9.12 表示的是由 Gioia 和 Ortiz 实验的例子。在原点处，速度和应力是连续的，但是温度和塑性功是奇异的。对流解的奇异性仅仅是人为的，通过嵌入传导层是可以忽略掉的，与温度曲线示意的一样。在这个例子里，曾提到过冲击速度为 544 m/s，Reynolds 数是 10。水平速度从与图形下半部分中的冲击速度相等的近似值过渡到图形上半部分的 0 值。剪切应力是不对称的，这是为了匹配外部边界条件，并且让本解从两边向中间的水平轴逼近。然而，在边界层的中心原点处是最集中的，温度和塑性功在原点处形成尖锐的峰。此外，应力和传导温度场都随着 x_1 轴和ς变化，应力衰减，温度升高。

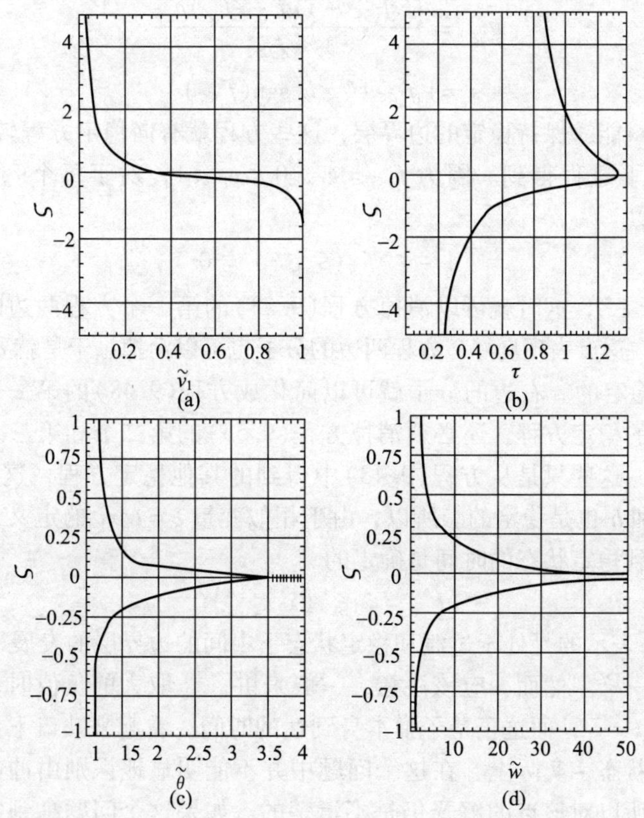

图 9.12　铜板中稳态边界层上的(a)质点速度分布；(b)剪应力分布；(c)温度分布；(d)穿过边界层的塑形功。(摘自 Gioia 和 Ortiz，1996，得到 Elsevier Science 的许可。)

完全对流边界层方程，也就是方程(9.40)~(9.42)以及方程(9.44)，也有瞬态的近似解，在这种情况下引进了两个变量

$$\varsigma = \tilde{x}_2/\tilde{x}_1^a, \xi = \tilde{t}/\tilde{x}_1 \tag{9.51}$$

以及表达式

$$\tilde{\psi} = \tilde{x}_1^a f(\varsigma,\xi), \tilde{\theta} = \tilde{x}_1^b g(\varsigma,\xi), \tilde{w} = \tilde{x}_1^c h(\varsigma,\xi) \tag{9.52}$$

通过选择指数来约掉 x_1 的指数，并给出式(9.49)在稳态下的相同值。在使用积分因子$(1-\xi f_{,\varsigma})$后，对流方程可以重新写成

$$\left(\frac{f_{,\xi}}{1-\xi f_{,\varsigma}}\right)_{,\varsigma} = \frac{\mathcal{R}^{-1}s_{,\varsigma} + aff_{,\varsigma\varsigma}}{(1-\xi f_{,\varsigma})^2}$$

$$g_{,\xi} = \frac{g^{-q}\mathcal{T}_v s f_{,\varsigma\varsigma} + (af - \xi f_{,\xi})g_{,\varsigma}}{1-\xi f_{,\varsigma}}$$

$$h_{,\xi} = \frac{\mathcal{P} s f_{,\varsigma\varsigma} + (af - \xi f_{,\xi}) h_{,\varsigma}}{1 - \xi f_{,\varsigma}} \tag{9.53}$$

$$s = | f_{,\varsigma\varsigma} |^{m} g^{l} h^{\bar{n}} \operatorname{sgn}(f_{,\varsigma\varsigma})$$

如果材料能够保持稳定的边界层，这些方程就有向稳定方程转变的倾向。这可以从以下过程得到。因为$f_{,\varsigma} = \tilde{v}_1$，$0 < \tilde{v}_1 < 1$，对于每个$\varsigma$，都有一个$\xi^*(\varsigma)$，所以

$$1 - \xi^* f_{,\varsigma}(\varsigma, \xi^*) = 0 \tag{9.54}$$

ς依赖于ξ^*，这时就可以消掉方程(9.53)的第一个方程两边的分母。如果这个方程在这点表现良好，方程两边的分子也可以消掉。于是就要求$f_{,\xi} = 0$，这表示f是稳定的。右边的分子就可以简化成方程(9.48)的第一个方程，这是动量平衡的稳定方程。还必须消掉方程(9.53)的第二个和第三个方程中的分子。不过，这些只是从方程(9.48)中得到的其他稳定方程，这也表明在ξ更大时，g 和 h 也是稳定的。所以，由于相似变量$\xi = \bar{t}/\bar{x}_1$ 的定义，对于给定的点，其达到稳定状态的时间是确定的

$$\tilde{t}^* = \tilde{x}_1 \xi^* (\tilde{x}_2 \tilde{x}_1^{-a}) \tag{9.55}$$

图 9.13 表示的是处于过渡和稳定状态下中间的边界层的发展，和图 9.12 所举的例子一样。然而，应该注意，一般来讲，$\tilde{x}_2$ 取大的负值时，到达稳定状态的时间 $\tilde{t} = \tilde{x}_1$，而这正是子弹本身到达的时间。看起来缺口下面的点不能够达到稳定状态，实际上，在这个问题中并不能明显地识别由冲击弹引进的移动边界，所以对该点的解释仍是不清楚的。如果这个问题拿到实际材料而不是空间坐标中去，就能消除不确定性。

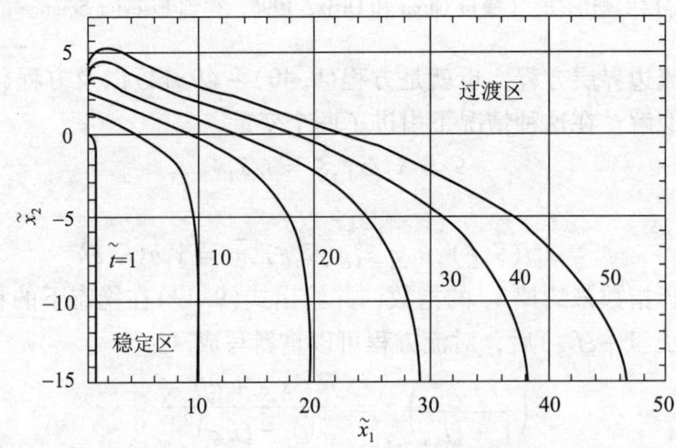

图 9.13 冲击到下半部分板的处于稳态的边界的发展变化。(摘自 Gioia 和 Ortiz，1996，得到 Elsevier Science 的许可。)

为了研究剪切带的扩展速度，作者建议用任意的标准。在塑性功的临界

水平 $\tilde{w}_c$ 下，假设实验的硬化指数突然降低，以至于材料经历从稳定条件到不稳定条件的转变。

如果是这种情况，对于每一个瞬态时间，有一个等时间线，此时有

$$\tilde{w}(\tilde{x}_2/\tilde{x}_1^a, \tilde{t}/\tilde{x}_1) = \tilde{w}_c \tag{9.56}$$

尤其是在 $\tilde{x}_2=0$ 时，等时线的顶端，满足

$$\tilde{w}(0, \tilde{t}/\tilde{x}_1) = \tilde{w}_c \tag{9.57}$$

这也表明此处有 $\xi=\tilde{t}/\tilde{x}_1$ 的临界值，取决于 $\tilde{w}_c$，也意味着，对于给定的塑性功的临界值，在剪切带前端的扩展速度是恒定的

$$\tilde{V} = 1/[\xi_c(\tilde{w}_c)] \tag{9.58}$$

图 9.14 表示的是几个瞬间恒定塑性功的等值线，很明显，每个值的尖端速度为常量。可以注意到，图中的纵轴是横轴刻度的两倍，所以实际的拉伸要远远大于图中所示的值。在冲击弹前端的恒定塑性功等值线和恒定温度等值线是火焰状的。然而，尽管变形速率也以火焰状传播，但它会达到最大值，然后消退。之所以会发生这种情况，是因为 $\tilde{d}_{12}=\tilde{x}_1^{-a}f_{,\varsigma\varsigma}(\varsigma, \xi)$。于是，在曲线顶端 $\tilde{d}_{12}=\tilde{d}$ 和 $\varsigma=0$ 处，距离和时间的关系就变成

$$\tilde{d} = \tilde{x}_1^{-a}f_{,\varsigma\varsigma}(0, \tilde{t}/\tilde{x}_1) \tag{9.59}$$

因此，$\tilde{x}_1/\tilde{t}$ 等于常数并不是解。

完整论文比这里的描述丰富得多。

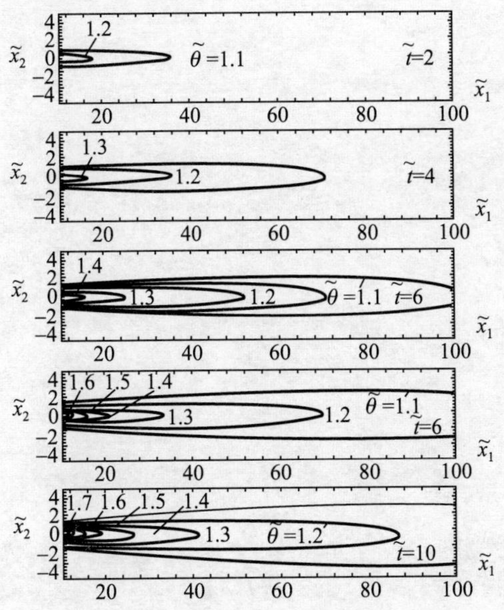

图 9.14 在剪切带完全形成之前，边界层中温度场的变化。(摘自 Gioia 和 Ortiz，1996，得到 Elsevier Science 的许可。)

9.4 总　　结

本章总结了关于绝热剪切带的 3 个二维模型。在假设从尖端测量的半径的指数变化的基础上，对在稳定传播的剪切带顶端建立的模型Ⅱ和模型Ⅲ进行了局部分析。在两种情况下，得出了以顶端周围的极角作为独立变量的一系列非线性常微分方程。应变率敏感系数是两种情况下在 ODEs 中唯一的物理常数，这是因为所有其他常数对于因变量来说都标度为无量纲的放大系数。这些系数与模型Ⅱ和模型Ⅲ中的相似物理量在本质上是相同的，$a\kappa_0/\rho c$ 在整本书的两个模型中有重要的作用。热软化因子的无量纲系数一般写成 $-s_\theta/\rho c$，也就是与温度相关的流动应力的偏导数除以密度和热容。此外，对于模式Ⅱ和模式Ⅲ中的相似物理量，径向变化的指数也是相同的，也就是理论的无约束的传播速度。

Kalthoff 进行的实验中，另一分析是仅采用指数法则本构关系，采用源自流体力学的经典边界层技术来检验发展的流动场的某些特征。

这些分析的细节非常多，不易总结，但其中一个非常明显的结果是，塑性功和较高温度的等值线以火焰状的形式在扩展着的剪切带前端迅速地延伸。

迄今为止，二维分析仅仅集中在剪切带形成和扩展的某些特定方面，这是远远不够的。尤其在剪切带的传播与其所引起的大范围形变的联系方面，还有大量工作有待完成。

参考文献

Adams, B. L., Boehler, J. P., Guidi, M., and Onat, E. T. (1992). Group theory and representation of microstructure and mechanical behavior of polycrystals. *Journal of the Mechanics and Physics of Solids*, 40, 723-737.

Anand, L. (1985). Constitutive equations for hot-working of metals. *International Journal of Plasticity*, 1, 213-231.

Anand, L. and Brown, S. (1987). Constitutive equations for large deformations of metals at high temperature. In *Constitutive Models of Deformation*, ed. J. Chandra and R. Srivastav, pp. 1-26. Philadelphia: Society of Industrial and Applied Mathematics.

Anand, L., Kim, K. H., and Shawki, T. G. (1987). Onset of shear localization in viscoplastic solids. *Journal of the Mechanics and Physics of Solids*, 35, 407-429.

Aravas, N, Kim, K. -S., and Leckie, F. A. (1990). On the calculation of the stored energy of cold work. *Journal of Engineering Materials and Technology*, 112, 465-470.

Armstrong, R. W., Batra, R. C., Meyers, M. A., and Wright, T. W. (eds.) (1994). Shear Instabilities and Viscoplasticity Theories. Mechanics of Materials, 17, 83-328.

Asaro, R. J. (1982). Micromechanics of crystals and polycrystals. In *Advances in Applied Mechanics*, vol. 23, eds. T. Y. Wu and J. W. Hutchinson, pp. 1-113. New York: Academic Press.

Ashby, M. F. (1992). *Materials Selection in Mechanical Design*. Oxford: Pergamon Press.

Bai, Y. (1982). Thermo-plastic instability in simple shear. *Journal of the Mechanics and Physics of Solids*, 30, 195-207.

(1989). Evolution of thermo-visco-plastic shearing. In Mechanical Properties of Materials at High Rates of Strain 1989, ed. J. Harding, pp. 99-110, Institute of Physics Conference Series No. 102. Bristol: Institute of Physics.

Bai, Y. and Dodd, B. (1992). *Adiabatic Shear Localization*. Oxford: Pergamon Press.

Bammann, D. J. (1990). Modeling the temperature and strain rate dependent large deformation of metals. *Applied Mechanics Reviews*, 43, S312-S319.

Bammann, D. J. and Johnson, G. C. (1987). On the kinematics of finite-deformation plasticity. *Acta Mechanica*, 70, 1-13.

Batra, R. C. (1988). Steady state penetration of thermoviscoplastic targets. *Computational Mechanics*, 3, 1-12.

(1998). Numerical solutions of initial-boundary-value problems. In *Localization and Fracture Phenomena in Inelastic Solids*, ed. P. Perzyna, pp. 301-389. New York: Springer.

Batra, R. A., Rajapakse. Y. D. S., and Zbib, H. M. (eds.) (1994). *Material Instabilities: Theory and Applications.* New York: ASME Press.

Batra, R. C. and Gummalla, R. R. (2000). Effect of material and geometric parameters on deformations near the notch-tip of a dynamically loaded prenotched plate. *International Journal of Fracture*, 101, 99-140.

Batra, R. C. and Ravinsankar, M. V. S. (2000). Three-dimensional simulation of the Kalthoff experiment. *International Journal of Fracture*, 105, 161-186.

Batra, R. C. and Wright, T. W. (1986). Steady state penetration of rigid perfectly plastic targets. *International Journal of Engineering Science*, 24, 41-54.

Beatty, J. H., Meyer, L. W., Meyers, M. A., and Nemat-Nasser, S. (1992). Formation of controlled adiabatic shear bands in AISI 4340 high strength steel. In *Shock Wave and High-Strain-Rate Phenomena in Materials*, ed. M. A. Meyers, L. E. Murr, and K. P. Staudhammer, pp. 645-656. New York: Marcel Dekker.

Bell, J. F. (1974). The experimental foundations of solid mechanics. In *Mechanics of Solids*, Vol. 1, ed. C. Truesdell, p. 464. Berlin: Springer-Verlag.

Bender, C. M. and Orszag, S. A. (1978). *Advanced Mathematical Methods for Scientists and Engineers.* New York: McGraw-Hill.

Bever, M. B, Holt, D. L., and Titchener, A. L. (1973). The stored energy of cold work. *Progress in Material Science*, 17, 1-190.

Bodner, S. R. (1987). Review of a unified elastic-viscoplastic theory. In *Unified Constitutive Theories for Creep and Plasticity*, ed. A. K. Miller, pp. 273-301. New York: Elsevier.

Bodner, S. R. and Lindenfeld, A. (1995). Constitutive modeling of the stored energy of cold work under cyclic loading. *Europeon Journal of Mechanics*, A14, 333-348.

Brown, S. B., Kim, K. H., and Anand, L. (1989). An internal variable constitutive model for hot-woking of metals. *International Journal of Plasticity*, 5, 95-130.

Campbell, J. D. and Dowling, A. R. (1970). The behavior of materials subjected to dynamic incremental shear loading. Journal of the Mechanics and Physics of Solids, 18, 43-63.

Carlson, D. E. (1972). Linear thermoelasticity. In *Encyclopedia of Physics*, Vol. VIa/2, ed. C. Truesdell. Berlin: Springer-Verlag.

Chadwick, P. (1976). *Continuum Mechanics*. New York: Halstead Press, Wiley.

Chen, HTz (1988). Stability conditions for steady shearing and stability conditions for simple shear under mixed thermal boundary conditions. Baltimore, MD: PhD dissertation, The Johns Hopkins University.

Chen, HTz, Douglas, A. S., and Malek-Madani, R. (1989). An asymptotic stability condition for inhomogeneous simple shear. *Quarterly of Applied Mathematics*, 47, 247-262.

Chen, L. and Batra, R. C. (1999). The asymptotic structure of a shear band in mode-Ⅱ deformations. *International Journal of Engineering Science*, 37, 895-919.

Chen, Y. J., Meyers, M. A, and Nesterenko, V. F. (1999). Spontaneous and forced localization in high-strain-rate deformation of tantalum. *Materials Science and Engineering*, A268, 70-82.

Chichilli, D. R. (1997). High- strain-rate deformation mechanisms and adiabatic shear localization in alpha-titanium. Baltimore, MD: PhD dissertation. The Johns Hopkins Univcrsity.

Chichilli, D. R. and Ramesh, K. T. (1999). Recovery experiments for adiabatic shear localization: A novel experimental technique. *Journal of Applied Mechanics*, 66, 10-20.

Chichilli, D. R., Ramesh, K T., and Hemker, K. J. (1998). The high-strain-rate response of alpha-titanium: Experiments, deformation mechanisms, and modeling. *Acta Materialia*, 46, 1025-1043.

Clarebrough, L. M., Hargreaves, M. E., and Loretto, M. H. (1962). Electrical resistivity of dislocations in face-centered cubic metals. *Philisophical Magazine*, 7, 115-120.

Clarebrough, L. M., Hargreaves, M. E., Michel, D., and West, G. W.

(1952). The determination of the energy stored in a metal during plastic deformation. *Proceedings of the Royal Society of London*, A215, 507-524.

Clarebrough, L. M., Hargreaves, M. E., and West, G. W. (1955). The release of energy during annealing of deformed metals. *Proceedings of the Royal Society of London*, A232, 252-270.

(1956). Density changes during the annealing of deformed nickel. *Philisophical Magazine*, 1, 528-536.

(1957). The density of dislocations in compressed copper. *Acta Metallurgica*, 5, 738-740.

Cleja-Tigoiu, S. and Soós, E. (1990). Elastoviscoplastic models with relaxed configurations and intenal state variables. *Applied Mechanics Reviews*, 43, 131-151.

Clifton, R. J. (1980) Adiabatic shear banding. Chapter 8 in *Materials Response to Ultra-High Loading Rates*, NMAB-356. Washington, DC: National Academy of Science.

Clifton, R. J. and Klopp, R. W. (1985). Pressure-shear plate impact testing. In *ASM Metals Handbook*, 9th ed., Vol. 8, Mechanical Testing, pp. 230-238. Materials Park, OH: ASM International

Coates, R. S. and Ramesh, K. T. (1991). The rate-dependent deformation of a tungsten heavy alloy. *Materials Science and Engineering*, A145, 159-166.

Costin, L. S., Crisman, E. E., Hawley, R. H., and Duffy, J. (1979). On the localization of plastic flow in mild steel tubes under dynamic torsional loading. In *Mechanical Properties at High Rates of Strain* 1979, Institute of Physics Conference Series No. 47, ed. J. Harding, pp. 90-110. Bristol: Institute of Physics.

Cowie, J. G., Azrin, M., and Olson, G. B. (1989). Microvoid formation during shear deformation of ultrahigh strength steels. *Metallurgical Transactions*, A20, 143-153.

Curran, D. R., Seaman, L., and Shockey, D. A. (1987). Dynamic failure of solids. *Physics Reports*, 147, 253-388.

DiLellio, J. A. and Olmstead, W. E. (1997a). Temporal evolution of shear band thickness. *Journal of the Mechanics and Physics of Solids*, 45, 345-359.

(1997b). Shear band formation due to a thermal flux inhomogeneity. SIAM *Journal on Applied Mathematics*, 57, 959-971.

(1998). Numerical solutions of shear localization in a finite slab. *Mechanics of Materials*, 29, 71-80.

Dodd, B. and Bai, Y. (1985). Width of adiabatic shear bands. *Materials Science and Technology*, 1, 38-40.

Dormeval, R. (1988). Adiabatic shear phenomena. In *Impact Loading and Dynamic Behavior of Materials*, Vol. 1, eds. C. Y. Chiem, H. D. Kunze, and L. W. Meyer, pp. 43-56. Germany: DGM Informationsgesellschaft.

Duffy, J. (1980). The J. D. Campbell memorial lecture: testing techniques and material behavior at high rates of strain. In *Mechanical Properties at High Rates of Strain* 1979, Institute of Physics Conference Series No. 47, ed. J. Harding, pp. 1-15. Bristol: Institute of Physics.

Duffy, J. and Chi, Y. C. (1992). On the measurement of local strain and temperature during the formation of adiabatic shear bands. *Materials Science and Engineering*. A157, 195-210.

Erlich, D. C., Seaman, L., and Shockey, D. A. (1980). Development. of a computational shear band model. Final Report for Contract DAADOS-76-C-0762. Aberdeen Proving Ground, MD: U. S. Army Ballistic Research Laboratory.

Farren, W. S. and Taylor, G. I. (1925). The heat developed during plastic extension of metals. *Proceedings of the Royal Society of London*, A107, 422-451.

Farshisheh, F. and Onat, E. T. (1974). Representation of elastoplastic behavior by means of state variables. In *Proceedings of the Interncitional Symposium on Plasticity*, ed. A. Sawczuk, pp. 89-115. Leyden: Noordhoff.

Field. J. E., Walley, S. M., Bourne, N. K, and Huntley, J. M. (1994). Experimental mechods at high rates of strain. *Journal de Physique* Ⅳ, Colloque C8, supplement au Journal de Physique Ⅲ, C8-3-C8-22.

Flemming, R. P., Olmstead, W. E., and Davis, S. H. (2000). Shear localization with an Arrhenius flow law. *SIAM Journal on Applied Mathematics*, 60, 1867-1886.

Follansbee, P. S. (1985). The Hopkinson bar. In *ASM Metals Handbook*, 9th ed., Vol. 8, *Mechanical Testing*, pp. 198-203. Materials Park, OH: ASM International.

(1989). Analysis of the strain-rate sensitivity at high strain rates in fcc and bcc metals. In *Mechanical Properties of Materials at High Rates of Strain* 1989, Institute of Physics Conference Series No. 102, ed. J. Harding. pp. 213-220. Bristol: Institute of Physics.

Follansbee, P. S. and Frantz, C. (1983). Wave propagation in the split-Hopkinson pressure bar. *Journal of Engineering Materials and Technology*, 105,

61-66.

Follansbee, P. S. and Kocks, U. F. (1988). A constitutive description of copper based on the use of the mechanical threshold stress as an internal state variable. *Acta Metallurgica*, 36, 81-93.

Follansbee, P. S., Regazzoni, G., and Kocks, U. F. (1984). The transition to drag-controlled deformation in copper at high strain rates. In *Mechanical Properties at High Rates of Strain* 1984, Institute of Physics Conference Series No. 70, ed. J. Harding, pp. 71-80. Bristol: Institute of Physics.

Gilat, A. and Wu, X. (1994): Elevated-temperature testing with the torsional split Hopkinson bar. *Evperimental Mechanics*, 34, 166-170.

Gioia, G. and Ortiz, M. (1996). The two-dimensional structure of dynamic boundary layers and shear bands in thermoviscoplastic solids. *Journcil of the Mechanics and Physics of Solids*, 44, 251-292.

Giovanola, J. H. (1988). Adiabatic shear banding under pure shear loading. Part Ⅰ: Direct observation of strain localization and energy-dissipation measurements. *Mechanics of Materials*, 7, 59-71.

Glimm, J., Plohr, B. J., and Sharp, D. H. (1993). A conservative formulation for large deformation plasticity. *Applied Mechanics Reviews*, 46, 519-526.

(1995). Tracking of shear bands. Ⅰ. The one-dimensional case. SUNYSB-AMS-95-04. Stony Brook, NY: State University of New York.

Gorham, D. A., Pope, P. H., and Field, J. E. (1992). An improved method for compressive stress-strain measurements at very high strain rates. *Proceedings of the Royal Society of London*, A438, 153-170.

Grady, D. E., Asay, J. R., Rohde, R. W., and Wise, J. L. (1983). Microstructure and mechanical properies of precipitation hardened aluminum under high rate deformation. In *Material Behavior Under High Stress and Ultrahigh Loading Rates*, 29th Sagamore Conference, eds. J. Mescal and V. Weiss, pp. 161-196. New York: Plenum Press.

Grady, D. E. and Kipp, M. E. (1987). The growth of unstable thermoplastic shear with application to steady-wave shock compression in solids. *Journal of the Mechanics and Physics of Solids*, 35, 95-120.

Grebe, H. A., Pak, H.-R., and Meyers, M. A. (1985). Adiabatic shear localization in titanium and Ti-6 pct Al-4 pct V alloy. *Metallurgical Transactions*,

16A, 761-775.

Hale, J. K. (1980). *Ordinary Differential Equations*, 2nd ed. Malabar, FL: Krieger.

Hartley, K. A., Duffy, J, and Hawley, R. H. (1985). The torsional Kolsky (split Hopkinson) bar. In ASM Metals Handbook, 9th ed., Vol. 8, *Mechanical Testing*, pp. 218-228. Materials Park, OH: ASM International.

Hartley, K. A., Duffy, J., and Hawley, R. H. (1987). Measurement of the temperature profile during shear band formation in steels deforming at high-strain rates. *Journal of the Mechanics and Physics of Solids*, 35, 283-301.

Hartmann, K. H., Kunze, H. D., and Meyer, L. W. (1981). Metallurgical effects on impact loaded materials. In *Shock Waves and High-Strain-Rate Phenomena in Metals*, ecls. M. A. Meyers and L. E. Murr, pp. 325-337. New York: Plenum Press.

Havner, K. S. (1992). *Finite Plastic Deformation of Crystalline Solids.* Cambridge: Cambridge University Press.

Hill, R. and Rice, J. R. (1972). Constitutive analysis of elastic-plastic crystals at arbitrary strain. *Journal of the Mechanics and Physics of Solids*, 20, 401-413.

Hodowany, J., Ravichandran, G., Rosakis, A. J., and Rosakis, P. (2000). Partition of plastic work into heat and stored energy in metals. *Experimental Mechanics*, 40, 113-123.

Holden, A. N. (1958). *Physical Metallurgy of Uranium.* Reading, MA: Addison-Wesley.

Jeffreys, H. (1962). *Asymptotic Approximations.* London: Oxford University Press.

Johnson, G. R. and Cook, W. H. (1983). A constitutive model and data for metals subjected to large strains, high strain rates, and high temperatures. In *Proceedings of the 7th International Symposium on Ballistics*, pp. 541-547. Organized under the auspices of the Royal Institution of Engineers (Klvl), Division for Military Engineering in cooperation with the American Defense Preparedness Association. The Hague.

Johnson, G. R., Hoegfeldt, J. M., Lindholm, U. S., and Nagy, A. (1983). Response of various metals to large torsional strains over a large range of strain rates-Part Ⅰ: Ductile metals. *Journal of Engineering Materials and*

Technology, 105, 42-47.

Johnson, W. (1987). Henry Tresca as the originator of adiabatic heat lines. *International Journal of Mechanical Sciences*, 29, 301-310.

Kalthoff, J. F. (1987). Shadow optical analysis of dynamic shear fracture. SPIE, Vol. 814. *Photo Mechanics and Speckle Metrology*, 531-538.

(1990). Transition in the failure behavior of dynamically shear loaded cracks. *Applied Mechanics Reviews*, 43, S247-S250.

(2000). Modes of dynamic shear failure in solids. *International Journal of Fracture*, 101, 1-31.

Kalthoff, J. F. and Winkler, S. (1988). Failure mode transitions at high rates of shear loading. In *Impact Loading and Dynamic Behavior of Materials*, Vol. 1, eds. C. Y. Chiem, H. -D. Kunze, and L, W. Meyer, pp. 185-195. Germany: DGM Informationsgesellschaft mbH.

Kamlah, M. and Haupt, P. (1997). On the macroscopic description of stored energy and self heating during plastic deformation. International Journal of Plasticity, 13, 893-911.

Klepaczko, J. R. (1994). An experimental technique for shear testing at high and very high strain rates. The case of a mild steel. *Interncitional Journal of Impact Engineering*, 15, 25-39.

Klepaczko, J. R., Lipinski, P., and Molinari, A. (1988). An analysis of the thermoplastic catastrophic shear in some metals. In *Impact Loadirzg and Dynamical Behavior of Malterials*, Vol. 2, eds. C. Y. Chiem, H. D. Kunze, and L. W. Meyer, pp. 659-704. Germany: DGM Informationsgesellschaft mbH.

Klopp, R. W., Clifton, R. J., and Shawki, T. G. (1985). Pressure-shear impact and the dynamic viscoplastic response of metals, *Mechanics of Materials*, 4, 375-385.

Kocks, U. F., Argon, A. S., and Ashby, M. F. (1975). Thermodynamics and kinetics of slip. In *Progress in Materials Science*, Vol. 19. New York: Pergamon Press.

Kröner, E (1968). Initial studies of a plasticity theory based upon statistical mechanics. Colloquium on Inelastic Behavior of Solids. Columbus, OH: Battelle Memorial Institute.

Kwon, Y. W. and Batra, R. C. (1988). Effect of multiple initial imperfections on the initiation and growth of adiabatic shear bands in nonpolar and dipolar materials. *International Journal of Engineering Science*, 26, 1177-1187.

Lee, E. H. (1969). Elastic-plastic deformations at finite strain. *Journal of Applied Mechanics*, 36, 1-6.

Lennon, A. M. and Ramesh, K. T. (1998). A technique for measuring the dynamic behavior of materials at high temperatures. *International Journal of Plasticity*, 14, 1279-1292.

Liao S.-C. and Duffy, J. (1998). Adiabatic shear bands in a Ti-6Al-4V titanium alloy. *Journal of the Mechanics and Physics of Solids*, 46, 2201 -2232.

Lindholm, U. S. (1964). Some experiments with the split Hopkinson pressure bar. *Journal of the Mechanics and Physics of Solids*, 12, 317-335.

Lindholm, U. S., Nagy, A., Johnson, G. R., and Hoegfeldt, J. M. (1980). Large strain, high strain rate testing of copper. *Journal of Engineering Materials*. 102, 376-381.

Litonski, J. (1977). Plastic flow of a tube under adiabatic torsion. *Bulletin de l' Academie Polonaise des Sciences-Serie des Sciences Techniques*, 25, 7-14.

Lubliner, J. (1990). *Plasticity Theory*. New York: Macmillan.

Maddocks, J. H. and Malek-Madani, R. (1992). Stability of Jocalized steady state solutions in thermoplasticity. *International Journal of Solids and Structures*, 29, 2039-2061.

Magness, L. S. (1993). Properties and performance of KE penetrator materials. In *International Conference on Tungsten and Tungsten Alloys*-1992, eds. A. Bose and R. J. Dowding, pp. 15-22. Princeton, NJ: Metal Powders Industries Federation.

(1994). High strain rate deformation behaviors of kinetic energy penetrator matenals during ballistic impact. *Mechanics and Materials*, 17, 147-154.

Marchand, A. and Duffy, J. (1988). An experimental study of the formation process of adiabatic shear bands in a structural steel. *Journal of the Mechanics and Physics of Solids*, 36, 251-283.

Markus, L. and Yamabe, H. (1960). Global stability criteria for differential systems. *Osaka Mathematics Journal*, 12, 305-317.

Mason, J. J., Rosakis, A. J., and Ravichandran, G. (1994). Full field measurements of the dynamic deformation field around a growing adiabatic shear band at the tip of a dynamically loaded crack or notch. *Journal of the Mechanics and Physics of Solids*, 42, 1679-1697.

Merzer, A. M. (1982). Modeling of adiabatic shear band development from small imperfections. *Journal of the Mechanics and Physics of Solids*, 30, 323-338.

Mescall, J. and Weiss, V. (eds.) (1983). Material behavior under high stress and ultrrahigh loading rates. 29th Sagamore Army Materials Conference. New York: Plenum Press.

Meunier, Y., Roux, R., and Moureaud, J. (1992). Survey of adiabatic shear phenomena in armor steels with perforation. In *Shock Wave and High-Strain-Rate Phenomena in Materials*, eds. M. A. Meyers, L. E. Murr, and K. P. Staudhammer, pp. 637-644. New York: Marcel Dekker.

Meyers, M. A. (1994). *Dynamic Behavior of Materials*. New York: Wiley.

Meyers, M. A., Chen, Y. J., Marquis, F. D. S., and Kim, D. S. (1995). High-strain, high-strain-rate behavior of tantalum. *Metallurgical and Materials Transactiorrs*, 26A, 2493-2501.

Meyers, M. A. and Wittman, C. L. (1990). Effect of metallurgical parameters on shear band formation in low-carbon (~ 0.20 wt pct) steels. *Metallurgical Transactions*, 21A, 3153-3164.

Miller, A. K. (ed.) (1987). *Unified Constitutive Equations for Creep and Plasticity*. London: Elsevier Applied Science.

Molinari, A. (1997). Collective behavior and spacing of adiabatic shear bands. *Journal of the Mechanics and Physics of Solids*, 45, 1551-1575.

Molinari, A. and Clifton, R. J. (1987). Analytical characterization of shear localization in thermoviscoplastic materials. *Journal of Applied Mechanics*, 54, 806-812.

Moss, G. L. (1981). Shear strains, strain rates and temperature changes in adiabatic shear bands In *Shock Waves and High-Strain-Rate Phenomena in Metals*, eds. M. A. Meyers and L. E. Murr, pp. 299-312. New York: Plenum Press.

Needleman, A. and Tvergaard, V. (1995). Analysis of a brittle-ductile transition under dynamic shear loading. *International Journal of Solids and Structures*, 32, 2571-2590.

Nemat-Nasser, S. and Isaacs, J. B. (1997). Direct measurement of isothermal flow stress of metals at elevated temperatures and high strain rates with application to Ta and Ta-W alloys. *Acta Materialia*, 45, 907-919.

Nemat-Nasser, S., Isaacs, J. B., and Starrett, J. E. (1991). Hopkinson techniques for dynamic recovery experiments. *Proceedings of the Royal Society of*

London, A435, 371-391.

Nemat-Nasser, S. and Li, Y. (1998). Flow stress off f. c. c. polycrystals with application to OFHC copper. *Acta Materialia*, 46, 565-577.

Nesterenko, V. F and Bondar, M. P. (1994). Localization of deformation in collapse of a thick-walled cylinder. *Combustion, Explosion, and Shock Waves*, 30, 500-509.

Nesterenko, V. F., Meyers, M. A., and Wright, T. W. (1998). Self-organization in the initiation of adiabatic shear bands. *Acta Materialia*, 46, 327-340.

Nicholas, T. (1982). Material behavior at high strain rates. Chapter 8 in *lmpact Dynamics*, eds. J. A. Zukas, T. Nicholas, H. F. Swift, L. B. Greszczuk. and D. R. Curran. New York: Wiley.

Nicholas, T. and Bless, S. J. (1985). High strain rate tension testing. In *ASM Metals Handbook*, 9th ed., Vol. 8, Mechanical Testing, pp. 208-2 14. Materials Park, OH: ASM Intemational.

National Materials Advisory Board (1980). *Materials Response to Ulra-High Loading Rates*, NMAB-356. Washington, DC: National Academy of Sciences.

Ogden, R. W. (1984). Non-Linear Elastic Deformations. New York: Halsted Press, Wiley.

Olson, G. B. (1997). Computational design of hierarchically structured materials. *Science*, 277, 1237-1242.

Ortiz. M., and Popov. E. P. (1982). A statistical theory of polycrystalline plasticity. *Proceedings of the Royal Society of London*, A379, 439-458.

Raftenberg, M. N. (2000). A shear banding model for penetration calculations. *International Journal of Impact Engineering*, 25, 123-146.

Rajagopol, K. R. and Srinivasa, A. R. (1998a). Mechanics of the inelastic behavior of materials-Part I, Theoretical underpinnings. *International Journal of Plasticity* 14, 945-967.

(1998b). Mechanics of the inelastic beha, vior of materials-Part II: Inelastic response. *International Journal of Plasticity*, 14, 969-995.

Ramesh, K. T. and Narasimhan, S. (1996). Finite deformations and the dynamic measurement of radial strains in compression Kolsky bar experiments. *International Journal of Solids and Structures*, 33, 3723-3738.

Ravi-Chandar, K. (1995). On the failure mode transitions in polycarbonate under dynamic mixed-mode loading. *International Journal of Solids and Structures*, 32, 925-938.

Rice. J. R. (1971). Inelastic constitutive relations for solids: an internal variable theory and its application to metal plasticity. *Journal of the Mechanics and Physics of Solids*, 19, 433-455.

Rogers. H. C. (1979). Adiabatic plastic deformation. *Annual Review of Materials Science*, 9, 283-311.

(1983). Adiabatic shearing - general nature and materia! aspects. In *Material Behavior Under High Stress and Ultrahigh Loading Rates*, 29th Sagamore Conference, eds. J. Mescal and V. Weiss, pp. 101-118. New York: Plenum Press.

Rogers, H. C. and Shastry, C. V. (1981). Material factors in adiabatic shearing in steels. In *Shock Waves and High-Strain-Rate Phenomena in Metals*, eds. M. A. Meyers and L. E. Murr. pp. 285-298. New York: Plenum Press.

Rosakis, P., Rosakis, A. J., Ravichandran, G., and Hodowany, J. (2000). A thermodynamic internal variable model for the partition of plastic work into heat and stored energy in metals. *Journal of the Mechanics and Physics of Solids*, 48, 581-607.

Sackett, S. J., Kelly, J. M., and Gillis, P. F. (1972a). A probabilistjc approach to poly-crystalline plasticity - Part I: Theory. Journal of the Franklin Institute, 304, 33-46.

(1972b). A probabilistic approach to polycrystalline plasticity-Part Ⅱ: Applications. *Journol of the Fralrklin Institute*, 304, 47-63.

Schaffer, J. P., Saxena, A., Antolovich, S. D., Sanders, T. H., Jr., and Wamer, S. B. (1995). *The Science and Design of Engineering Materials.* Chicago: lrwin.

Scheidler, M. J. and Wright, T. W. (2001). A continuum framework: for finite viscoplasticity. *International of Journal of Plasticity*, 17, 1033-1085.

Semiatin, S. L., Lahoti, G. D., and Oh, S. I. (1983). The occurrence of shear bands in metalworking. In *Material Behavior Under High Stress and Ultrahigh Loading Rates*, 29th Sagamore Conference, eds. J. Mescal and V. Weiss, pp. 119-159. New York: Plenum Press.

Semiatin, S. L. and Jonas, J. J. (1984). *Formability and Workbility of Metals: Plastic Instability and Flow Localization.* ASM Series in Metal Processing,

VoI. 2, ed. H. L. Gegel. Metals Park, OH: American Society for Metals.

Senseny, P. E., Duffy, J., and Hawley, R. H. (1978). Experiments on strain rate history and temperature effects during plastic deformation of close-packed metals. *Journal of Applied Mechanics*, 45, 60-66.

Shawki, T. G. and Clifton, R. J. (1989). Shear band formation in thermal viscoplastic, materials. *Mechanics of Materials*, 8, 13-43.

Silling, S. A. (1992). Shear band formation and self-shaping in penetrators. SAND92-2692. Albuquerque, NM: Sandia National Laboratory.

Steinberg, D. J. and Lund, C. M. (1989). A constitutive model for strain rates from 10^{-4} to $10^{6}s^{-1}$. *Journal of Applied Physics*, 65, 1528-1533.

Taylor, G. I. and Quinney, H. (1937). The latent heat remaining in a metal after cold working. *Proceedings of the Royal Society ofLondon*, A163, 157-181.

Timothy, S. P. and Hutchings, I. M. (1985). The structure of adiabatic shear band in a titanium alloy. *Acta Metallurgica*, 33, 667-676.

Tomita, Y. (1994). Simulations of plastic instabilities in solid mechanics. *Applied Mechanics Reviews*, 47, 171-205.

Toupin, R. A. and Rivlin, R. S. (1960). Dimensional changes in crystals caused by dislocations. *Journal of Mathematical Physics*, 1, 8-15.

Truesdell, C. A. and Toupin, R. A. (1960). The classical field theories of mechanics. In *Handbuch der Physik*, Vol. Ⅲ/3, ed. S, Flugge. Berlin: Springer-Verlag.

Walter, J. W. (1992). Numerical experiments on adiabatic shear band formation in one dimension. *International Journal of Plasticity*, 8, 657-693.

Walter, J. W. and Kingman, P. W. (1998). High obliquity impact of a compact penetrator on a thin plate: penetrator splitting and adiabatic shear. ARL-TR-1584. Aberdeen Proving Ground, MD: Army Research Laboratory.

Weerasooriya, T. and Beaulieu, P. A. (1993). Effects of strain-rate on the deformation and failure behavior of 93W-5Ni-2Fe under shear loading. *Materials Science and Engineering*, A172, 71-78.

Wingrove, A. L. (1973). The influence of projectile geometry on adiabatic shear and target failure. *Metallurgical Transactions*, 4, 1829-1833.

Wright. T W. (1982). Stared energy and plastic volume change. *Mechanics of Materials*, 1, 185-187.

(1987a). Some aspects of adiabatic shear bands. In *Metastability and*

Incompletely Posed Problems, eds. S. Antman, J. L. Ericksen, D. Kinderlehrer, and I. Muller, pp. 353-372. New York: Springer-Verlag.

(1987b). Steady shearing in a viscoplastic solid. *Journal of the Mechanics and Physics of Solids*, 35. 269-282.

(1990a). Approximate analysis for the formation of adiabatic shear bands. *Journal of the Mechanics and Physics of Solids*, 38, 515-530.

(1990b). Adiabatic shear bands. *Applied Mechanics Reviews*, 43, S196-S200.

(1992). Shear band susceptibility: work hardening materials. *Intenational Journal of Plasticity*, 8, 583-602.

(1994). Toward a defect invariant basis for susceptibility to adiabatic shear bands. *Mechanics of Materials*, 17, 215-222.

Wright, T. W. and Batra, R. C. (1985). The initiation and growth of adiabatic shear bands. *International Journal of Plasticity*, 1, 202-212.

Wright, T. W. and Ockendon, H. (1992). A model for fully formed shear bands. *Journal of the Mechanics and Physics of Solids*, 40, 1217-1226.

(1996). A scaling law for the effect of inertia on the formation of adiabatic shear bands. *International Journal of Plasticity*, 12, 927-934.

Wright, T. W. and Ravichandran, G. (1997). Canonical aspects of adiabatic shear bands *International Journal of Plasticity*, 13, 309-325.

Wright, T. W. and Walter, J. W. (1987). On stress collapse in adiabatic shear bands. *Journal of the Mechanics and Physics of Solids*, 35, 701-720.

(1989). Adiabatic shear bands in one dimension. In *Mechanic Properties of Materials at High Rotes of Strain* 1989, Institute of Physics Conference Series No. 102, e. d. J. Harding, pp. 119-126. Bristol: Institute of Physics.

(1994). On mode III propagation of adiabatic shear bands. In *Proceedings of the Fifth International Conference On Hyperbolic Problems: Theory, Numerics, Applications*, eds. J. Glimm, M. J. Graham, Jo W. Grove, and B. J. Singapore: World Scientific.

(1996). The asymptotic structure of an adiabatic shear band in antiplane motion. *Journal of the Mechanics and Physics of Solids*, 44, 77-97.

Wulf, G. L. (1978). The high strain rate compression of aluminium. *International Journal of Mechanics Sciences*, 20, 609-615.

Xue, Q., Nesterenko, V. F., and Meyers, M. A. (2001). Self-organization of shear bands in stainless steels: grain size effects. In *Fundamental Issues and*

Applications of Shock-Wave andHigh-Strain-Rate Phenomena, eds. K. P. Staudhammer, L. E. Murr, and M. A. Meyers, pp. 549-559. Amsterdam: Elsevier.

Zbib, H. M, Shawki, T. G., and Batra, R. C. (ed.) (1992). Material Instabilities; selected and revised proceedings of the symposium on materials instabilities. *Applied Mechanics Reviews*, 45(3), part 2.

Zener, C. and Hollomon, J. H. (1944). Effect of strain rate upon plastic flow of steel. *Journal of Applied Physics*, 15, 22-32.

Zerilli, F. J. and Armstrong. R. W. (1987). Dislocation-mechanics-based constitutive relations for material dynamics calcullations. *Journal of Applied Physics*, 61, 1816- 1825.

(1990). Description of tantalum deformation behavior by dislocation mechanics based constitutive relations. *Journal of Applied. Physics*, 68, 1580-1590.

Zhou, M. and Clifton, R. J. (1997). Dynamic constitutive and failure behavior of a two-phase tungsten composite. *Journal of Applied Mechanics*, 64, 487-494.

Zhou, M., Ravichandran, G., and Rosakis, A. J. (1996). Dynamically propagating shear bands in impact-loaded prenotched plates: II-numerical simulations. *Journal of the Mechanics and Physics of Solids*, 44, 1007-1032.

Zhou, M., Rosakis, A. J., and Ravichandran, G. (1996). Dynamically propagating shear bands in impact-loaded prenotched plates: I-experimental investigations of temperature signatures and propagation speed. *Journal of the Mechanics and Physics of Solids*, 44, 981-1006.

Zurek, A. K. and Meyers, M. A. (1996). Microstructural aspect of dynamic failure In *High-Pressure Shock Compression of Solids* Ⅱ, eds. L. Davison, D. E. Grady, and M. Shahinpoor, pp. 25-89. New York: Springer.

索　引